北大社 “十三五”普通高等教育本科规划教材

21世纪本科院校电气信息类创新型应用人才培养规划教材

# 电子工艺实习

## (第2版)

主　编　周春阳

副主编　梁　杰　王　蓉

崔　箫　张　倩

## 内容简介

本书是编者在多年教学实践的基础上，根据电气类、电子信息类和自动化类等专业电子工艺实习（电子实训）和电子 CAD 等课程需要而编写的。全书内容包括电子元器件、焊接技术、印制电路板的设计与制作、电子产品装配调试、电子产品的整机结构和技术文件、电路设计与制板（Altium Designer 16）、电子实习课题和安全用电共8章，较系统地介绍了电子工艺和电子 CAD 的基本常识。

本书的编写注重内容的实用性，通俗易懂，有助于读者掌握电子产品生产操作的基本技能，可作为高校培养应用型、技能型、操作型人才的教学用书。

本书适合作为高等院校电气类、电子信息类和自动化类等专业的教材，也可作为电子工程技术人员的参考用书。

**图书在版编目(CIP)数据**

电子工艺实习/周春阳主编．—2版．—北京：北京大学出版社，2019.3

21世纪本科院校电气信息类创新型应用人才培养规划教材

ISBN 978-7-301-30080-0

Ⅰ．①电…　Ⅱ．①周…　Ⅲ．①电子技术—实习—高等学校—教材　Ⅳ．①TN-45

中国版本图书馆 CIP 数据核字（2018）第264235号

**书　　名**　电子工艺实习（第2版）
DIANZI GONGYI SHIXI （DI-ER BAN）
**著作责任者**　周春阳　主编
**策划编辑**　程志强
**责任编辑**　李娉婷
**标准书号**　ISBN 978-7-301-30080-0
**出版发行**　北京大学出版社
**地　　址**　北京市海淀区成府路205号　100871
**网　　址**　http://www.pup.cn　新浪微博：@北京大学出版社
**电子信箱**　pup_6@163.com
**电　　话**　邮购部 010-62752015　发行部 010-62750672　编辑部 010-62750667
**印 刷 者**　河北滦县鑫华书刊印刷厂
**经 销 者**　新华书店
787毫米×1092毫米　16开本　13.5印张　306千字
2006年5月第1版
2019年3月第2版　2021年12月第3次印刷
**定　　价**　35.00元

---

# 第 2 版前言

电子技术是一门实践性很强的学科。当前，随着电子信息产业的迅速发展，新知识、新技术、新工艺、新器件不断更新，对工程技术人员的综合技能要求也越来越高。电子工艺实习是高等院校电类工科专业的一门重要的实践课程。工程院校的教育特点是加强实践环节教学，培养学生深入了解工程观念，提高学生实践动手能力，弥补从基础理论到工程实践之间的不足。

本书是编者根据多年实践教学经验，结合工程院校加强实践环节教学的特点而编写的，是一本集电子工艺基础知识和电子 CAD 于一体的实践教材。

本书的主要特点是重视基础知识、基本技能的培养和训练，突出内容的实用性和实践性，注重培养和提高学生独立分析问题与解决问题的能力。本书以电子元器件、焊接技术、印制电路板的设计与制作、电子产品装配调试、电子产品的整机结构和技术文件、电路设计与制板（Altium Designer 16）为主线来编写，使读者了解掌握电子产品的整个设计及生产制作的全过程。本书第 7 章结合具体实习实例帮助学生进一步熟悉和掌握所学的知识和技能，同时体会电子产品生产制造的全过程，从而提高对电子产品整机装配调试及故障排除的能力。电子 CAD 采用 Altium Designer 16 软件，通过对 Altium Designer 16 软件的学习，学生利用计算机进行电子电路辅助设计的能力得到提高。

在具体教学安排上，本书应以自学为主，讲授为辅，结合实际，边干边学。在教学组织上不局限于单一的教学模式，而采用集中讲授、上机操作、实际训练制作等多种形式相结合的教学模式。

本书由沈阳工程学院周春阳老师担任主编，梁杰老师、王蓉老师、崔箫老师、张倩老师担任副主编。其中周春阳老师编写第 1 章和第 6 章；张倩老师编写第 2 章；梁杰老师编写第 3 章；王蓉老师编写第 4 章和第 5 章；崔箫老师编写第 7 章和第 8 章。全书由周春阳老师负责统稿工作，沈阳工程学院尹常永副教授担任主审。在本书的编写过程中，编者得到郝波教授、杜士鹏副教授、秦宏副教授等的大力帮助，在此表示衷心感谢！

由于编者水平和经验有限，书中难免存在不妥之处，敬请各位读者批评指正。

编　者

2018 年 10 月

# 目　　录

# 第1章 电子元器件

## 1.1 电 阻 器

### 1.1.1 概述

电子在物体内做定向运动时遇到的阻力称为电阻。具有一定电阻值的元器件称为电阻器，习惯上简称电阻。电阻是在电子电路中应用最多的元件之一，常用于对电压、电流的控制和传送。电阻通常按如下方法分类。

电阻按照制造工艺或材料可分为：合金型电阻（线绕电阻、精密合金箔电阻）、薄膜型电阻（碳膜电阻、金属膜电阻、化学沉淀膜电阻及金属氧化膜电阻等）、合成型电阻（合成膜电阻、实芯电阻）。

电阻按照使用范围及用途可分为：普通型电阻（允许误差为±5%、±10%、±20%）、精密型电阻（允许误差为±2%～±0.001%）电阻、高频型电阻（也称无感电阻）、高压型电阻（额定电压可达35kV）、高阻型电阻（阻值在10MΩ以上，最高可达$10^{14}$Ω）、敏感型电阻（阻值对温度、光照、压力、气体等敏感）、集成电阻（也称电阻排）。

### 1.1.2 电阻的主要参数

电阻的参数主要包括标称阻值、允许误差和额定功率。

1. 标称阻值和允许误差

电阻的标称阻值和允许误差一般都标在电阻的表面。通常所说的电阻值即电阻的标称阻值。电阻的单位是欧［姆］，用字母Ω表示，为识别和计算方便，也常以千欧（kΩ）和兆欧（MΩ）为单位。

$$1\text{M}\Omega = 10^3\text{k}\Omega = 10^6\Omega$$

电阻的标称阻值往往和它的实际值不完全相符。实际值和标称阻值的偏差，除以标称阻值所得的百分数，为电阻的允许误差，它反映了电阻的精度。不同的精度有一个相应的允许误差，电阻的标称阻值按误差等级分类，国家标准规定有E24、E12、E6系列，其误差分别为Ⅰ级（±5%）、Ⅱ级（±10%）、Ⅲ级（±20%），见表1-1。

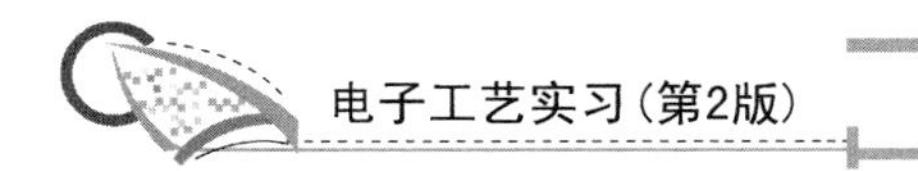


表 1-1　E24、E12、E6 系列的具体规定

| 系列值电阻 | 精　　度 | 误差等级 | 标　称　值 |
|---|---|---|---|
| E24 | ±5% | Ⅰ | 1.0，1.1，1.2，1.3，1.5，1.6，1.8，2.0，2.2，2.4，2.7，3.0，3.3，3.6，3.9，4.3，4.7，5.1，5.6，6.2，6.8，7.5，8.2，9.1 |
| E12 | ±10% | Ⅱ | 1.0，1.2，1.5，1.8，2.2，2.7，3.3，3.9，4.7，5.6，6.8，8.2 |
| E6 | ±20% | Ⅲ | 1.0，1.5，2.2，3.3，4.7，6.8 |

2. 额定功率

当电流通过电阻的时候，电阻便会发热。功率越大，电阻的散热量就越大。如果是电阻发热的功率过大，电阻就会烧坏。电阻在正常大气压及额定温度下，长期连续工作并能满足规定的性能要求时，所允许耗散的最大功率，叫作电阻的额定功率。在电路图中，电阻的额定功率通用符号如图 1.1 所示。

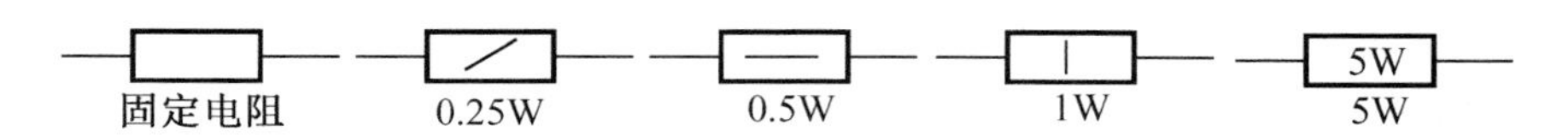


图 1.1　电阻的额定功率通用符号

### 1.1.3　电阻的标识方法

电阻常用的标识方法有直标法、文字符号法、色标法和数码表示法。

1. 直标法

直标法是用阿拉伯数字和单位符号在电阻表面直接标出标称阻值，其允许误差用百分数表示，如图 1.2(a) 所示。

2. 文字符号法

文字符号法是用阿拉伯数字和文字符号两者的有规律的组合来表示标称阻值，如图 1.2(b) 所示，其允许误差也用百分数表示（表 1-2）。

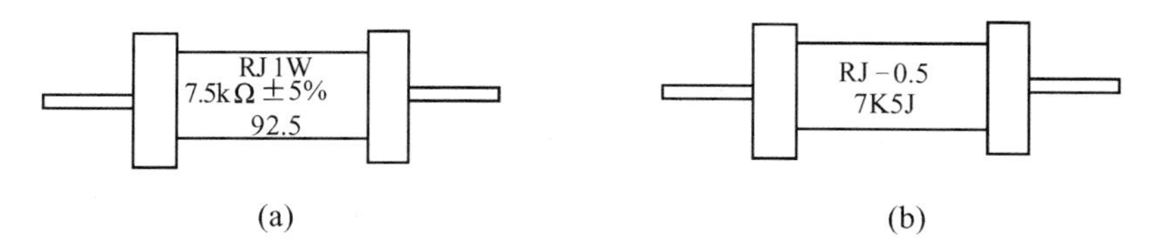


图 1.2　电阻的直标法和文字符号法

表 1-2 文字符号表示的允许误差

| 文字符号 | 允许误差 | 文字符号 | 允许误差 |
|---|---|---|---|
| B | ±0.1% | J | ±5% |
| C | ±0.25% | K | ±10% |
| D | ±0.5% | M | ±20% |
| F | ±1% | N | ±30% |
| G | ±2% | | |

3. 色标法

色标法是用不同颜色的色带或色点在电阻表面标出标称阻值和允许误差。

色标法常见的有四环色标法和五环色标法，如图 1.3 所示。

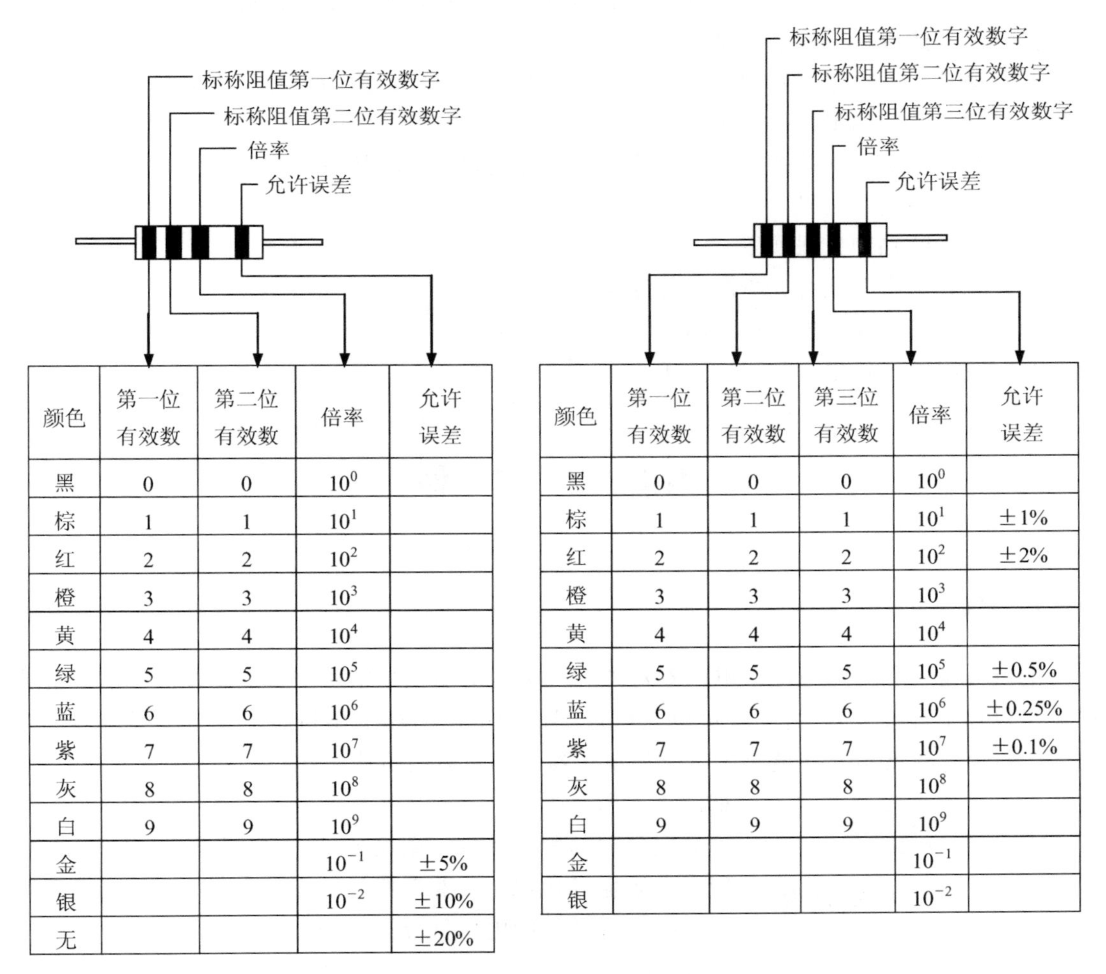


| 颜色 | 第一位有效数 | 第二位有效数 | 倍率 | 允许误差 |
|---|---|---|---|---|
| 黑 | 0 | 0 | $10^0$ | |
| 棕 | 1 | 1 | $10^1$ | |
| 红 | 2 | 2 | $10^2$ | |
| 橙 | 3 | 3 | $10^3$ | |
| 黄 | 4 | 4 | $10^4$ | |
| 绿 | 5 | 5 | $10^5$ | |
| 蓝 | 6 | 6 | $10^6$ | |
| 紫 | 7 | 7 | $10^7$ | |
| 灰 | 8 | 8 | $10^8$ | |
| 白 | 9 | 9 | $10^9$ | |
| 金 | | | $10^{-1}$ | ±5% |
| 银 | | | $10^{-2}$ | ±10% |
| 无 | | | | ±20% |

| 颜色 | 第一位有效数 | 第二位有效数 | 第三位有效数 | 倍率 | 允许误差 |
|---|---|---|---|---|---|
| 黑 | 0 | 0 | 0 | $10^0$ | |
| 棕 | 1 | 1 | 1 | $10^1$ | ±1% |
| 红 | 2 | 2 | 2 | $10^2$ | ±2% |
| 橙 | 3 | 3 | 3 | $10^3$ | |
| 黄 | 4 | 4 | 4 | $10^4$ | |
| 绿 | 5 | 5 | 5 | $10^5$ | ±0.5% |
| 蓝 | 6 | 6 | 6 | $10^6$ | ±0.25% |
| 紫 | 7 | 7 | 7 | $10^7$ | ±0.1% |
| 灰 | 8 | 8 | 8 | $10^8$ | |
| 白 | 9 | 9 | 9 | $10^9$ | |
| 金 | | | | $10^{-1}$ | |
| 银 | | | | $10^{-2}$ | |

图 1.3 电阻标称阻值与误差的色标法

例如，四环电阻的色标分别是红、黑、橙、金，其阻值是 $20\Omega\times10^3=20k\Omega$，允许误差是±5%；如五环电阻的色标分别是绿、蓝、黑、红、棕，其阻值是 $560\Omega\times10^2=56k\Omega$，允许误差是±1%。

4. 数码表示法

数码表示法常见于集成电阻和贴片电阻等。例如，在集成电阻表面标出 503，代表其阻值是 $50\Omega\times10^3=50k\Omega$。

### 1.1.4 电阻阻值的测量

测量电阻阻值时一般采用万用表的欧姆挡来进行。测量前，应将万用表调零。无论使用指针式万用表还是数字式万用表测量电阻值，都必须注意以下三点。

(1) 选挡要合适，即挡值要略大于被测电阻的标称阻值。如果没有标称值，可以先用较高挡试测，然后逐步逼近正确挡位。

(2) 测量时不可用两手同时抓住被测电阻两端引出线，因为那样会把人体电阻和被测电阻并联起来，使测量结果偏小。

(3) 若测量电路中某个电阻的阻值，必须将电阻的一端从电路中断开，以防电路中的其他元器件影响测量结果。

电阻质量的判别方法如下。

(1) 观察电阻引线有无折断及外壳烧焦现象。

(2) 用万用表欧姆挡测量电阻值，合格的电阻值应稳定在允许的误差范围内，如超出误差范围或阻值不稳定，则不能选用。

## 1.2 电 位 器

### 1.2.1 概述

电位器是一种可调电阻。电位器对外有三个引出端，其中两个为固定端，另一个是滑动端（也称中心抽头）。滑动端可以在固定端之间的电阻体上做机械运动，使其与固定端之间的阻值发生变化。在电路中，常用电位器来调节电阻值或电压值。电位器的常用符号如图 1.4 所示。

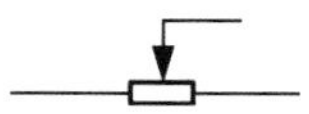

图 1.4 电位器的常用符号

电位器的种类繁多，用途各异，可按用途、材料、结构特点、阻值变化规律、驱动机构的运动方式等因素对电位器进行分类。常见的电位器分类见表 1-3。

表 1－3　常见的电位器分类

| 分类形式 | | | 举　　例 |
|---|---|---|---|
| 材料 | 合金型 | 线　绕 | 线绕电位器（WX） |
| | | 金属膜 | 金属箔电位器（WB） |
| | 薄膜型 | | 金属膜电位器（WJ），金属氧化膜电位器（WY） |
| | | | 复合膜电位器（WH），碳膜电位器（WT） |
| | 合成型 | 有　机 | 有机实芯电位器（WS） |
| | | 无　机 | 无机实芯电位器，金属玻璃釉电位器（WI） |
| | 导电塑料 | | 直滑式（LP），旋转式（CP）（非部标） |
| 用　　途 | | | 普通，精密，微调，功率，高频，高压，耐热 |
| 阻值变化规律 | | 线　性 | 线性电位器（X） |
| | | 非线性 | 对数式（D），指数式（Z），正余弦式 |
| 结构特点 | | | 单圈，多圈，单联，多联，有止挡，无止挡，带推拉开关，锁紧式 |
| 调节方式 | | | 旋转式，直滑式 |

### 1.2.2　电位器的主要参数

描述电位器技术指标的参数很多，但对于一般电子产品来说，最重要的是以下几种基本参数：标称阻值、额定功率、滑动噪声、分辨力、阻值变化规律、电位器的轴长和轴端结构等。

1. 标称阻值

电位器的标称阻值是指标在电位器上的阻值，其系列与电阻的标称阻值系列相同。根据不同的精确等级，实际阻值与标称阻值的允许偏差范围为±20%、±10%、±5%、±2%、±1%，精确电位器的精度可达到±0.1%。

2. 额定功率

电位器的额定功率是指两个固定端之间允许耗散的功率。一般电位器的额定功率系列为0.063W、0.125W、0.25W、0.5W、0.75W、1W、2W、3W；线绕电位器的额定功率比较大，有0.5W、0.75W、1W、1.6W、3W、5W、10W、16W、25W、40W、63W、100W。

3. 滑动噪声

当电刷在电阻体上滑动时，电位器中心端与固定端的电压出现无规则的起伏，这种现象称为电位器的滑动噪声。滑动噪声是由材料电阻率分布的不均匀性及电刷滑动的无规律变化引起的。

4. 分辨力

对输出量可实现的最精细的调节能力称为电位器的分辨力。线绕电位器的分辨力较差。

5. 阻值变化规律

调整电位器的滑动端，其电阻值按照一定规律变化。常见电位器的阻值变化规律有线性变化（X型——适用于分压、偏流的调整）、指数变化（Z型——适用于音量控制）和对数变化（D型——适用于音调控制和黑白电视机的黑白对比度调整）。

6. 电位器的轴长与轴端结构

电位器的轴长是指从安装基准面到轴端的尺寸。轴长尺寸系列有6mm、10mm、12.5mm、16mm、25mm、30mm、40mm、50mm、63mm、80mm；轴的直径系列有2mm、3mm、4mm、6mm、8mm、10mm。

### 1.2.3 几种常用的电位器

1. 线绕电位器（型号：WX）

线绕电位器用合金电阻线在绝缘骨架上绕制成电阻体，中心抽头的簧片在电阻丝上滑动。线绕电位器的精度可达±0.1%，额定功率可达100W以上。线绕电位器有单圈、多圈、多连等几种结构。

线绕电位器根据用途划分可分为普通型线绕电位器、精密型线绕电位器、微调型线绕电位器；根据阻值变化规律可分为线性线绕电位器、非线性线绕电位器（如对数或指数函数）两种。线性电位器的精度易于控制、稳定性好、电阻的温度系数小、噪声小、耐压高，但阻值范围较窄，一般在几欧到几十千欧之间。

2. 合成碳膜电位器（型号：WTH）

在绝缘基体上涂敷一层合成碳膜，经加温聚合后形成碳膜片，再与其他零件组合而成的电位器称为合成碳膜电位器。合成碳膜电位器的阻值变化规律有线性和非线性两种，轴端结构有带锁紧和不带锁紧两种。

合成碳膜电位器的阻值变化连续，分辨力高，阻值范围宽（100Ω～5MΩ）；对温度和湿度的适应性差，使用寿命较短；但由于成本低，因而广泛用于收音机、电视机等家用电器产品中。额定功率有0.125W、0.5W、1W、2W，精度一般为±20%。

3. 有机实芯电位器（型号：WS）

有机实芯电位器为由导电材料与有机填料、热固性树脂配制成电阻粉，经过热压，在基座上形成的实芯电阻体。轴端结构有带锁紧和不带锁紧两种。

有机实芯电位器的优点是结构简单、耐高温、体积小、寿命长、可靠性高；缺点是耐压稍低、噪声较大、转动力矩大。有机实芯电位器多用于对可靠性要求较高的电子仪器中。阻值范围是47Ω～4.7MΩ，功率多为0.25～2W，精度有±5%、±10%、±20%几种。

4. 多圈电位器

多圈电位器属于精密电位器，调整阻值时必须使转轴旋转多圈（可多达40圈），因而精度高。

当阻值需要在大范围内进行微量调整时，可选用多圈电位器。多圈电位器的种类也很多，有线绕型、块金属膜型、有机实芯型等，调节方式可分成螺旋（指针）式、螺杆式等不同形式。

5. 双连或多连电位器

双连或多连电位器是为了满足某些电路统调的需要，将相同规格的电位器装在同一轴上，这就是同轴双连或多连电位器。使用这类电位器可以节省空间，美化板面的布置。

6. 开关电位器

开关电位器是在电位器上附带有开关装置。开关和电位器虽同轴相连，但又彼此独立，互不影响，因此在电路中可省去一个独立的电源开关。

### 1.2.4　电位器的合理选用

电位器规格品种很多，在选用时，不仅要根据具体电路的使用条件（电阻值及功率要求）来确定，还要考虑调节、操作及成本方面的要求。下面给出的是针对不同用途而推荐的电位器选用类型。

（1）普通电子仪器：合成碳膜电位器或有机实芯电位器。

（2）大功率低频电路、高温情况：线绕电位器或金属玻璃釉电位器。

（3）高精度电路：线绕电位器、导电塑料电位器或精密合成碳膜电位器。

（4）高分辨力电路：各类非线绕电位器或多圈式微调电位器。

（5）高频、高稳定性电路：薄膜电位器。

（6）调节后无须再动情况：轴端锁紧式电位器。

（7）几个电路同步调节情况：多连电位器。

（8）精密、微量调节电路：带慢轴调节机构的微调电位器。

（9）要求电压均匀变化：直线式电位器。

（10）音量控制电位器：指数式电位器。

### 1.2.5　电位器的质量判别方法

用万用表欧姆挡测量电位器两个固定端的电阻，并与标称值核对阻值：如果万用表指针不动或比标称值大得多，表明电位器已坏；如表针跳动，表明电位器内部接触不好。再测滑动端与固定端的阻值变化情况：移动滑动端，如阻值从最小到最大连续变化，而且最小值很小，最大值接近标称值，说明电位器质量较好；如阻值间断或不连续，说明电位器滑动端接触不好，则不能选用。

# 1.3 电 容 器

## 1.3.1 概述

电容器是电子仪器设备中一种必不可少的基础元件，它的基本结构是在两个相互靠近的导体之间敷一层不导电的绝缘材料（介质）。电容器是一种储能元件，储存电荷的能力用电容量来表示，基本单位是法［拉］，以 F 表示。由于法的单位太大，因而电容量的常用单位是微法（μF）和皮法（pF）。电容器在电路中具有隔断直流电、通过交流电的特点，因此，多用于电路级间耦合、滤波、去耦、旁路和信号调谐等方面。在电路中，电容器的常用符号如图 1.5 所示。

图 1.5　电容器符号

电容器的种类很多，分类方法各不相同。

电容器按结构不同可分为固定电容器、可变电容器、半可变电容器。

电容器按介质材料不同可分为气体介质电容器、液体介质电容器（如油浸电容器）、无机固体介质电容器（如云母电容器）、陶瓷电容器、电解质电容器（按电解质的不同形式可分为液式和干式两种）。

电容器按极性不同可分为有极性电容器和无极性电容器。

电容器按阳极材料不同可分为铝电解电容器、钽电解电容器、铌电解电容器。

## 1.3.2 电容器的主要技术参数

1. 标称容量和精度

容量是电容器的基本参数，数值标在电容体上，不同类别的电容器有不同系列的标称值。常用的标称系列与电阻的标称系列相同。

应注意，某些电容器的体积过小，常常在标注容量时不标单位符号只标数值，这就需要根据电容器的材料、外形尺寸、耐压等因素加以判断，以读出真实容量值。

电容器的容量精度等级较低，一般分为三级，即±5%、±10%、±20%，或写成Ⅰ级、Ⅱ级、Ⅲ级。有的电解电容器的容量误差可能大于20%。

2. 额定直流工作电压（耐压）

电容器的耐压是表示电容器接入电路后，能长期连续可靠地工作而不被击穿时所承受的最大直流电压。电容器使用时的电压绝对不允许超过这个耐压值，如有超过，电容器就会损坏或被击穿。如果电压超过耐压值很多，电容器则可能会爆裂。

电容器用于交流电路时其最大值不能超过额定直流工作电压。

3. 损耗角正切

电容器介质的绝缘性能取决于材料及厚度，绝缘电阻越大，漏电流越小。漏电流的存在，将使电容器消耗一定的电能，这种损耗称为电容器的介质损耗（有功功率）。图 1.6 中的 $\delta$ 角是由于电容损耗而引起的相移，此角即为电容器的损耗角。电容器的损耗，相当于在理想电容上并联一个等效电阻，如图 1.7 所示，$I_R$ 相当于漏电流，此时电容上存储的无功功率为 $P_\delta=U\cdot I_C=U\cdot I\cdot\cos\delta$，损耗的有功功率为 $P=U\cdot I_R=U\cdot I\cdot\sin\delta$。由此可见，只用损耗的有功功率来衡量电容器的优劣是不准确的，因为功率的损耗不仅与电容器本身质量有关，还与加在电容器上的电压及电流有关，同时只看损耗功率，而不看存储功率也不足以衡量电容器的质量。为确切反应电容器的损耗特性，应该用损耗功率与存储功率之比（$\tan\delta$）来反映其质量。$\tan\delta$ 称为电容器损耗角的正切值，它真实地反映了电容器的质量优劣。

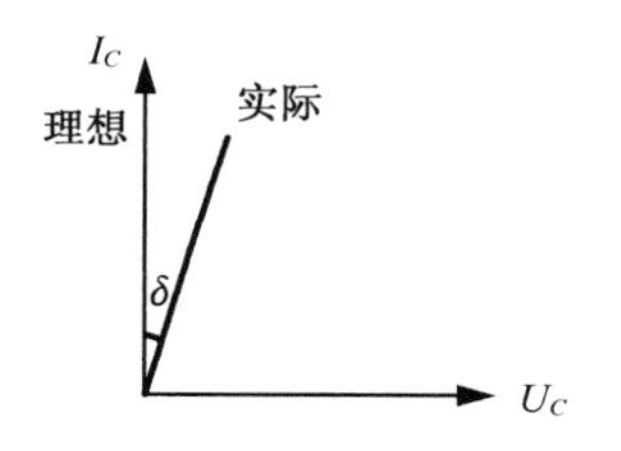


图 1.6　电容器的介质损耗

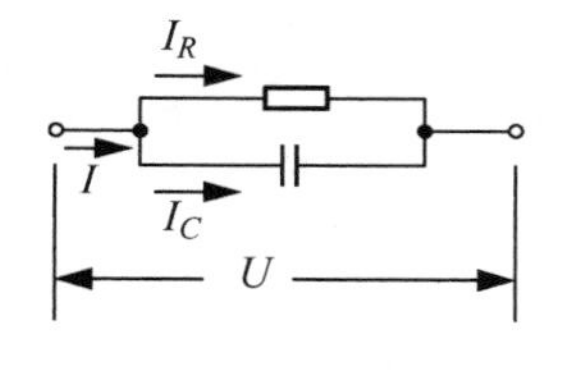


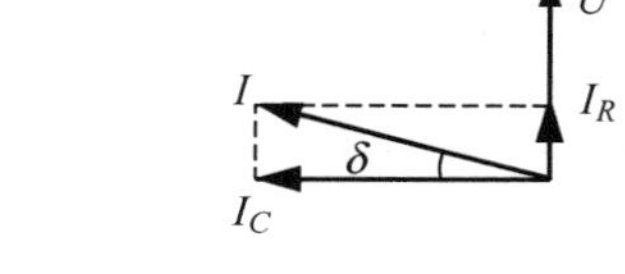


图 1.7　电容器等效电路

### 1.3.3　电容器的命名方法和标识方法

1. 电容器的命名方法

根据国家标准，电容器型号的命名由四部分内容组成，其中第三部分（特征）作为补充，说明电容器的某些特征，如无说明，则只需三部分，即两个字母一个数字，大多数电容器的型号由三部分内容组成，如图 1.8 所示。

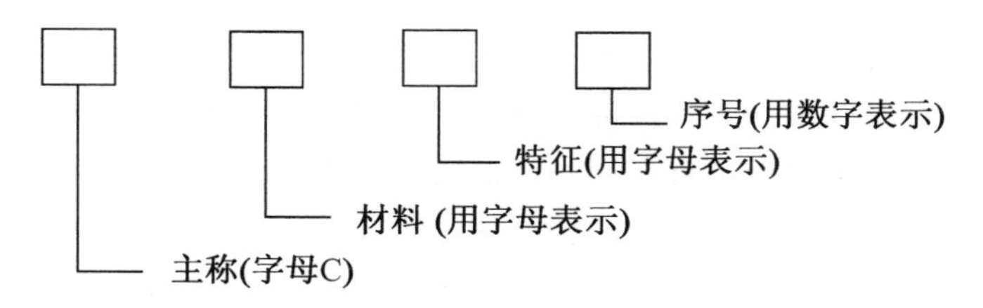


图 1.8　电容器的命名格式

电容器的标识格式中用字母表示产品的材料，见表 1－4。

电容器的标识格式中用数字表示产品的分类，见表 1－5。

例如：CC224——瓷片电容器，0.22μF。

表 1-4　用字母表示产品的材料

| 字　母 | 电容器介质材料 | 字　母 | 电容器介质材料 |
| --- | --- | --- | --- |
| A | 钽电解 | L | 涤纶 |
| B | 聚苯乙烯 | N | 铌电解 |
| C | 高频陶瓷 | O | 玻璃膜 |
| D | 铝电解 | Q | 漆膜 |
| E | 其他材料电解 | ST | 低频陶瓷 |
| H | 纸膜复合 | Y | 云母 |
| I | 玻璃釉 | Z | 纸 |
| J | 金属化纸质 | BB | 聚丙烯 |

表 1-5　用数字表示产品的分类

| 数　字 | 瓷片电容器 | 云母电容器 | 有机电容器 | 电解电容器 |
| --- | --- | --- | --- | --- |
| 1 | 圆形 | 非密封 | 非密封 | 箔式 |
| 2 | 管形 | 非密封 | 非密封 | 箔式 |
| 3 | 叠片 | 密封 | 密封 | 烧结粉、非固体 |
| 4 | 独石 | 密封 | 密封 | 烧结粉、固体 |
| 5 | 穿心 | 穿心 | | |
| 7 | | | | 无极性 |
| 8 | 高压 | 高压 | 高压 | |
| 9 | | | 特殊 | 特殊 |

2. 电容器的标识方法

(1) 直标法

容量单位：F（法[拉]）、mF（毫法）、μF（微法）、nF（纳法）、pF（皮法）。

$$1F = 10^3 mF = 10^6 \mu F = 10^9 nF = 10^{12} pF$$

例如：4n7——4.7nF 或 4700pF；

0.33——0.33μF；

3300——3300pF；

473——0.047μF。

没标识单位的读法是：对于普通电容器标识数字为整数的，容量单位为 pF；标识数字为小数的，容量单位为μF。对于电解电容器，省略不标出的单位是μF。

电容器误差表示方法也有多种，如不注意就会产生误会。

① 直接表示。例如：10±0.5pF，误差就是±0.5pF。

② 字母表示。D=±0.5%，F=±1%，G=±2%，J=±5%，K=±10%，M=±20%、N=±30%。例如：224K 表示电容值为 0.22μF，相对误差为±10%，不要误认为是 $224\times10^3$pF。

(2) 数码表示法

数码表示法一般用三位数字来表示容量的大小，单位为 pF。前两位为有效数字，后一位表示倍率，即乘以 $10^i$，$i$ 为第三位数字，若第三位为数字 9，则乘 $10^{-1}$。

例如：222——$22\times10^2=2200$pF；

479——$47\times10^{-1}$pF。

(3) 色码表示法

色码表示法与电阻器的色环标志法类似，颜色涂在电容器的一端或顶端向引脚排列。色码一般只有三种颜色，前两环为有效数字，第三环为倍率，单位为 pF。

例如：红红橙——$22\times10^3$pF。

### 1.3.4 几种常见的电容器

1. 电解电容器

电解电容器是目前用得较多的大容量电容器，它体积小、耐压高（一般耐压越高体积也就越大），其介质为正极金属片表面上形成的一层氧化膜，负极为液体、半液体或胶状的电解液。因其有正负极之分，故只能工作在直流状态下，如果极性用反，将使漏电流剧增。在此情况下，电容器将会急剧变热而损坏，甚至会引起爆炸。一般厂家会在所生产的电容器的表面上标出正极或负极，新买来的电容器引脚长的一端为正极。

铝电解电容器（CD）是一种目前使用最广泛的通用型电解电容器，它适用于电源滤波和音频旁路。铝电解电容器的绝缘电阻小，漏电损耗大，容量为 0.33～4700μF，额定工作电压一般为 6.3～500V。钽电解电容器（CA）采用金属钽（粉剂或溶液）作为电解质。钽电解电容器于 1956 年由美国贝尔实验室首先研制成功。钽电解电容器性能稳定，具有绝缘电阻大、漏电小、寿命长、长期存放性能稳定、温度及频率特性好等优点，但它的成本较高、额定工作电压低（最高只有 160V），所以这种电容器主要用于一些电性能要求较高的电路，如积分电路、计时电路、延时开关电路等。

2. 云母电容器

云母电容器（CY）用云母片做介质，其特点是高频性能稳定，耐压高（几百伏至几千伏），漏电流小，但容量小，体积大。

3. 瓷质电容器

瓷质电容器（CC）采用高介电常数、低损耗的陶瓷材料做介质，其特点是体积小、损耗小、绝缘电阻大、漏电流小、性能稳定，可工作在超高频段，但耐压低，机械强度较差。

4. 玻璃釉电容器

玻璃釉电容器（CI）具有瓷质电容器的优点，但比同容量的瓷质电容器体积小，工作频带较宽，可在 125℃下工作。

5. 纸介电容器

纸介电容器（CZ）的电极用铝箔、锡箔做成，绝缘介质是浸醋的纸，锡箔或铝箔与纸相叠后卷成圆柱体，外包防潮物质。其特点是体积小、容量大，但性能不稳定，高频性能差。

6. 聚苯乙烯电容器

聚苯乙烯电容器（CB）是一种有机薄膜电容器，以聚苯乙烯为介质，用铝箔或直接在聚苯乙烯薄膜上蒸上一层金属膜为电极。其特点是绝缘电阻大、耐压高、漏电流小、精度高，但耐热性差，焊接时，过热会损坏电容器。

7. 独石电容器

独石电容器是以钛酸钡为主的陶瓷材料烧结而成的一种瓷介质电容器。其特点是体积小、耐高温、绝缘性能好、成本低，多用于小型和超小型电子设备中。

8. 可变电容器

可变电容器种类很多，按结构可分为单联可变电容器（一组定片，一组动片）、双联可变电容器（二组动片，二组定片）、三联可变电容器、四联可变电容器等；按介质可分为空气介质电容器、薄膜介质电容器等。空气介质电容器使用寿命长，但体积大。一般单连可变电容器用于直放式收音机的调谐电路，双连可变电容器用于超外差式收音机。薄膜介质电容器在动片和定片之间以云母或塑料片做介质，体积小，质量轻。

9. 半可调电容器

半可调电容器又称微调电容器，在电路中主要用于补偿和校正，其调节范围为几十皮法。常用的半可调电容器有有机薄膜介质半可调电容器、瓷介质半可调电容器、拉线半可调电容器和云母半可调电容器等。

### 1.3.5 电容器的合理选用和质量判断

1. 电容器的合理选用

电容器种类繁多，性能指标各异，选用时应考虑如下因素。

（1）电容器额定电压

不同类型的电容器有不同的电压系列，所选电容器必须在其系列之内。此外，所选电容器的电压一般应使其额定值高于线路施加在电容器两端电压的 1～2 倍，选用电解电容器时例外。特别是液体电解电容器，限于自身结构特点，其额定电压的确定一般不能高于实际电压的 1 倍以上。一般应使线路中的实际电压相当于被选电容器耐压的 50％～70％，这样才能充分发挥电解电容器的作用。不论选用何种电容器，都不得使电容器耐压低于线路中的实际电压，否则电容器将会被击穿。同时也不必过分提高额定电压，否则不仅提高了成本，而且增大了体积。

（2）标称容量及精度等级

各类电容器均有其标称值系列及精度等级。电容器在不同的电路中作用有所不同，某些场合要求电容器具有一定精度，而在较多场合电容容量的差别可以很大。因而在确定容量精度时，应首先考虑电路对电容器容量精度的要求，而不是盲目追求电容器的精度等级，因为在电容器的制造过程中，容量的控制较难，不同容量精度的电容器价格相差很大。电源滤波电路、退耦电路中应选用电解电容器；高频电路、高压电路中应选用瓷介电容器和云母电容器；谐振电路中可选用云母电容器、陶瓷电容器、有机薄膜电容器等；用作隔直流时可选用纸介电容器、涤纶电容器、云母电容器、电解电容器等；调谐回路中可选用空气介质电容器或小型密封可变电容器。

（3）电容器的代用

选购电容器时可能买不到所需的型号或所需容量的电容器，或在维修时现有电容器与所需的不相符合时，便要考虑代用电容器。代用的原则是：电容器的容量基本相同；代用电容器的耐压值不低于原电容器的耐压值；对于旁路电容、耦合电容，可选用容量比原电容量大的电容器代用；对于高频电路中的电容器，代用时一定要考虑频率特性，应满足电路的频率要求。

2. 电容器的质量判断

（1）对于容量大于5100pF的电容器，可用万用表的$R\times10$k挡及$R\times1$k挡测量电容器的两引线。正常情况下，表针先向$R$为零的方向摆去，然后向$R\to\infty$方向退回（充电）。如果退不到$\infty$，而停在某一数值上，指针稳定后的阻值就是电容器的绝缘电阻（也称漏电电阻）。一般电容器的绝缘电阻在几十兆欧以上，电解电容器的绝缘电阻在几兆欧以上。若所测电容器的绝缘电阻小于上述值，则表示电容器漏电。绝缘电阻越小，漏电越严重，若绝缘电阻为零，则表明电容器已击穿短路；若表针不动，则表明电容器内部开路。

（2）对于容量小于5100pF的电容器，由于充电时间很短，充电电流很小，即使用万用表的高阻值挡测量，也看不出表针摆动。所以，可以借助一个NPN型的晶体管（$\beta\geqslant100$，$I_{CEO}$越小越好）的放大作用来测量。小容量电容的测量方法如图1.9所示。电容器接到a、b两端，由于晶体管的放大作用，可以看到表针摆动。判断好坏同上所述。

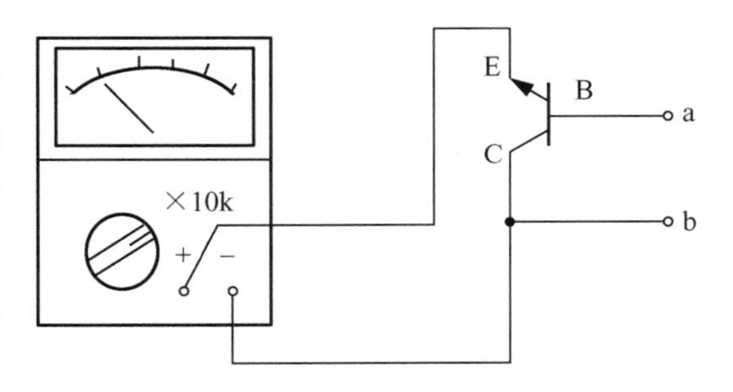


**图1.9 小容量电容的测量方法**

（3）测电解电容器时应注意电容器的极性，一般正极的引线较长。注意，测量时电源的正极（黑表笔）应与电容器的正极相接，电源负极（红表笔）应与电容器负极相接，这种接法称为电容器的正接。电容器的正接比反接时的绝缘电阻大。

当电解电容器极性无法辨别时，可用以上原理来判别，也可先任意测一下漏电电阻，记住其大小，然后将电容器两引线短路一下放掉内部电荷，交换表笔再测一次。两次测量中阻值大的那一次是正向接法，黑表笔接的是电容器的正极，红表笔接的是电容器的负极。使用这种方法对漏电小的电容器不易区别极性。

（4）可变电容器的漏电、碰片，可用万用表欧姆挡来检查。将万用表的两支表笔分别与可变电容器的定片和动片引出端相连，同时将电容器来回旋转几下，表针均应在∞位置不动。如果表针指向零或某一较小的数值，说明可变电容器已发生碰片现象或漏电严重。

（5）用万用表只能判断电容器的质量好坏，不能测量其电容值，若需精确测量电容值，则需使用电容测量仪。

## 1.4 电感器

电感器的应用范围很广泛，在调谐、振荡、耦合、匹配、滤波、陷波、延迟、补偿及偏转聚焦等电路中，都是必不可少的。由于其用途、工作频率、功率、工作环境不同，电感器的基本参数和结构形式也不尽相同，电感器的类型和结构也趋于多样化。

电感器按工作原理不同可分为电感线圈和变压器两大类。

### 1.4.1 电感线圈

电感线圈是用导线在绝缘骨架上单层或多层绕制而成的一种电子元件。单层绕制分为间绕与密绕两种形式。多层绕制分为分层平绕、乱绕、蜂窝式绕等多种形式。

电感线圈在电路中常用字母 $L$ 表示，电感的单位是亨［利］，用字母 H 表示。

$$1\mathrm{H}=10^3\mathrm{mH}=10^6\mu\mathrm{H}$$

#### 1. 电感线圈的种类

电感线圈有固定电感线圈、微调电感线圈和色码电感线圈。

（1）固定电感线圈

固定电感线圈分高频扼流圈、低频扼流圈等。高频扼流圈具有蜂房式结构，电感量在2.5～10mH，如收音机中的中波段高频扼流圈。也有用较粗铜线或镀银铜线采用平绕或间绕方式制成的，这种线圈的圈数少，电感量小，如收音机中的短波段高频扼流圈。低频扼流圈是在绕好的空心线圈中插入铁心（硅钢片）而制成的大电感量的电感线圈，其电感量一般为数亨，常用在音频或电源滤波电路中。

（2）微调电感线圈

微调电感线圈一般都有插入磁芯，通过改变磁芯在线圈中的位置来调节电感量的大小，如电视机中的行振荡线圈、带螺纹磁芯的高频扼流圈等。

（3）色码电感线圈

色码电感线圈是一种小型的固定电感线圈，是一种磁芯线圈，是将线圈绕制在软磁铁氧体的基体（磁芯）上，再用环氧树脂或塑料封装，并在其外壳上标以色环或直接用数字标明电感量的数值。

#### 2. 电感线圈的基本参数

（1）电感量

在没有非线性导磁物质存在的条件下，一个载流线圈的磁通与线圈中电流成正比。其比例常数称为自感系数，用字母 $L$ 表示。

（2）固有电容

线圈匝之间的导线，通过空气、绝缘层和骨架而存在的分布电容称为固有电容。此外，屏蔽罩之间，多层绕组的层与层之间，绕组与底板间也都存在固有电容。固有电容的存在，会使线圈的等效总损耗电阻增大，品质因数降低。

（3）品质因数（$Q$ 值）

电感线圈的品质因数是指线圈的感抗 $\omega L$ 与直流等效电阻 $R$ 之比，即 $Q=\omega L/R$。

（4）额定电流

电感线圈中允许通过的最大电流称为额定电流。

### 3. 电感线圈的标识方法

（1）直标法

直标法是将电感线圈的标称电感量用数字和文字符号直接标在电感线圈外壁上，电感量单位后面用一个英文字母表示其允许误差。各字母所代表的允许误差见表 1-6。例如，560μHK 表示标称电感量为 560μH，允许误差为±10%。

**表 1-6　电感线圈直标法中各字母所代表的允许误差**

| 英文字母 | 允许误差/% | 英文字母 | 允许误差/% | 英文字母 | 允许误差/% |
|---|---|---|---|---|---|
| Y | ±0.001 | W | ±0.05 | G | ±2 |
| X | ±0.002 | B | ±0.1 | J | ±5 |
| E | ±0.005 | C | ±0.25 | K | ±10 |
| L | ±0.01 | D | ±0.5 | M | ±20 |
| P | ±0.02 | F | ±1 | N | ±30 |

（2）文字符号法

文字符号法是将电感线圈的标称值和允许误差值用数字和文字符号按一定的规律组合标识在电感体上。采用这种标识方法的通常是一些小功率电感线圈，其单位为 nH 或μH，用 N 或 R 代表小数点。例如，4N7 表示电感量为 4.7nH，47N 表示电感量为 47nH，6R8 表示电感量为 6.8μH。采用这种标识法的电感线圈通常后缀一个英文字母表示允许误差，各字母代表的允许误差与直标法相同，见表 1-6。

（3）色标法

色标法是指在电感线圈表面涂上不同的色环来代表电感量（与电阻器类似），通常用四色环表示。紧靠电感体一端的色环为第一环，露着电感体本色较多的另一端为末环。其第一色环代表第一位有效数字，第二色环代表第二位有效数字，第三色环代表倍率（单位为μH），第四色环为误差率。例如，某电感线圈的色环颜色分别为棕、黑、棕、金，其电感量为 100μH，误差为±5%。

（4）数码表示法

数码表示法是用三位数字来表示电感线圈电感量的标称值，该方法常用于贴片电感线圈上。在三位数字中，从左至右的第一位和第二位数字为有效数字，第三位数字表示有效数字后面所加“0”的个数（单位为μH）。如果电感量中有小数点，则用 R 表示。电感量单位后面用一个英文字母表示其允许偏差，各字母代表的允许误差见表 1-6。例如，标识为 102J 的电感量为 10×100=1000(μH)，允许误差为±5%；标识为 183K 的电感量为 18mH，允许误差为±10%。需要注意的是要将这种标识法与传统的方法区别开，如标识为“470”或“47”的电感量为 47μH，而不是 470μH。

4. 电感线圈的测量

电感线圈的参数测量较复杂，一般都是通过专用仪器进行测量，如电感测量仪和电桥。使用万用表可对电感线圈进行最简单的通断测量，方法是将万用表选在 $R\times1$ 挡或 $R\times10$ 挡，表笔接被测电感线圈的引出线，若表针指示电阻值为无穷大，则说明电感线圈断路；若电阻值接近于零，则说明电感线圈正常。

### 1.4.2 变压器

将两个线圈靠近放在一起，当一个线圈中的电流变化时，穿过另一个线圈的磁通会发生相应的变化，从而使该线圈中出现感应电势，这就是互感应现象。变压器就是根据互感应原理制成的。变压器在电路中主要用于交流变换和阻抗变换。

1. 变压器的种类

变压器的种类繁多，根据线圈之间使用的耦合材料不同，可分为空芯变压器、磁芯变压器和铁心变压器三大类；根据工作频率的不同可分为高频变压器、中频变压器、低频变压器及脉冲变压器。收音机中的磁性天线是一种高频变压器。用在收音机的中频放大级，俗称“中周”的变压器是中频变压器。低频变压器的种类较多，有电源变压器、输入输出变压器及线间变压器等。

2. 变压器的主要参数

不同类型的变压器有相应的参数要求。电源变压器的主要参数有电压比、工作频率、额定电压、额定功率、空载电流、空载损耗、绝缘电阻和防潮性能等。一般低频音频变压器的主要参数有变压比、频率特性、非线性失真、磁屏蔽和静电屏蔽、效率等。

3. 变压器的识别与检测

在电路原理图中，变压器通常用字母 T 表示。检测变压器时首先可以通过观察变压器的外形来检查其是否有明显的异常。例如，线圈引线是否断裂、脱焊，绝缘材料是否有烧焦痕迹，铁心紧固螺丝是否松动，绕组线圈是否外露等。

(1) 绝缘性能的检测

用兆欧表（若无兆欧表可用万用表的 $R\times10\text{k}$ 挡）分别测量变压器铁心与初级、初级与各次级、铁心与各次级、静电屏蔽层与初次级、次级各绕组间的电阻值，阻值应大于

100 MΩ或表针指在无穷大处不动。否则，说明变压器绝缘性能不良。

（2）线圈通断的检测

将万用表置于 $R\times1$ 挡检测线圈绕组两个接线端子之间的电阻值，若某个绕组的电阻值为无穷大，则说明该绕组有断路性故障。电源变压器发生短路性故障后的主要现象是发热严重和次级绕组输出电压失常。通常，线圈内部匝间短路点越多，短路电流就越大，而变压器发热就越严重。当短路严重时，变压器在空载加电几十秒钟之内便会迅速发热，用手触摸铁心会有烫手的感觉，此时不用测量空载电流便可断定变压器有短路点存在。

（3）初、次级绕组的判别

电源变压器初级绕组引脚和次级绕组引脚通常是分别从两侧引出的，并且初级绕组多标有220V字样，次级绕组则标出额定电压值，如15V、24V、35V等。对于输出变压器，初级绕组电阻值通常大于次级绕组电阻值且初级绕组漆包线比次级绕组细。

（4）空载电流的检测

将次级绕组全部开路，把万用表置于交流电流挡（通常500mA挡即可），并串入初级绕组中。当初级绕组的插头插入220V（AC）时，万用表显示的电流值便是空载电流值。此值不应大于变压器满载电流的10％～20％，如果超出太多，说明变压器有短路性故障。

## 1.5　开关和插接件

开关和插接件的作用是断开、接通或转换电路。开关和插接件大多串接在电路中，其质量及可靠性直接影响电子系统或设备的可靠性。其中突出的问题是接触问题。接触不可靠不仅影响电路的正常工作，而且是噪声的重要来源之一。合理地选择和正确使用开关及插接件，可大大降低电子设备的故障率。

影响开关和插接件质量及可靠性的主要因素有温度、湿度、工业气体和机械振动等。温度、湿度、工业气体易使触点氧化，致使接触电阻增大，绝缘性能下降。振动易使接触不稳。为此，选用时应根据产品的技术条件规定的电气、机械、环境、动作次数、镀层等合理地进行选择。

### 1.5.1　开关

开关在电子设备中作接通和切断电路用，其中大多数都是手动式机械结构。由于此结构操作方便，价廉可靠，目前使用十分广泛。随着新技术的发展，各种非机械结构的开关不断出现，如气动开关、水银开关及高频振荡式、电容式、霍尔效应式的各类电子开关等。常用的开关有波段开关、按钮开关、键盘开关、琴键开关、钮子开关、拨动开关和薄膜按键开关等。其中薄膜按键开关又简称薄膜开关，它是近年来国际流行的一种集装饰与功能为一体化的新型开关。薄膜开关按基材不同可分为软性薄膜开关和硬性薄膜开关两种，按面板类型的不同可分为平面型薄膜开关和凹凸型薄膜开关，按操作感受不同又可分为触觉有感式薄膜开关和触觉无感式薄膜开关。薄膜开关工作电压一般在36V（DC）以下，工作电流一般在100mA以下。开关只能瞬时接通且不能自锁。

### 1.5.2 插接件

插接件按工作频率分为低频插接件（指频率在100MHz以下的连接器）和高频插接件（指频率在100MHz以上的连接器），按外形结构特征分为圆形插接件、矩形插接件、印制电路板插座、带状电缆插接件等。

### 1.5.3 选用开关和插接件应注意的问题

（1）首先要根据使用条件和功能来选择合适类型的开关及插接件。

（2）开关及插接件的额定电压、电流要留有一定的余量。

（3）为了接触可靠，开关的触点或插接件的线数要留有一定余量，以便并联使用或备用。

（4）尽量选用带定位的插接件，避免插错而造成故障。

（5）触点的接线和焊接应可靠，为防止断线和短路，焊接处应加套管保护。

## 1.6 半导体分立器件

半导体分立器件自从20世纪50年代问世以来，曾为电子产品的发展起到了重要的作用。现在，虽然集成电路已被广泛使用，并在不少场合取代了半导体分立器件，但是应该相信，半导体分立器件到任何时候都不会被全部废弃。因为半导体分立器件有其自身的特点，还会在电子产品中发挥其他元器件不能取代的作用。所以，它不仅不会被淘汰，而且一定还将有所发展。

### 1.6.1 常用半导体分立器件的分类

按照习惯，通常把半导体分立器件分成如下几类。

1. 二极管

二极管可分为整流二极管、检波二极管、恒流二极管、开关二极管、变容二极管、雪崩二极管、稳压二极管、发光二极管、阻尼二极管等。

2. 双极型晶体管

双极型晶体管（简称晶体管）有多种类型：按材料分，可分为锗晶体管、硅晶体管等；按照极性的不同，可分为NPN晶体管和PNP晶体管；按用途的不同，可分为大功率晶体管、小功率晶体管、高频晶体管、低频晶体管、光电晶体管；按照封装材料的不同，可分为金属封装晶体管、塑料封装晶体管、玻璃壳封装（简称玻封）晶体管、表面封装（片状）晶体管和陶瓷封装晶体管等。

3. 晶体闸流管

晶体闸流管简称晶闸管，旧称可控硅，它是一个可控导电开关。

4. 场效应晶体管

场效应晶体管分为结型场效应晶体管（JFET）、绝缘栅型场效应晶体管（JGFET）两大类。结型场效应晶体管因有两个 PN 结而得名；绝缘栅型场效应晶体管则因栅极与其他电极完全绝缘而得名。目前在绝缘栅型场效应晶体管中应用最为广泛的是 MOS 场效应晶体管，简称 MOS 管（即金属-氧化物-半导体场效应晶体管）；此外还有 PMOS、NMOS 和 VMOS 场效应晶体管，以及 πMOS 场效应晶体管、VMOS 功率模块等。

按沟道半导体材料的不同，结型场效应晶管和绝缘栅型场效应晶管可分为 N 沟道和 P 沟道两种。绝缘栅型场效应晶体管与结型场效应晶体管的不同之处在于它们的导电机理不同。绝缘栅型场效应晶体管是利用感应电荷的多少来改变导电沟道的性质，而结型场效应晶体管则是利用导电沟道之间耗尽区的大小来控制漏极电流的。若按导电方式来划分，绝缘栅型场效应晶体管又可分成耗尽型与增强型，而结型场效应晶体管均为耗尽型。

### 1.6.2 半导体分立器件的命名方法

1. 我国半导体分立器件命名法

根据《半导体分立器件型号命名方法》（GB/T 249—2017），器件型号由五部分组成（部分管子无第五部分），各部分的意义如下。

第一部分：电极数目（用阿拉伯数字表示）；第二部分：材料和极性（用汉语拼音表示）；第三部分：器件的类别（用汉语拼音表示）；第四部分：登记序号（用阿拉伯数字表示）；第五部分：规格号（用汉语拼音表示）。半导体分立器件的型号一般由第一部分到第五部分组成，也可以由第三部分到第五部分组成。

由第一部分到第五部分组成的器件型号的符号及其意义见表 1-7。

表 1-7 由第一部分到第五部分组成的器件型号的符号及其意义

| 第一部分 | | 第二部分 | | 第三部分 | | 第四部分 | 第五部分 |
|---|---|---|---|---|---|---|---|
| 用阿拉伯数字表示器件的电极数目 | | 用汉语拼音字母表示器件的材料和极性 | | 用汉语拼音字母表示器件的类别 | | 用阿拉伯数字表示登记顺序号 | 用汉语拼音字母表示规格号 |
| 符号 | 意义 | 符号 | 意义 | 符号 | 意义 | | |
| 2 | 二极管 | A | N 型，锗材料 | P | 小信号管 | | |
| | | B | P 型，锗材料 | H | 混频管 | | |
| | | C | N 型，硅材料 | V | 检波管 | | |
| | | D | P 型，硅材料 | W | 电压调整管和电压基准管 | | |
| | | E | 化合物或合金材料 | C | 变容管 | | |
| | | | | Z | 整流管 | | |

（续）

| 第一部分 | | 第二部分 | | 第三部分 | | 第四部分 | 第五部分 |
|---|---|---|---|---|---|---|---|
| 用阿拉伯数字表示器件的电极数目 | | 用汉语拼音字母表示器件的材料和极性 | | 用汉语拼音字母表示器件的类别 | | 用阿拉伯数字表示登记顺序号 | 用汉语拼音字母表示规格号 |
| 符号 | 意义 | 符号 | 意义 | 符号 | 意义 | | |
| 3 | 三极管 | A<br>B<br>C | PNP 型，锗材料<br>NPN 型，锗材料<br>PNP 型，硅材料 | L<br>S<br>K | 整流堆<br>隧道管<br>开关管 | | |
| 3 | 三极管 | D<br>E | NPN 型，硅材料<br>化合物或合金材料 | N<br>F<br>X<br><br>G<br><br>D<br><br>A<br><br>T<br>Y<br>R<br>J | 噪声管<br>限幅管<br>低频小功率晶体管<br>（$f_a$<3MHz，$P_C$<1W）<br>高频小功率晶体管<br>（$f_a$≥3MHz，$P_C$<1W）<br>低频大功率晶体管<br>（$f_a$<3MHz，$P_C$≥1W）<br>高频大功率晶体管<br>（$f_a$≥3MHz，$P_C$≥1W）<br>闸流管<br>体效应管<br>雪崩管<br>阶跃恢复管 | | |

例如：硅 NPN 型高频小功率晶体管

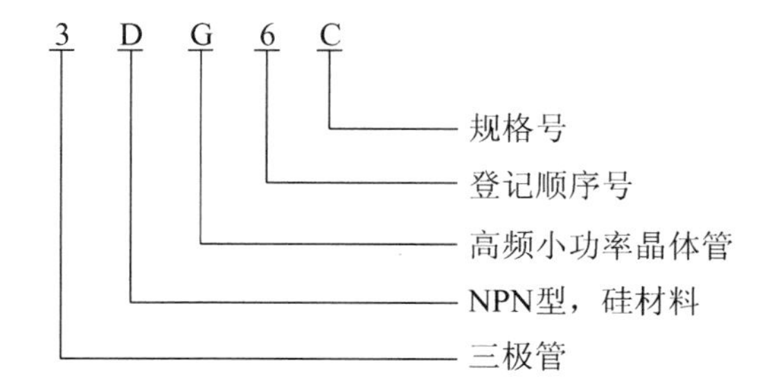


2. 国际电子联合会半导体分立器件命名法

德国、法国、意大利、荷兰、匈牙利、罗马尼亚、波兰和比利时等欧洲国家，大都采用国际电子联合会规定的命名方法，这种方法的组成部分及符号意义见表 1 - 8。在表中所列四个基本部分后面，有时还加后缀，以区别特性或进一步分类。

**表 1－8　国际电子联合会半导体分立器件型号命名法**

| 第一部分 | | 第二部分 | | | | 第三部分 | | 第四部分 | |
|---|---|---|---|---|---|---|---|---|---|
| 用字母表示使用的材料 | | 用字母表示类型及主要特性 | | | | 用数字或字母加数字表示登记号 | | 用字母对同型号者分挡 | |
| 符号 | 意义 | 符号 | 意义 | 符号 | 意义 | 符号 | 意义 | 符号 | 意义 |
| A | 锗材料 | A | 检波、开关和混频二极管 | M | 封闭磁路中的霍尔元件 | 三位数字 | 通用半导体分立器件的登记序号（同一类型器件使用同一登记号） | A<br>B<br>C<br>D<br>E<br>⋮ | 同一型号器件按某一参数进行分挡的标志 |
| | | B | 变容二极管 | P | 光敏器件 | | | | |
| B | 硅材料 | C | 低频小功率晶体管 | Q | 发光器件 | | | | |
| | | D | 低频大功率晶体管 | R | 小功率晶闸管 | | | | |
| C | 砷化镓 | E | 隧道二极管 | S | 小功率开关管 | | | | |
| | | F | 高频小功率晶体管 | T | 大功率晶闸管 | 一个字母加两位数字 | 专用半导体分立器件的登记号（同一类型器件使用同一登记号） | A<br>B<br>C<br>D<br>E<br>⋮ | 同一型号器件按某一参数进行分挡的标志 |
| D | 锑化铟 | G | 复合器件及其他器件 | U | 大功率开关管 | | | | |
| | | H | 磁敏二极管 | X | 倍增二极管 | | | | |
| R | 复合材料 | K | 开放磁路中的霍尔元件 | Y | 整流二极管 | | | | |
| | | L | 高频大功率晶体管 | Z | 稳压二极管即齐纳二极管 | | | | |

例如：

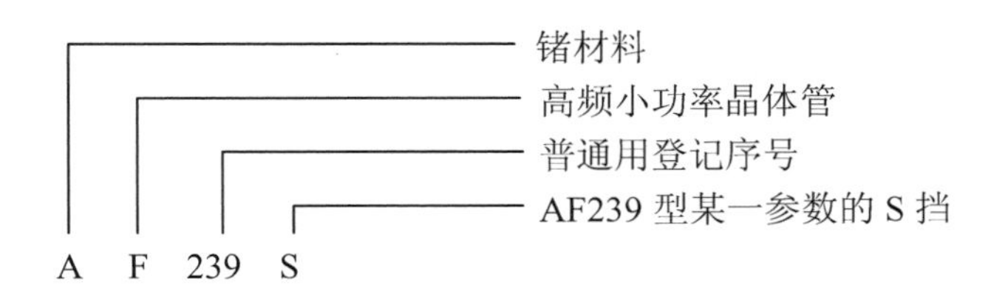

3. 美国半导体分立器件型号命名法

美国半导体分立器件型号命名法见表1-9。

**表1-9 美国半导体分立器件型号命名法**

| 第一部分 | | 第二部分 | | 第三部分 | | 第四部分 | | 第五部分 | |
|---|---|---|---|---|---|---|---|---|---|
| 用符号表示用途的类型 | | 用数字表示PN结的数目 | | 美国电子工业协会(EIA)注册标志 | | 美国电子工业协会(EIA)登记顺序号 | | 用字母表示器件分挡 | |
| 符号 | 意义 | 符号 | 意义 | 符号 | 意义 | 符号 | 意义 | 符号 | 意义 |
| JAN或J | 军用品 | 1 | 二极管 | N | 该器件已在美国电子工业协会注册登记 | 多位数字 | 该器件在美国电子工业协会登记的顺序号 | A B C D ⋮ | 同一型号的不同挡别 |
| | | 2 | 晶体管 | | | | | | |
| 无 | 非军用品 | 3 | 三个PN结器件 | | | | | | |
| | | $n$ | $n$个PN结器件 | | | | | | |

例如：1N4007

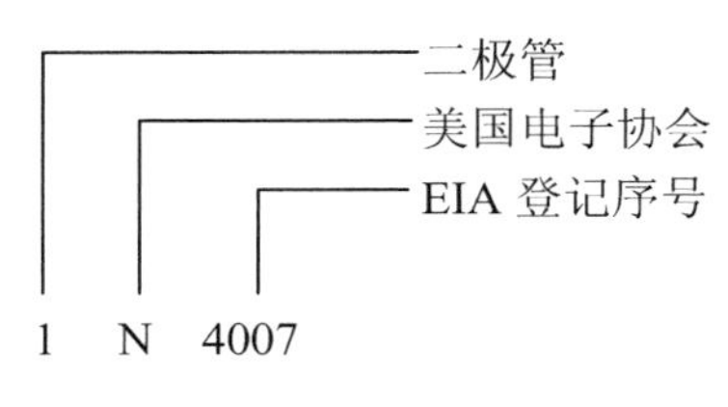


JAN2N2904

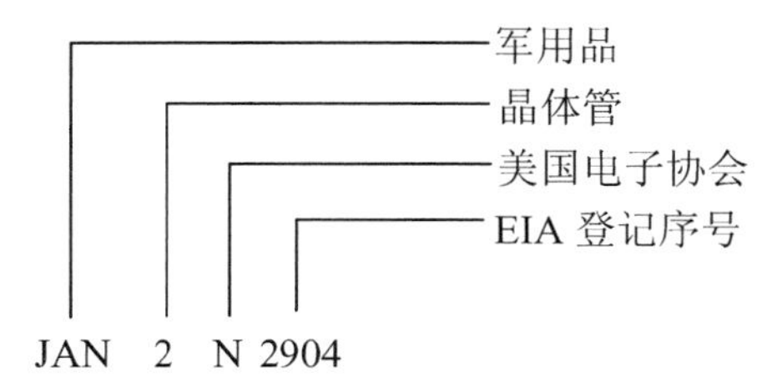


4. 日本半导体分立器件型号命名法

日本半导体分立器件的型号，由五至七部分组成。通常只用到前五部分。前五部分符号及意义见表1-10。第六、七部分的符号及意义通常是各公司自行规定的。

**表 1-10　日本半导体分立器件型号命名法**

| 用数字表示类型或有效电极数 | | S表示日本电子工业协会（EIAJ）注册产品 | | 用字母表示器件的极性及类型 | | 用数字表示在日本电子协会登记的顺序号 | | 用字母表示对原来型号的改进产品 | |
|---|---|---|---|---|---|---|---|---|---|
| 符号 | 意义 | 符号 | 意义 | 符号 | 意义 | 符号 | 意义 | 符号 | 意义 |
| 0 | 光电二极管、晶体管及其组合管 | S | 表示已在日本电子工业协会（EIAJ）注册登记的半导体分立器件 | A | PNP 型高频管 | 四位以上的数字 | 从 11 开始，表示在日本工业协会注册登记的顺序号，不同公司性能相同的器件可以使用同一的顺序号，其数字越大越是近期产品 | A<br>B<br>C<br>D<br>E<br>F<br>⋮ | 用字母表示对原来型号的改进产品 |
| | | | | B | PNP 型低频管 | | | | |
| | | | | C | NPN 型高频管 | | | | |
| 1 | 二极管 | | | D | NPN 型低频管 | | | | |
| 2 | 晶体管、具有两个以上 PN 结的其他半导体分立器件 | | | F | P 控制极晶闸管 | | | | |
| | | | | G | N 控制极晶闸管 | | | | |
| | | | | H | N 基极单结晶体管 | | | | |
| | | | | J | P 沟道场效应晶体管 | | | | |
| 3<br>⋮ | 具有四个有效电极或具有三个 PN 结的半导体分立器件 | | | K | N 沟道场效应晶体管 | | | | |
| | | | | M | 双向晶闸管 | | | | |

例如：2SA495

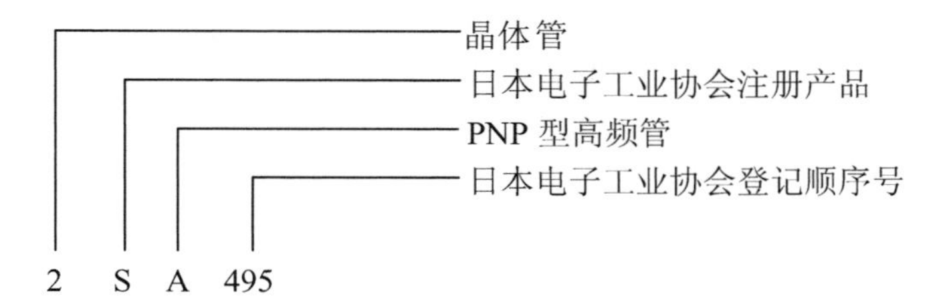


日本半导体分立器件型号命名法有如下特点。

（1）型号中的第一部分是数字，表示器件的类型和有效电极数。例如，用“1”表示二极管，用“2”表示晶体管。而屏蔽用的接地电极不是有效电极。

（2）第二部分均为字母 S，表示日本电子工业协会注册产品，而不表示材料和极性。

（3）第三部分表示极性和类型。例如，用 A 表示 PNP 型高频管，用 J 表示 P 沟道场效应晶体管。但是，第三部分既不表示材料，也不表示功率的大小。

（4）第四部分只表示在日本电子工业协会（EIAJ）注册登记的顺序号，并不反映器件的性能，顺序号相邻的两个器件的某一性能可能相差很远。但是，登记顺序号能反映产品时间的先后。登记顺序号的数字越大，越是近期产品。

（5）第六、七两部分的符号和意义各公司不完全相同。

（6）日本有些半导体分立器件的外壳上标记的型号，常采用简化标记的方法，即把2S省略。例如，2SD764简化为D764，2SC502A简化为C502A。

（7）在低频管（2SB型和2SD型）中，也有工业频率很高的管子。例如，2SD355的特征频率 $f_T$ 为100MHz，所以，它们也可当高频管用。

（8）日本通常把 $P_{cm} \geqslant 1W$ 的管子，称为大功率管。

### 1.6.3 二极管

1. 概述

二极管是半导体分立器件的主要种类之一，应用十分广泛。

二极管是由一个PN结加上相应的电极引线和密封壳做成的半导体分立器件，它采用半导体晶体材料（如硅、锗、砷化镓等）制成，主要特性是单向导电。

通常，二极管按结构材料分锗二极管、硅二极管和砷化镓二极管等；按制作工艺分点接触型二极管和面接触型二极管；按功能用途分整流二极管、检波二极管、开关二极管、稳压二极管、变容二极管、双色二极管、发光二极管、光敏二极管、压敏二极管和磁敏二极管等。图1.10所示为常见二极管的符号。

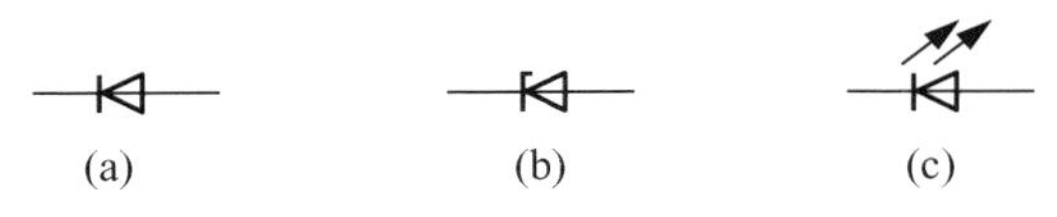


**图1.10 常见二极管的符号**

2. 二极管的主要参数

一般常用的二极管主要有以下四个参数。

（1）最大整流电流 $I_{DM}$

最大整流电流是指半波整流连续工作的情况下，为使PN结的温度不超过额定值（锗管约为80℃，硅管约为150℃），二极管中能允许通过的最大直流电流。因为电流流过二极管时会发热，电流过大二极管就会过热而烧毁，所以应用二极管时要特别注意其最大电流不超过 $I_{DM}$ 值。

（2）最大反向电压 $U_{RM}$

最大反向电压是指不致引起二极管击穿的反向电压。二极管工作电压的峰值不能超过最大反向电压，否则反向电流增长，整流特性变坏，甚至烧毁二极管。二极管的反向工作电压一般为击穿电压的1/2，而有些小容量二极管，其最高反向工作电压则定为反向击穿电压的2/3。二极管对电压比电流更敏感，也就是说，过电压更容易引起管子的损坏，故应用中一定要保证工作电压不超过最大反向电压。

（3）最大反向电流 $I_{RM}$

在给定（规定）的反向偏压下，通过二极管的直流电流称为反向电流 $I_S$。理想情况下二极管是单向导电的，但实际上反向电压下总有一点微弱的电流。这一电流在反向击穿之前大致不变，故又称反向饱和电流。实际的二极管的反向电流往往随反向电压的增大而缓慢增大。在最大反向电压 $U_{RM}$ 时，二极管中的反向电流就是最大反向电流 $I_{RM}$。通常在室温下硅管的反向电流为 1μA 或更小，锗管的反向电流为几十微安至几百微安。反向电流的大小反映了二极管单向导电性能的好坏，反向电流的数值越小越好。

（4）最高工作频率 $f_M$

二极管由于材料、制造工艺和结构的不同，其使用频率也不相同。有的可以工作在高频电路中，如 2AP 系列、2AK 系列等。有的只能在低频电路中使用，如 2CP 系列、2CZ 系列等。二极管保持原来良好工作特性的最高频率，称为最高工作频率。

### 3. 二极管的检测

根据 PN 结的单向导电性原理，最简单的二极管检测方法是用万用表测其正反向电阻。对于小功率锗管，用 MF47 型万用表的 $R\times1k$ 挡测其正向电阻一般为 100Ω～3kΩ，硅管一般在 3kΩ 以上。反向电阻一般都在几百千欧以上，且硅管的反向电阻比锗管大。由于二极管的伏安特性的非线性，测量时用不同的欧姆挡或灵敏度不同的万用表所得的数据不同。所以，测量时，对于小功率二极管一般选用 $R\times100$ 挡或 $R\times1k$ 挡，中、大功率二极管一般选用 $R\times1$ 挡或 $R\times10$ 挡。如果测得的正向电阻为无穷大，说明二极管内部开路；如果测得的反向电阻值近似为零，说明管子内部短路；如果测得的正反向电阻相差不多，说明二极管性能差或已失效。

若用数字式万用表的二极管挡测试二极管：将数字式万用表置在二极管挡，然后将二极管的负极与数字式万用表的黑表笔相接，正极与红表笔相接，此时显示屏上显示的是二极管正向电压降。不同材料的二极管，其正向电压降不同：硅材料二极管为 0.5～0.7V，锗材料二极管为 0.1～0.3V。若显示的值过小，接近于“0”，说明管子已短路；若显示“OL”或“1”过载，说明二极管内部开路或处于反向状态，此时可对调表笔再测。

二极管的引脚有正负之分。在电路符号中，三角底边一侧为正，短杠一侧为负极。实物中，有的将器件符号印在二极管的实体上；有的在二极管负极一端印上一道色环作为负极标号；有的二极管两端形状不同，平头一端为正极，圆头一端为负极。用万用表对二极管进行引脚识别和检测时，将万用表置于 $R\times1k$ 挡，两表笔分别接到二极管的两端，如果测得的电阻值较小，则为二极管的正向电阻，这时与黑表笔（即表内电池正极）相连接的是二极管正极，与红表笔相连接的是二极管的负极。若用数字式万用表识别：测得正向管压降值小的那一次，与红表笔相连接的是二极管正极，与黑表笔相连接的是二极管的负极。

### 4. 稳压二极管

稳压二极管也称齐纳二极管，当稳压二极管反向击穿时，其两端的电压稳定在某一数值，基本不随流过二极管的电流大小而变化。稳压二极管的正向特性与普通二极管相似。反向电压小于击穿电压时，反向电流很小，反向电压临近击穿电压时，反向电流急剧增大，发生电击穿。这时电流在很大范围内改变，管子两端电压基本保持不变，起到稳定电压的作用。稳压二极管的符号如图1.10(b) 所示。必须注意的是，稳压二极管应用在电路中时一定要串联限流电阻，不能让二极管击穿后电流无限增长，否则将立即被烧毁。稳压二极管的最大工作电流受最大耗散功率所限制。最大耗散功率指电流增长到最大工作电流时，稳压二极管散发出热量导致管子损坏的功率。所以稳压二极管的最大工作电流就是稳压管工作时允许通过的最大电流。

用万用表检测稳压二极管时，一般使用万用表的低电阻挡（×1kΩ 以下表内电池为 1.5V），表内提供的电压不足以使稳压二极管击穿，因而使用低电阻挡测量稳压二极管正反向电阻时，其阻值应和普通二极管一样。测量稳压值时，必须使稳压二极管进入反向击穿状态，所以电源电压要大于被测稳压二极管的稳压电压。

使用稳压二极管时要注意管上标注的正负极。稳压二极管的正极应接电源负极，稳压二极管的负极应接电源的正极，因为稳压二极管是工作在反向电压状态的。

5. 发光二极管

发光二极管是采用磷化镓（GaP）或磷砷化镓（GaAsP）等半导体材料制成的，能直接将电能转变为光能的发光器件。发光二极管与普通二极管一样也由 PN 结构成，也具有单向导电性，但发光二极管不是用它的单向导电性，而是让它发光做指示（显示）器件。发光二极管可按制造材料、发光色别、封装形式和外形分成许多种类。现在比较常用的是圆形、方形及矩形有色透明型和散射型发光二极管，发光颜色以红、绿、黄、橙等单色型为主，也有一些能发出三种色光的发光二极管，这其实是将两种不同颜色的发光管封装于同一壳体内制成的。发光二极管应用极为广泛，其中最常见的是在各种电子和电器装置中取代白炽灯等光源作为指示灯。

要想检测发光二极管的正负极及性能如何，前述检测普通二极管好坏的方法，原则上也适用。对非低压型发光二极管，由于其正向导通电压大于 1.8V，而指针式万用表大多使用 1.5V 电池（$R\times10$k 挡除外），所以无法使管子导通，测得其正反向电阻均很大，难以判断管子的好坏。一般可以使用以下几种方法判断发光二极管的正负极和性能好坏。

（1）一般发光二极管的两引脚中，较长的是正极，较短的是负极。对于透明或半透明塑封的发光二极管，可以用肉眼观察到它的内部电极的形状，正极的内电极较小，负极的内电极较大。

（2）用指针式万用表检测发光二极管时，必须使用 $R\times10$k 挡。因为发光二极管的管压降为 1.8～2.5V，而指针式万用表的其他挡位的表内电池仅为 1.5V，低于管压降，无论正向还是反向接入，发光二极管都不可能导通，也就无法检测。$R\times10$k 挡表内接 9V 或 15V 高压电池，高于管压降，所以可以用来检测发光二极管。此时，判断发光二极管好坏与正负极的方法与使用万用表检测普通二极管相同。检测时，万用表黑表笔接发光二极管的正极，红表笔接发光二极管的负极，测其正向电阻。这时表针应偏转过半，同时发光二极管中有一微弱的发光亮点。反方向时，发光二极管无发光亮点。

（3）用数字式万用表检测发光二极管时，必须使用二极管检测挡。检测时，数字式万用表的红表笔接发光二极管的正极，黑表笔接发光二极管的负极，这时显示的值是发光二极管的正向管压降，同时发光二极管中有一微弱的发光亮点。反方向检测时，显示为“1”过载，发光二极管无发光亮点。

（4）万用表外接一节 1.5V 电池测量法。（略）

### 1.6.4　晶体管

晶体管由两个制作在一起的 PN 结连接相应电极再封装而成。晶体管外形是有三条（或四条）引脚的塑封或陶瓷、金属等封装的，三个电极分别称为发射极（e）、基极（b）和集电极（c）。晶体管的特点是起放大作用。晶体管的结构示意如图 1.11 所示，各种外形如图 1.12 所示。

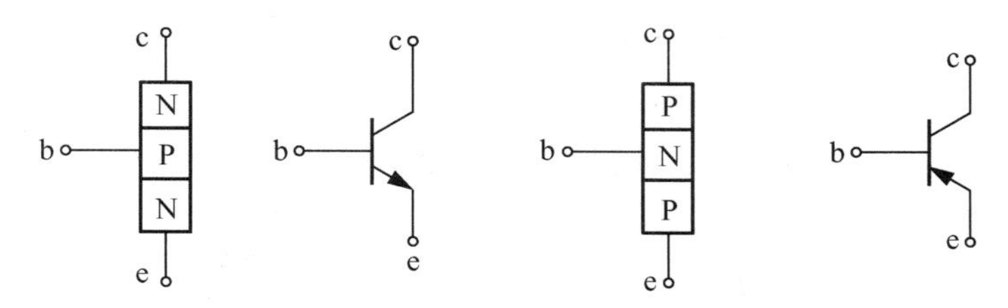


图 1.11　晶体管的结构示意

图 1.12　晶体管的各种外形

1. 晶体管的主要参数

（1）电流放大系数 $\beta$ 和 $H_{FE}$

$\beta$ 是晶体管的交流放大系数，表示晶体管对交流（变化）信号的电流放大能力。$\beta$ 等于集电极电流 $I_c$ 的变化量 $\Delta I_c$ 与基极电流 $I_b$ 的变化量 $\Delta I_b$ 两者之比，即 $\beta=\Delta I_c/\Delta I_b$。$H_{FE}$ 是晶体管的直流电流放大系数，是指在静态情况下，晶体管 $I_c$ 与 $I_b$ 的比值，即 $H_{FE}=I_c/I_b$。

$\beta$ 值的标识方式常用的有两种：色标法和英文字母法。

色标法采用较早，它是用各种不同颜色的色点表示 $\beta$ 值的大小。通常色点涂在管子的顶面。国产小功率晶体管色标颜色与 $\beta$ 值对应关系见表 1－11。

表 1－11　国产小功率晶体管色标颜色与 $\beta$ 值对应关系

| 色标 | 棕 | 红 | 橙 | 黄 | 绿 | 蓝 | 紫 | 灰 | 白 | 黑 | 黑橙 |
|---|---|---|---|---|---|---|---|---|---|---|---|
| $\beta$ | 5～15 | 15～25 | 25～40 | 40～55 | 55～80 | 80～120 | 120～180 | 180～270 | 270～400 | 400～600 | 600～1000 |

英文字母法即在晶体管管子型号后面，用一个英文字母来代表 $\beta$ 值的大小。该字母随同型号一起打印，省去了色标点漆的工艺，适应现代大规模生产。表 1－12 列出了一些晶体管 $\beta$ 值的分挡标准。

表 1-12　晶体管 $\beta$ 值的分挡标准

| | A | B | C | D | E | F | G | H | I |
|---|---|---|---|---|---|---|---|---|---|
| 9011<br>9018 | | | | 29～44 | 39～60 | 54～80 | 72～108 | 97～146 | 132～198 |
| 9012<br>9013 | | | | 64～91 | 78～112 | 96～135 | 118～166 | 144～202 | 180～350 |
| 9014<br>9015 | 60～150 | 100～300 | 200～600 | 400～1000 | | | | | |
| 8050<br>8550 | | 85～160 | 120～200 | 160～300 | | | | | |

(2) 集电极最大电流 $I_{cm}$

$I_{cm}$是指晶体管集电极允许通过的最大电流。需指出的是，当管子 $I_c > I_{cm}$时，不一定会被烧坏，但 $\beta$ 等参数将发生明显变化，会影响管子正常工作，故 $I_c$ 一般不能超出 $I_{cm}$。

(3) 集电极最大允许功耗 $P_{cm}$

$P_{cm}$是指晶体管参数变化不超出规定允许值时的最大集电极耗散功率。使用晶体管时，实际功耗不允许超过 $P_{cm}$，通常还应留有较大余量，因为功耗过大往往是晶体管烧坏的主要原因。

(4) 集电极-发射极击穿电压 $BU_{ceo}$

$BU_{ceo}$是指晶体管基极开路时，允许加在集电极和发射极之间的最高电压。通常情况下，c、e 极间电压不能超过 $BU_{ceo}$，否则会引起管子击穿或使其特性变坏。

2. 晶体管的检测

这里介绍用万用表检测晶体管的方法，比较简单、方便。

(1) 判别晶体管的引脚

将指针万用电表置于电阻 $R\times1$k 挡，用黑表笔接晶体管的某一引脚（假设作为基极），再用红表笔分别接另外两个引脚。如果表针指示值两次都很大，该管便是 PNP 管，其中黑表笔所接的那一引脚是基极。若表针指示的两个阻值均很小，则说明这是一只 NPN 管，黑表笔所接的那一引脚是基极。如果指针指示的阻值一个很大，一个很小，那么黑表笔所接的引脚就不是晶体管的基极，再另外换一引脚进行类似测试，直至找到基极。

判定基极后就可以进一步判断集电极和发射极。仍然用万用表 $R\times1$k 挡，将两表笔分别接除基极之外的两电极，如果是 PNP 型管，用一个阻值为 100kΩ 的电阻接于基极与红表笔之间，可测得一电阻值，然后将两表笔交换，同样在基极与红表笔间接一个阻值为 100kΩ 的电阻，又测得一电阻值，两次测量中阻值小的一次红表笔所对应的是 PNP 管集电极，黑表笔所对应的是发射极。如果是 NPN 管，阻值为 100kΩ 的电阻就要接在基极与黑表笔之间，同样电阻小的一次黑表笔对应的是 NPN 管的集电极；红表笔所对应的是发射极。在测试中也可以用潮湿的手指捏住集电极与基极代替阻值为 100kΩ 的电阻。

（2）估测穿透电流 $I_{ceo}$

穿透电流 $I_{ceo}$ 大的晶体管，耗散功率增大，热稳定性差，调整 $I_c$ 很困难，噪声也大，电子电路应选用 $I_{ceo}$ 小的晶体管。一般情况下，可用万用表估测晶体管的 $I_{ceo}$ 大小。

用万用表 $R\times1k$ 挡测量。如果是 PNP 管，黑表笔（万用表内电池正极）接发射极，红表笔接集电极。对于小功率锗管，测出的阻值在几十千欧以上，对于小功率硅管，测出的阻值在几百千欧以上，这表明 $I_{ceo}$ 不太大。如果测出的阻值小，且表针缓慢地向低阻值方向移动，表明 $I_{ceo}$ 大且晶体管稳定性差。如果阻值接近于零，表明晶体管已经穿通损坏。如果阻值为无穷大，表明晶体管内部已经开路。但要注意，有些小功率硅管由于 $I_{ceo}$ 很小，测量时阻值很大，表针移动不明显，不要误认为是断路［如塑封管 9013（NPN），9012（PNP）等］。对于大功率管 $I_{ceo}$ 比较大，测得的阻值大约只有几十欧，不要误认为是晶体管已经击穿。如果测量的是 NPN 管，红表笔应接发射极，黑表笔应接集电极。

（3）估测电流放大系数 $\beta$

用万用表 $R\times1k$ 挡测量。如果测 PNP 管，红表笔接集电极，黑表笔接发射级指针会有一点摆动（或几乎不动），然后，用一个阻值为 30～100kΩ 的电阻跨接于基极与集电极之间，或用手捏住集电极与基极（但这两电极不可碰在一起）代替电阻，电表读数立即偏向低电阻一方。表针摆幅越大（电阻越小）表明管子的 $\beta$ 值越高。两只相同型号的晶体管，跨接相同阻值的电阻，电表中读得的阻值小的管子 $\beta$ 值就更高些。如果测的是 NPN 管，则黑、红表笔应对调，红表笔接发射极，黑表笔接集电极。测试时跨接于基极和集电极之间的电阻不可太小，亦不可使基极集电极短路，以免损坏晶体管。当集电极与基极之间跨接电阻后，电表的指示仍在不断变小时，表明该管的 $\beta$ 值不稳定。如果跨接电阻未接时，万用表指针摆动较大（有一定电阻值），表明该管的穿透电流太大，不宜采用。

（4）判断材料

经验证明，用 MF－47 型万用表的 $R\times1k$ 挡测晶体管的 PN 结正向电阻值，硅管为 5kΩ 以上，锗管为 3kΩ 以下。用数字式万用表测硅管的正向压降一般为 0.5～0.8V，而锗管的正向压降是 0.1～0.3V。

### 3. 韩国三星电子公司 90 系列晶体管

常见的韩国三星电子公司 90 系列晶体管具体特性见表 1－13 所示。

**表 1－13　常见的韩国三星电子公司 90 系列晶体管的具体特性**

| 型号 | 极性 | 功率/mW | 频率特性/MHz | 用途 | 型号 | 极性 | 功率/mW | 频率特性/MHz | 用途 |
|---|---|---|---|---|---|---|---|---|---|
| 9011 | NPN | 400 | 150 | 高放 | 9016 | NPN | 400 | 500 | 超高频 |
| 9012 | PNP | 625 | 150 | 功放 | 9018 | NPN | 400 | 500 | 超高频 |
| 9013 | NPN | 625 | 140 | 功放 | 8050 | NPN | 1000 | 100 | 功放 |
| 9014 | NPN | 450 | 80 | 低放 | 8550 | PNP | 1000 | 100 | 功放 |
| 9015 | PNP | 450 | 80 | 低放 | | | | | |

### 1.6.5 晶闸管

1. 概述

晶闸管是一种“以小控大”的功率（电流）型器件。晶闸管有单向晶闸管、双向晶闸管、逆导晶闸管、可关断晶闸管、快速晶闸管、光控晶闸管等多种类型。在未加说明的情况下，晶闸管通常是指单向晶闸管。应用较多的是单向晶闸管和双向晶闸管。

2. 单向晶闸管

单向晶闸管（SCR）广泛地用于可控整流、交流调压、逆变器和开关电源电路中，其符号、外形结构、等效电路如图 1.13 所示。它有三个电极，分别为阳极（A）、阴极（K）和控制极［又称门极（G）］。由图可见，它是一种 PNPN 四层半导体分立器件，其中控制极是从 P 型硅层上引出，供触发晶闸管用。晶闸管一旦导通，即使撤掉正向触发信号，仍能维护通态。欲使晶闸管关断，必须使正向电流低于维持电流，或施以反向电压强迫其关断。普通晶闸管的工作频率一般在 400Hz 以下，随着频率的升高，功耗将增大，器件会发热。快速晶闸管一般可工作在 5kHz 以上，最高达 40kHz。

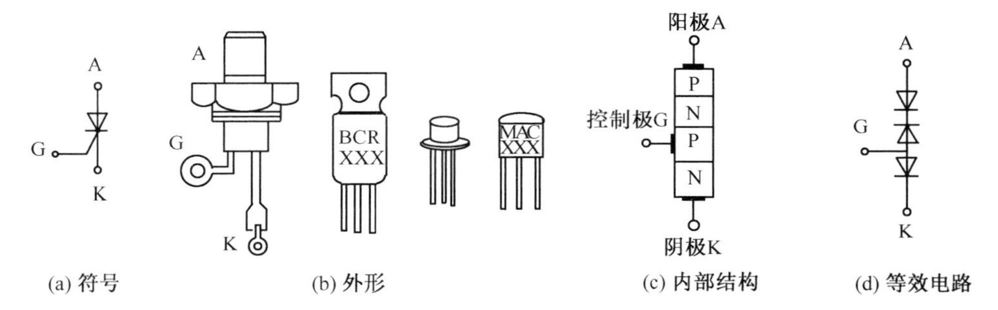


图 1.13 单向晶闸管的符号、外形、内部结构和等效电路

下面介绍单向晶闸管的检测方法。

由图 1.13(c) 可知，在控制极与阴极之间有一个 PN 结，而阳极与控制极之间有两个反极串联的 PN 结。因此用万用表 $R\times100$ 挡可首先判定控制极 G。具体方法是，将黑表笔接某一电极，红表笔依次碰触另外两个电极，假如有一次阻值很小，约为几百欧，而另一次阻值很大，约为几千欧，就说明黑表笔接的是控制极 G。在阻值小的那次测量中，红表笔接的是阴极 K，而在阻值大的那一次，红表笔接的是阳极 A。若两次测得的阻值都很大，说明黑表笔接的不是控制极，应改测其他电极。

3. 双向晶闸管

双向晶闸管（TRIAC）即三端双向交流开关，它是在单向晶闸管的基础上发展而来的，相当于两个单向晶闸管的反极并联，而且仅需一个触发电路，是目前比较理想的交流开关器件。双向晶闸管的符号如图 1.14(a) 所示。双向晶闸管外形有平板型、螺栓型、塑封型多种。图 1.14(b) 所示为小功率塑封晶闸管的外形。双向晶闸管的内部结构如图 1.14(c) 所示，从图中可以看出，它属于 NPNPN 五层半导体分立器件，有三个电极，分别称为第一电极 T1，第二电极 T2，控制极 G。T1、T2 又称主电极。双向晶闸管的等效电路图如图 1.14(d) 所示。

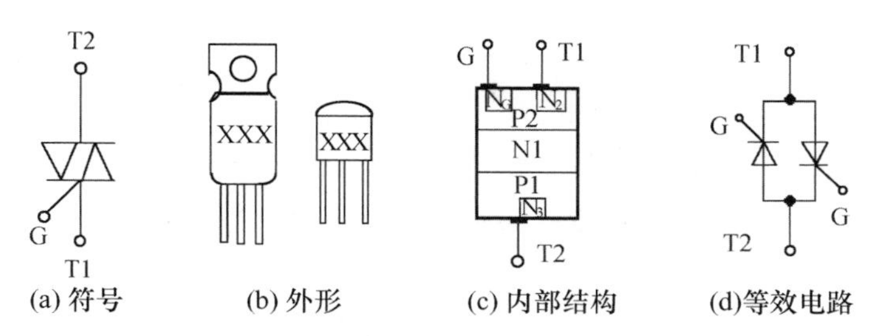


(a) 符号　(b) 外形　(c) 内部结构　(d)等效电路

**图 1.14　双向晶闸管的符号、外形、内部结构和等效电路**

下面介绍利用万用表 $R\times1$ 挡判定双向晶闸管电极的方法。

(1) 判定 T2 极

由图 1.14 可见，G 极与 T1 极靠近，距 T2 极较远。因此，G 极和 T1 极之间的正反向电阻都很小。在用 $R\times1$ 挡测任意两端之间的电阻时，只有在 G 极和 T1 极之间呈现低阻，正反向电阻仅几十欧，而 T2 极和 G 极、T2 极和 T1 极之间的正反向电阻均为无穷大。这表明，如果测出某脚和其他两脚都不通，就肯定是 T2 极。

(2) 区分 G 极和 T1 极

找出 T2 极之后，首先假定剩下两脚中的某一脚为 T1 极，另一脚为 G 极。把黑表笔接 T1 极，红表笔接 T2 极，电阻为无穷大。接着用红表笔尖把 T2 极与 G 极短路，给 G 极加上负触发信号，电阻值应为 10Ω 左右，证明管子已经导通，导通方向为 T1→T2。再将红表笔尖与 G 极脱开（但仍接 T2 极），若电阻值保持不变，证明管子在触发之后能维持导通状态。把红表笔接 T1 极，黑表笔接 T2 极，然后使 T2 极与 G 极短路，给 G 极加上正触发信号，电阻值仍为 10Ω 左右，与 G 极脱开后若电阻值不变，则说明管子经触发后，在 T2→T1 方向上也能维持导通状态，因此具有双向触发性质。由此证明上述假定正确。否则假定与实际不符，需再做出假定，重复以上测量。

### 1.6.6　场效应晶体管

场效应晶体管（FET）是一种利用电场效应来控制多数载流子运动的半导体分立器件，简称场效应管。

1. 场效应管的特点

(1) 电场控制型。场效应管的工作原理类似于电子管，它是通过电场作用控制半导体中的多数载流子运动，达到控制其导电能力，故称为场效应。

(2) 单极型导电方式。在场效应管中，参与导电的多数载流子仅为电子（N 沟道）或空穴（P 沟道）中的一种，在场作用下经过漂移运动形成电流，故场效应管也称单极型晶体管。而不像普通晶体管，参与导电的同时有电子与空穴的扩散和复合运动，属于双极型晶体管。

（3）输入阻抗很高。场效应管输入端的PN结为反向偏置（结型场效应管）或绝缘层隔离（MOS场效应管），因此其输入阻抗远远超过普通晶体管。通常，结型场效应管的输入阻抗为$10^7 \sim 10^{10}\Omega$，尤其是绝缘栅型场效应管，输入阻抗可达$10^{12} \sim 10^{13}\Omega$，而普通晶体管的输入阻抗为1kΩ左右。

（4）抗辐射能力强。场效应管比普通晶体管的抗辐射能力强千倍以上，所以效应管能在核辐射和宇宙射线下正常工作。

（5）噪声低、热稳定性好。

（6）便于集成。场效应管在集成电路中占有的体积比普通晶体管小，制造简单，特别适于大规模集成电路。

（7）容易产生静电击穿损坏。由于场效应管输入阻抗相当高，带电荷物体一旦靠近金属栅极时很容易造成栅极静电击穿，特别是MOS场效应晶体管，其绝缘层很薄，更易击穿损坏。故要注意栅极保护，应用时不得让栅极“悬空”，贮存时应将场效应管的三个电极短路，并放在屏蔽的金属盒内，焊接时电烙铁外壳应接地，或断开电烙铁电源利用其余热进行焊接，防止因电烙铁的微小漏电而损坏场效应管。

2. 结型场效应管的检测

（1）结型场效应管栅极判别

根据PN单向导电原理，用万用表的$R\times 1$k挡，将黑表笔接在管子的其中一个电极，红表笔分别接另外两个电极，若测得电阻都很小，则黑表笔所接的是栅极，且管子为N型沟道场效应管。对于P型沟道场效应管栅极的判断，读者可自行分析。

（2）结型场效应管好坏及性能判别

根据判别栅极的方法，能粗略判别管子的好坏。当栅源间、栅漏间反向电阻很小时，说明管子已损坏。若要判别管子的放大性能可将万用表的红、黑表笔分别接触源极和漏极，然后用手碰触栅极，表针偏转较大，说明管子放大性能较好，若表指针不动，说明管子性能差或已损坏。

## 1.7 半导体集成电路

在一块极小的硅单晶片上，利用半导体工艺制作出许多二极管、晶体管及电阻等元件，并连接成能完成特定电子技术功能的电子电路称为半导体集成电路。从外观上看，半导体集成电路是一个不可分割的完整的电子器件。半导体集成电路在体积、质量、耗电、寿命、可靠性及电性能指标方面，远远优于晶体管分立元件组成的电路，因而在电子设备、仪器仪表及电视机、录像机、收音机等家用电器中得到广泛的应用。

### 1.7.1 半导体集成电路的分类

半导体集成电路的种类相当多，具体见表1－14。模拟集成电路用来产生、放大和处理模拟信号，数字集成电路则用来产生、放大和处理各种数字电信号。所谓模拟信号，是指幅度随时间连续变化的信号。所谓数字信号，是指在时间上和幅度上离散取值的信号。在电子技术中，通常又把模拟信号以外的非连续变化的信号，统称为数字信号。

**表 1－14　半导体集成电路的分类**

| 半导体集成电路 | 按封装形式分 | 晶体管式圆管壳封装集成电路 |
|---|---|---|
| | | 扁平封装集成电路 |
| | | 双列直插式封装集成电路 |
| | | 软封装集成电路 |
| | 按集成度分 | 小规模集成电路（SSI） |
| | | 中规模集成电路（MSI） |
| | | 大规模集成电路（LSI） |
| | | 超大规模集成电路（VLSI） |

| 半导体集成电路 | 按制作工艺分 | 双极型集成电路 |
|---|---|---|
| | | 单极型集成电路 |
| | 按电路功能分 | 数字集成电路 |
| | | 模拟集成电路 |
| | | 接口集成电路 |
| | | 特殊集成电路 |
| | | 微波集成电路 |

### 1.7.2　半导体集成电路应用须知

#### 1. CMOS 集成电路应用须知

（1）CMOS 集成电路工作电源$+U_{DD}$为$+5\sim+15$V，$U_{SS}$（地）接电源负极，二者不能接反。

（2）输入信号电压$U_i$应满足$U_{SS}\leqslant U_i\leqslant U_{DD}$，超出会损坏器件。

（3）多余的输入端一律不许悬空，应按它的逻辑要求接$U_{DD}$或$U_{SS}$（地）。

（4）调试使用中要严格遵守以下步骤：开机时，先接通电源，再加输入信号；关机时，先撤去输入信号，再关闭电源。

（5）CMOS 集成电路输入阻抗极高，易受外界干扰、冲击和静态击穿，应存放在等电位的金属盒内。焊接时应切断电源电压，电烙铁外壳必须良好接地，必要时可拔下电烙铁，利用余热进行焊接。

#### 2. TTL 集成电路应用须知

（1）在高速电路中，电源至集成电路之间存在引线电感及引线间的分布电容，既会影响电路的速度，又易通过共用线段产生级间耦合，引起自激。为此，可采用退耦措施，在靠近集成电路的电源引出线和地线引出端之间接入 0.01μF 的旁路电容器。在频率不太高的情况下，通常只在印制电路板的插头处，每个通道入口的电源端和地端之间，并联一个10～100μF 和一个 0.01～0.1μF 的电容器，前者作低频滤波，后者作高频滤波。

（2）多余输入端如果是与门或与非门多余输入端，最好不悬空而是接电源；如果是或门、或非门，便将多余输入端接地，可直接接入，或串接一个 1～10kΩ 电阻再接入。前一种接法电源浪涌电压可能会损坏电路，后一种接法分布电容将影响电路的工作速度。

（3）多余的输出端应悬空，若是接地或接电源，将会损坏器件。另外除集电极开路（OC）门和三态（TS）门外，其他电路的输出端不允许并联使用，否则会引起逻辑混乱或损坏器件。

### 1.7.3 半导体集成电路型号命名与识别方法

半导体集成电路的品种型号浩如烟海，难以计数。面对飞跃发展的电子产业，至今国际上对半导体集成电路型号的命名无统一标准。各厂商或公司都按自己的一套命名方法来生产。这给识别半导体集成电路型号带来了极大的困难。尤其是初学者，手头有一些半导体集成电路，想查查手册，知道是什么电路并了解主要参数，可是集成块体表上字母多，不知哪几个字母与数字是用来表示型号的。下面介绍一种按半导体集成电路型号主要特征来查找的方法。

纵观半导体集成电路的型号，大体上包含这些内容：公司代号、电路系列或种类代号、电路序号、封装形式代号、温度范围代号和其他一些代号。这些内容均用字母或数字来代表。一般情况下，世界上很多半导体集成电路制造公司都使用自己公司名称的缩写字母或者用公司的产品代号放在型号的开头，作为公司的标志，表示该公司的半导体集成电路产品。对于此类半导体集成电路，只要知道了该半导体集成电路是哪个国家哪个公司的产品，按相应的半导体集成电路手册去查找即可。此外，识别半导体集成电路还可用先找出产品公司商标的办法。因为有不少厂商或公司的半导体集成电路型号的开头字母不表示厂商或公司的缩写、代号，而是表示功能、封装或种类等。对于此类半导体集成电路，可以先找到芯片上的商标，确定生产厂商或公司后，再查找相应的手册。

根据《半导体集成电路型号命名方法》GB 3430—1989，我国半导体集成电路的型号命名由五部分组成。五个部分的表达方式及内容见表 1-15。

**表 1-15 我国半导体集成电路的型号组成**

| 第 0 部分 | | 第 1 部分 | | 第 2 部分 | 第 3 部分 | | 第 4 部分 | |
|---|---|---|---|---|---|---|---|---|
| 用字母表示器件符合国家标准 | | 用字母表示器件的类型 | | 用阿拉伯数字和字符表示器件的系列和品体代号 | 用字母表示器件的工作温度范围 | | 用字母表示器件的封装 | |
| 符号 | 意义 | 符号 | 意义 | | 符号 | 意义 | 符号 | 意义 |
| C | 符号国家标准 | T | TTL 电路 | | C | 0～70℃ | F | 多层陶瓷扁平 |
| | | H | HTL 电路 | | G | −25～70℃ | B | 塑料扁平 |
| | | E | ECL 电路 | | L | −25～85℃ | H | 黑瓷扁平 |
| | | C | CMOS 电路 | | E | −40～85℃ | D | 多层陶瓷双列直插 |
| | | M | 存储器 | | R | −55～85℃ | J | 黑瓷双列直插 |
| | | μ | 微型机电路 | | M | −55～125℃ | P | 塑料双列直插 |
| | | F | 线性放大器 | | | | S | 塑料单列直插 |
| | | W | 稳压器 | | | | K | 金属菱形 |
| | | B | 非线性电路 | | | | T | 金属圆形 |
| | | J | 接口电路 | | | | C | 陶瓷片状载体 |
| | | AD | A/D 转换器 | | | | E | 塑料片状载体 |
| | | DA | D/A 转换器 | | | | G | 网格阵列 |
| | | D | 音响、电视电路 | | | | | |
| | | SC | 通讯专用电路 | | | | | |
| | | SS | 敏感电路 | | | | | |
| | | SW | 钟表电路 | | | | | |

## 1.8　表面安装元器件

随着电子工艺技术的发展和改进，以及电子产品体积的微型化，性能和可靠性的进一步提高，电子元器件由大、重、厚向小、轻、薄发展，出现了表面安装元器件和表面安装技术。表面安装元器件又称片状元器件，也称贴片式元器件。

### 1.8.1　表面安装元器件的特点和分类

表面安装元器件是无引线或短引线的新型微小型元器件，分为表面安装元件（SMC）和表面安装器件（SND）。适合于在没有通孔的印制电路板上安装，是表面安装技术的专用元器件。表面安装元器件尺寸小、质量轻、安装密度高，体积和质量仅为传统的通孔元器件的60%左右；可靠性高，抗振性好；引线短，形式简单，能牢固地贴焊在印制电路板表面，可抗振动和冲击；高频特性好，降低了引线分布特性影响，降低了寄生电容和电感，增强了抗电磁干扰和射频干扰能力；易于实现自动化；组装时无须在印制电路板上钻孔，无剪线、打弯等工序，降低了成本，易形成大规模生产。表面安装元器件按功能可分为无源、有源和机电三类。

### 1.8.2　片状电阻

片状电阻（图 1.15）的尺寸已标准化，分为矩形和柱形两种。

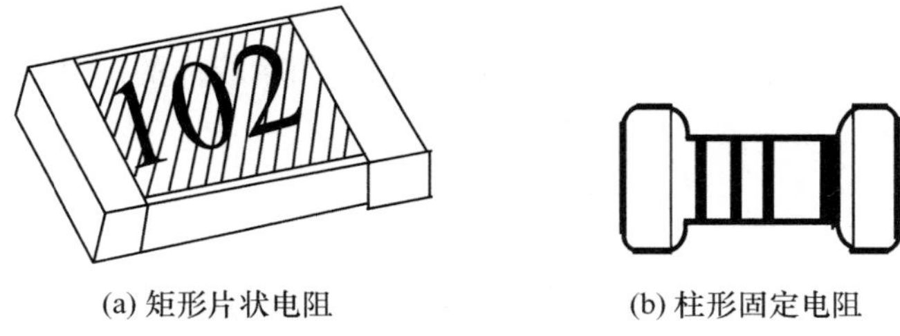


(a) 矩形片状电阻　　(b) 柱形固定电阻

**图 1.15　片状电阻**

1. 矩形片状电阻

矩形片状电阻是开发较早和产量最大的表面安装元件之一，具有表面安装元件的所有优点，其外形如图 1.15(a) 所示。矩形片状电阻可分为厚膜片状电阻和薄膜片状电阻，目前常用的是厚膜片状电阻。

与所有表面安装元件一样，片状电阻的命名尚无统一规定，各生产厂商自成系统，以下介绍两种常用的方法。

（1）国内 $RI_{11}$ 型片状电阻系列

| $RI_{11}$ | 0.125W | 10Ω | 5% |
|---|---|---|---|
| 代号 | 功率 | 阻值 | 允许误差 |

（2）美国电子工业协会（EIA）系列

| RC3216 | K | 103 | F |
| --- | --- | --- | --- |
| 代号 | 特性 | 阻值 | 允许误差 |

代号中的字母表示矩形片状电阻，四位数字给出电阻的长度和宽度。例如，3216 表示 3.2mm×1.6mm；对应英制代号为 1206，表示 0.12in×0.06in。表 1-16 所列为常见矩形片状电阻的规格尺寸。矩形片状电阻厚度较薄，一般为 0.5～0.6mm。

**表 1-16　常见矩形片状电阻的规格尺寸**

| 参数＼代号 | RC2012<br>（RC0805） | RC3216<br>（RC1206） | RC5215<br>（RC1210） | RC5025<br>（RC2010） | RC6332<br>（RC2512） |
| --- | --- | --- | --- | --- | --- |
| 长度 $L$/mm | 2.0±0.15 | 3.2±0.15 | 3.2±0.15 | 5.0±0.15 | 6.3±0.15 |
| 宽度 $b$/mm | 1.25±0.15 | 1.6±0.15 | 2.5±0.15 | 2.5±0.15 | 3.2±0.15 |
| 额定功率/W | 1/10 | 1/8 | 1/4 | 1/2 | 1 |
| 额定电压/V | 100 | 200 | 200 | 200 | 200 |

矩形片状电阻阻值一般直接标志在电阻其中一面，黑底白字。通常用三位数字表示，前两位数字表示阻值的有效值，第三位表示有效数字后面零的个数。例如，102 表示 1kΩ。当阻值小于 10Ω 时，以×R×表示，将 R 看作小数点。例如，8R1 表示 8.1Ω。阻值为 0Ω 的电阻为跨接片，其额定电流容量为 2A，最大浪涌电流为 10A。

允许偏差部分字母的含义：D 为±0.5%、F 为±1%、G 为±2%、J 为±5%、K 为±10%。

矩形片状电阻一般用于电子调谐器和移动通信等频率较高的产品中，能可靠提高安装密度和可靠性，利于制造薄型整机。

2. 柱形固定电阻

柱形固定电阻由通孔电阻去掉引线演变而来，可分为碳膜和金属膜两大类，价格便宜，并且不用编带即可供自动贴片机贴装，其外形如图 1.15（b）所示。柱形固定电阻的额定功率有 0.1W、0.125W 和 0.25W 三种，对应的外形尺寸分别是 $\phi$1.2mm×2.0mm、$\phi$1.5mm×3.5mm 和 $\phi$2.2mm×5.9mm，体积大的功率也大。其标识采用常见的色环标志法，与带引脚的圆柱形电阻一样。0Ω 柱形固定电阻无色环标志，参数与矩形片状电阻相近。

与矩形片状电阻相比，柱形固定电阻的高频特性差，但噪声和三次谐波失真较小，因此，多用在音响设备中。

### 1.8.3　片状电容器

表面安装用的电容器简称片状电容器。目前使用较多的主要是瓷介电容器和钽电解电容器，其中瓷介电容器使用最多约占 80%，其次是钽电解电容器和铝电解电容器，有机薄膜电容器和云母电容器使用较少。

1. 片状瓷介电容器

片状瓷介电容器有矩形和圆柱形两种，其中矩形片状瓷介电容器外形如图 1.16 所示。

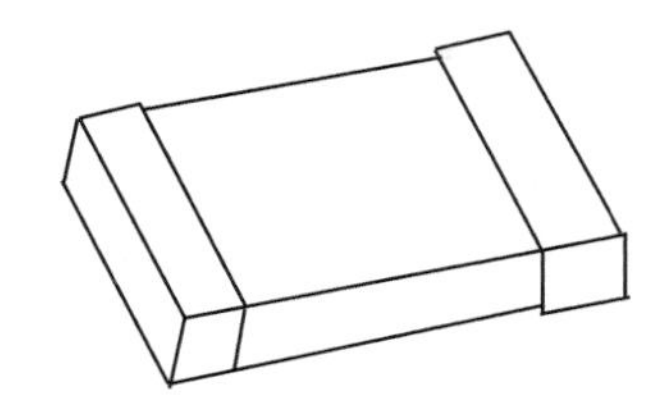

**图 1.16 矩形片状瓷介电容器**

矩形片状电容器命名方法有多种，常见的有如下两种。

（1）国内矩形片状瓷介电容器

| CC3216 | CH | 152 | K | 101 | WT |
|---|---|---|---|---|---|
| 代号 | 温度特性 | 容量 | 误差 | 耐压 | 包装 |

（2）美国 Predsidio 公司系列

| CC1206 | NPO | 152 | J | ZT |
|---|---|---|---|---|
| 代号 | 温度特性 | 容量 | 误差 | 耐压 |

与矩形片状电阻相同，代号中的字母表示矩形片状瓷介电容器，四位数字表示其长宽，见表 1－17。厚度一般为 1～2mm。容量的表示法也与片状电阻相似，前两位表示有效值，第三位表示有效值后面零的个数，单位为 pF。例如，152 表示 1500pF，1P5 表示 1.5pF。允许误差部分字母的含义：C 为±0.25％，D 为±0.5％，F 为±1％，J 为±5％，K 为±10％，M 为±20％，I 为±20％～±80％。电容器耐压有低压和中高压两种：低压为 200V 以下，一般为 50V、100V 两挡，中高压一般有 200V、300V、500V、1000V。另外，矩形片状电容器没印标志，贴装时无朝向性。

**表 1－17 矩形片状瓷介电容器尺寸**

| 代号 | | 长度 *L*/mm | 宽度 *b*/mm | 代号 | | 长度 *L*/mm | 宽度 *b*/mm |
|---|---|---|---|---|---|---|---|
| 国际制 | 英制 | | | 国际制 | 英制 | | |
| CC2012 | CC0805 | 2.0±0.2 | 1.25±0.2 | CC3225 | CC1210 | 3.2±0.2 | 2.5±0.2 |
| CC3216 | CC1206 | 3.2±0.2 | 1.6±0.2 | CC4532 | CC1812 | 4.5±0.2 | 3.2±0.2 |
| | | | | CC4564 | CC1825 | 4.5±0.3 | 6.4±0.4 |

2. 表面安装钽电解电容器

在各种电容器中，钽电解电容器具有最大的单位体积容量，因此，容量超过 0.33μF 的表面安装元件通常需要使用钽电解电容器。钽电解电容器的电解质响应速度快，故在大规模集成电路等需要高速运算处理的场合，使用钽电解电容器为好。而铝电解电容器由于价格上的优势，在消费类电子设备中应用较多。表面安装钽电解电容器有矩形和圆柱形两大类。额定电压为4～50V，容量标称系列值与通孔元件类似，最高容量为330μF。钽电解电容器的标识直接打印在元件体上，容量表示法与矩形片状电容器相同。

3. 表面安装铝电解电容器

表面安装铝电解电容器与钽电解电容器不同的是，钽电解电容器使用固体电解质，而铝电解电容器使用电解液。表面安装铝电解电容器按外形可分为矩形（卧式）和圆柱形（立式）（图1.17）两种。除外形尺寸外，其标称容量和耐压与钽电解电容器基本一致。目前，铝电解电容器的标识方法尚无统一标准。

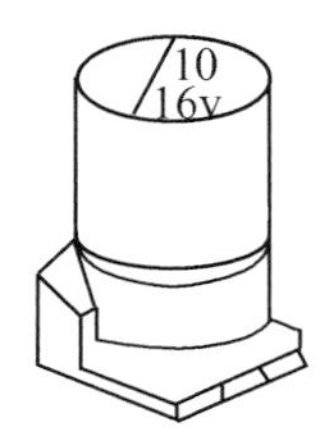


**图1.17 圆柱形表面安装铝电解电容器**

### 1.8.4 片状矩形电感器

片状矩形电感器包括片状叠层电感器和绕线电感器。片状矩形电感器外观与片状独石电容器很相似，其尺寸小、$Q$值低、电感量也小（0.01～200μH），额定电流最高为100mA。片状矩形电感器具有磁路闭合、磁通量泄漏少、不干扰周围元器件，也不易受干扰且可靠性高的优点。绕线电感器采用高导磁性铁氧体磁芯以提高电感量，可垂直缠绕和水平缠绕，水平缠绕的电性能更好，如图1.18所示。电感量为0.1～1000μH，额定电流最高300mA。片状矩形电感器的应用与通孔插装电感器相似。

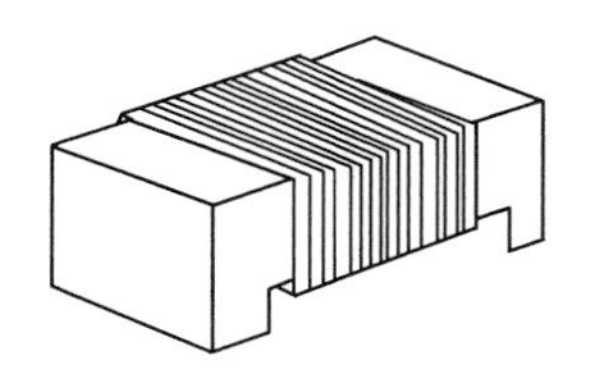

**图1.18 水平缠绕式绕线电感器**

### 1.8.5 表面安装半导体器件

常见的片状二极管分圆柱形和矩形两种，如图1.19所示。

圆柱形片状二极管没有引线，外形尺寸有$\phi$1.5mm×3.5mm和$\phi$2.7mm×5.2mm两种。片状二极管一般通过电流为150mA，耐压为50V。

矩形片状二极管有三条0.65mm短引线。根据管内所含二极管的数量和连接方式，有单管、对管之分；对管又分共阳、共阴、串接等方式，图1.19（b）中所示为共阳。

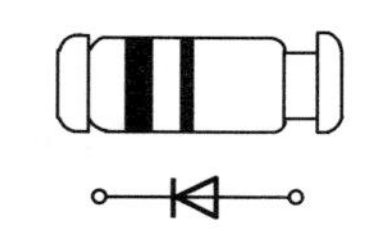

(a) 圆柱形片状二极管

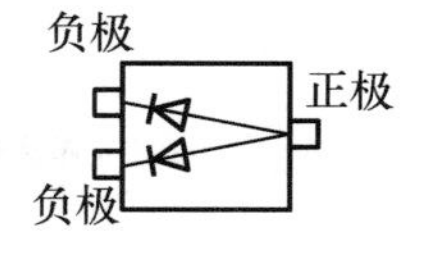


(b) 矩形片状二极管

**图 1.19 常见的片状二极管**

片状晶体管有 NPN 管与 PNP 管、普通管、超高频管、高反压管、达林顿管等。功率晶体管的外形如图 1.20(a) 所示，其功率为 1～1.5W，最大可达 2W。集电极有两个引脚，焊接时可接任意一脚。小功率晶体管外形如图 1.20(b) 所示，其功率一般为 100～200mW，电流为 10～700mA。

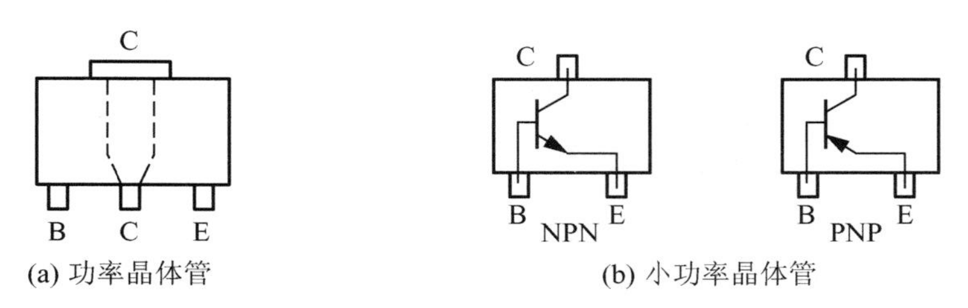


(a) 功率晶体管 (b) 小功率晶体管

**图 1.20 片状晶体管外形**

# 1.9 传 感 器

## 1.9.1 概述

传感器也称变换器，是指能够感受被测试的某种非电量，并能按照一定的规律转换成可用信号输出（通常为电信号）的器件或装置。目前，传感器已经广泛应用于工业、农业、交通、能源等国民经济的各个部门，国际上已经把传感器的研制和应用水平作为衡量国家技术水平和工业发达程度的重要尺度之一。

传感器一般由敏感元件和转换元件组成。由于集成技术的发展，近代传感器往往除敏感元件和转换元件外，还包含测量电路及辅助电源，如图 1.21 所示。敏感元件是指传感器中能直接感受或响应被测非电量，并将其送到“转换元件”转换成电量的部分。转换元件是指传感器中能将敏感元件感受或响应的被测量转换成适于传输或测量的电信号部分。

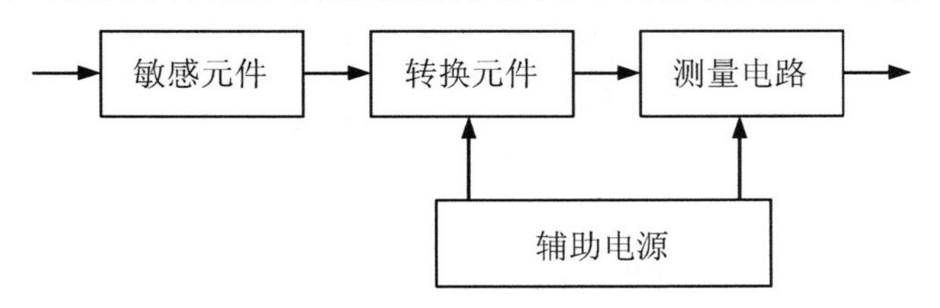


**图 1.21 传感器的组成**

### 1.9.2 热敏电阻

热敏电阻是利用对温度敏感的半导体材料制成的，其阻值随温度变化有比较明显的改变。

常见热敏电阻外形有圆形、垫圈形、管形等，如图 1.22(a) 所示，元件符号如图 1.22(b) 所示。文字符号用 RT 表示。

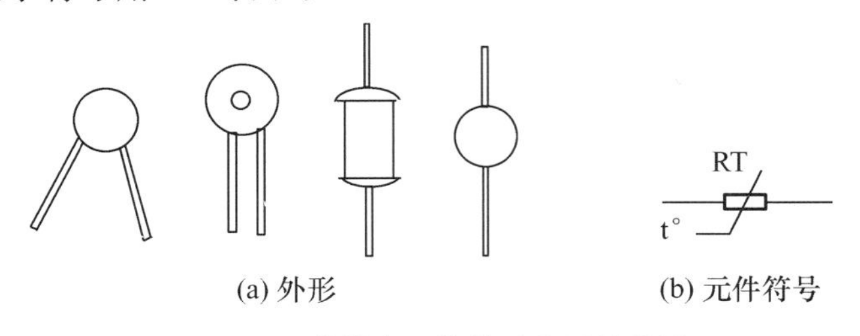


图 1.22 热敏电阻的外形和元件符号

1. 负温度系数热敏电阻

负温度系数热敏电阻（NTC）的特征是在工作温度范围内电阻值随温度的升高而降低。

2. 正温度系数热敏电阻

正温度系数热敏电阻（PTC）的特征是在工作温度范围内其阻值随温度的升高而升高。正温度系数热敏电阻的常见外形有方形、圆片形、蜂窝形、口琴形、带形等。

3. 用万用表检测热敏电阻

测量热敏电阻首先应测量在室温下的电阻值，如果阻值正常，再用万用表测量热敏电阻值。测量热敏电阻值时，当万用表测其阻值的同时用人体对它加热（如用手拿住），使其温度升高。如果人体温度不足以使其阻值变大，则可用发热元件（如灯泡、电烙铁等）进行烘烤。当温度升高时，阻值增大，则该热敏电阻是正温度系数热敏电阻；阻值降低，则是负温度系数热敏电阻。

### 1.9.3 压敏电阻

1. 概述

压敏电阻是以氧化锌为主要材料制成的金属-氧化物-半导体陶瓷元件，其阻值随端电压而变化。压敏电阻的文字符号是 RV，其主要特点是工作电压范围宽（6～3000V，分若干挡），对过压脉冲响应快（几纳秒至几十纳秒），耐冲击电流的能力强（可达 100A～20kA），漏电流小（低于几微安至几十微安）。压敏电阻性优价廉，体积小，是一种理想的保护元件，由它可构成过压保护电路、消噪电路、消火花电路、吸收回路。常见压敏电阻的标称电压有 18V、22V、24V、27V、33V、39V、47V、56V、82V、100V、120V、

150V、200V、216V、240V、250V、270V、283V、360V、470V、850V、900V、1100V、1500V、1800V、3000V等规格。

2. 用万用表检测压敏电阻

(1) 检查绝缘电阻

将万用表拨至$R\times1k$挡测量两脚之间的正、反向绝缘电阻，均应为无穷大，否则说明元件的漏电电流大。

(2) 测量标称电压

由于工艺的离散性，压敏电阻上所标电压通常会有一定偏差，应以实测值为准。(方法略)

### 1.9.4 光敏器件

光敏器件通常是指能将光能转变为电信号的半导体传感器件。常用的光敏器件有光敏电阻、光敏二极管和光敏晶体管。在电子电路中，常应用光敏器件构成光控电路。

1. 光敏电阻

光敏电阻是根据半导体的光电导效应制成的，外形如图1.23所示。光敏电阻在使用时，可以加直流偏压，也可以加交流偏压，它的电流随电压呈线性变化。光敏电阻在无光照时，其暗阻阻值一般大于1500kΩ，在有光照时，其亮阻阻值为几千欧，两者相差较大。光敏电阻的主要特点是灵敏度高、体积小、质量轻、电性能稳定，可以交流和直流两用，而且制造工艺简单，价格便宜等。但是由于其响应速度比较慢，因此影响了它在高频下的使用。

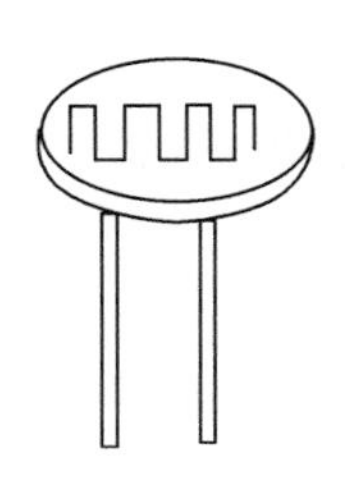

**图1.23 光敏电阻外形**

2. 半导体光敏管

半导体光敏管主要包括光敏二极管、光敏晶体管等。光敏二极管是通过在PN结加入反向电压，并在光的照射下反向导电，其反向电阻可以由大变小，由数兆欧变为数十千欧甚至几千欧。光敏晶体管有两个PN结，其基本原理与光敏二极管相同，但它把光信号变为电信号的同时，还放大了信号电流，具有放大作用。因此，光敏晶体管比光敏二极管具有更高的灵敏度，应用范围更广。光敏二极管、光敏晶体管的符号和外形如图1.24所示。

光敏晶体管有锗管、硅管之分，其正常工作时需要施加一定的反向电压，这样才可以得到较大的光电流与暗电流之比。光敏晶体管中锗管的灵敏度比硅管高，但锗管的暗电流较大。值得注意的是，许多光敏晶体管是三个引脚的，也有不少光敏晶体管只有两个引脚，不要误认为是光敏二极管。

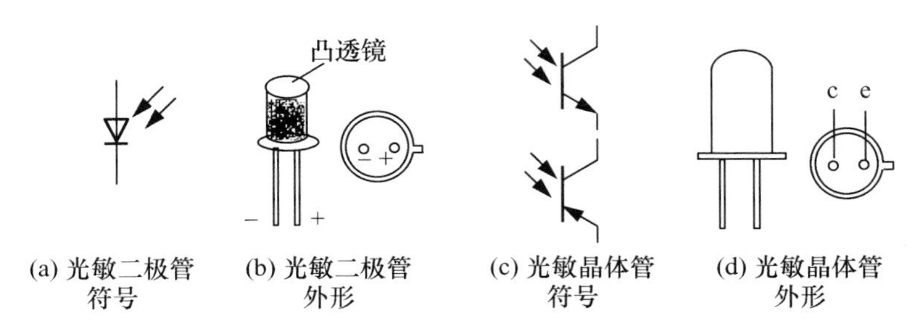


(a) 光敏二极管符号　(b) 光敏二极管外形　(c) 光敏晶体管符号　(d) 光敏晶体管外形

图 1.24　光敏二极管、光敏晶体管的符号和外形

3. 用万用表检测光敏二极管

将万用表置于 $R\times1$k 挡，红、黑表笔随意接光敏二极管的两个引脚。这时万用表表头指针偏转，如读数为几千欧左右，则黑表笔所接的是光敏二极管的正极，红表笔所接的是光敏二极管的负极。这是正向电阻，其阻值不随光照而变化。然后将万用表两根表笔调换一下再接光敏二极管的引脚，此时是在测其反向电阻，万用表表头指针偏转应小，一般读数应在 200kΩ 以上（注意测量时遮住器件，不让光射入窗口）。接着让光照射光敏二极管顶端的窗口，这时光敏二极管反向电阻减少，表头指针偏转应加大，光线越强，光敏二极管的反向电阻应越小，甚至仅几百欧。再遮住窗口，指针所指读数应立即恢复到原来的阻值（200kΩ）以上。这样，就表明被测光敏二极管是良好的。

### 1.9.5　热释电红外传感器

热释电红外传感器主要用于检测运动的人体，应用于控制自动门、自动灯、高级光电玩具等，所以也被称为运动传感器。

热释电红外传感器由敏感元件、场效应管、高阻电阻和滤光窗等组成。敏感元件是用热释电红外材料制成的。热释电红外传感器在实际使用时，前面要安装透镜，通过透镜的外来红外辐射只会聚在一个敏感元上，它所产生的信号不致抵消。热释电红外传感器的特点是它只在由外界的辐射而引起本身的温度变化时，才给出一个相应的电信号，当温度的变化趋于稳定后就再没有信号输出，所以说热释电红外传感器只对运动的人体敏感。为了使传感器对人体最敏感，而对太阳光、灯光等有抗干扰性，传感器采用了滤光片作窗口，即滤光窗。人体温度为 36～37℃，其辐射波长为 9.67～9.64μm，人体辐射的红外线最强的波长正好在滤光片的响应波长 7.5～14μm 的中心处。故滤光窗能有效地让人体辐射的红外线通过，而阻止太阳光、灯光等可见光中的红外线通过，免除干扰。所以，热释电红外传感器只对人体和接近人体体温的动物有敏感作用。

### 1.9.6　霍尔传感器

霍尔传感器是利用霍尔效应与集成技术制成的半导体瓷敏器件，具有灵敏度高、可靠性好、无触点、功率低、寿命长等优点，适用于自控设备、仪器仪表及速度传感、位移传感等电路中。

1. 霍尔效应

当一块通有电流的金属或半导体薄片垂直置于磁场中，薄片两侧会产生电势的现象，称为霍尔效应。

2. 霍尔元件

利用霍尔效应制作的半导体分立器件称为霍尔元件。霍尔元件由霍尔片、引线与壳体组成。

3. 霍尔传感器

霍尔传感器是将霍尔元件、放大器、温度补偿电路及稳压电源等做在一个芯片上。有些霍尔传感器的外形与 PID 封装的集成电路外形相似，故也称霍尔集成电路。霍尔集成电路按输出端功能可分为开关型霍尔集成电路和线性型霍尔集成电路；按有源元件类型可分为双极型霍尔集成电路和 MOS 型霍尔集成电路。

4. 霍尔集成电路的应用

霍尔集成电路最基本的应用是用它做成一种新型接近开关，以代替各种电子式接近开关，以便在各种特殊条件和恶劣环境下使用，如机械运动限位器、无触点开关、霍尔集成电路压力开关、霍尔集成电路温度开关、霍尔集成电路转速表、霍尔集成电路智能电机、霍尔集成电路键盘等。

## 1.10　LED 数码管和 LCD 液晶显示器

### 1.10.1　LED 数码管

LED 数码管是目前最常用的一种数显器件。把发光二极管制成条状，再按照一定方式连接，组成数字“8”，就构成 LED 数码管。使用时按规定使某些笔段上的发光二极管发光，即可组成 0～9 的一系列数字。

1. 构成和显示原理

LED 数码管分共阳极与共阴极两种，如图 1.25(a) 所示，内部结构如图 1.25(b) 或图 1.25(c) 所示。a～g 代表 7 个笔段的驱动端，亦称笔段电极。DP 是小数点。第 3 脚与第 8 脚内部连通，“+”表示公共阳极，“－”表示公共阴极。对于共阳极 LED 数码管[图 1.25(a)、图 1.25(b)]，将 8 只发光二极管的阳极（正极）短接后作为公共阳极，其工作特点是，当笔段电极接低电平，公共阳极接高电平时，相应笔段可以发光。共阴极 LED 数码管则与之相反，它是将发光二极管的阴极（负极）短接后作为公共阴极。当驱动信号为高电平，阴极接低电平时，才能发光。

LED数码管的输出光谱决定其发光颜色及光辐射纯度，也反映出半导体材料的特性。常见管芯材料有磷化镓、砷化镓、磷砷化镓、氮化镓等，其中氮化镓可发蓝光。发光颜色不仅与管芯材料有关，还与所掺杂质有关，因此用同一种管芯材料可以制成发出红、橙、黄、绿等不同颜色的数码管。在LED数码管的产品中，以发红光、绿光的居多，这两种颜色也比较醒目。

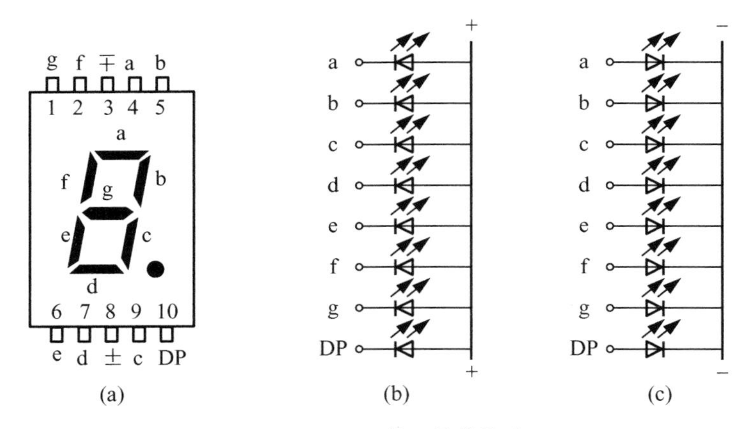


**图 1.25　LED数码管的构造**

LED数码管等效于多只具有发光性能的PN结。当PN结导通时，依靠少数载流子的注入及随后的复合而辐射发光，其伏安特性与普通二极管相似。在正向导通之前，正向电流近似于零，笔段不发光。当电压超过开启电压时，电流就急剧上升，笔段发光。因此，LED数码管属于电流控制型器件，其发光亮度（单位是cd/m²）与正向电流$I_F$有关，用公式表示为

$$L=KI_F$$

即亮度与正向电流成正比。LED数码管的正向电压$U_F$则与正向电流及管芯材料有关。使用LED数码管时，工作电流一般选每段10mA左右，既保证亮度适中，又不会损坏器件。

2. 分类

目前国内外生产的LED数码管不仅种类繁多，型号也各异，大致有以下几种分类方式。

（1）按外形尺寸分类

目前我国尚未制定LED数码管的统一标准，型号一般由生产厂家自定。小型LED数码管一般采用双列直插式，大型LED数码管采用印制电路板插入式。

（2）根据显示位数划分

根据器件所含显示位数的多少，LED显示器可划分成一位、双位、多位。一位LED显示器就是通常说的LED数码管，两位以上的一般称为显示器。

双位LED数码管是将两只数码管封装成一体，其特点是结构紧凑、成本较低（与两只

一位数码管相比)。国外典型产品有 LC5012－11S (红双、共阳),引脚排列如图 1.26 所示。

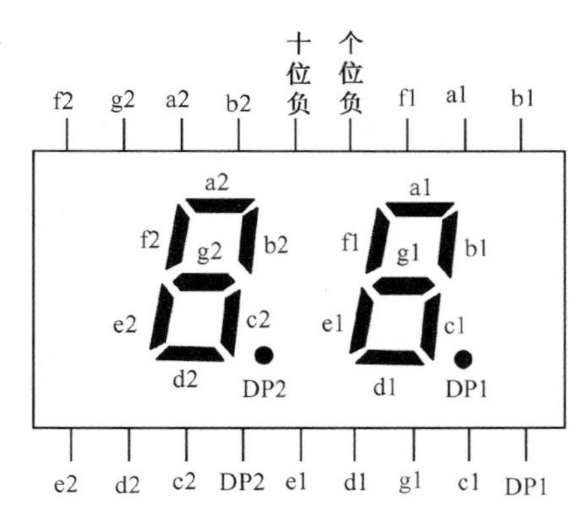


**图 1.26　LC5012－11S 引脚排列**

为简化外部引线数量和降低显示器功耗,多位 LED 显示器一般采用动态扫描显示方式。其特点是将各位同一笔段的电极短接后作为一个引出端,并且各位数码管按一定顺序轮流发光显示,只要位扫描频率足够高,就观察不到闪烁现象。

(3) 根据显示亮度划分

LED 数码管根据显示亮度划分,可分为普通亮度和高亮度两种。普通亮度 LED 数码管的发光强度 $I_V \geqslant 0.3$mcd,而高亮度 LED 数码管的发光强度 $I_V \geqslant 5$mcd,提高将近一个数量级,并且后者在大约 1mA 的工作电流下即可发光。高亮度 LED 数码管的典型产品有 2ED102 等。

(4) 按字形结构划分

LCD 数码管按字形结构划分,可分为数码管和符号管两种。其中,符号管可显示正 (+)、负 (－) 极性,"±1" 符号管能显示+1 或－1。而 "米" 字管的功能最全,除显示运算符号+、－、×、÷之外,还可显示 A～Z 共 26 个英文字母,常用作单位符号显示。

此外,还可按共阴或共阳、发光颜色来分类。

3. 性能特点

LED 数码管的主要特点如下。

(1) 能在低电压、小电流条件下驱动发光,能与 CMOS、TTL 电路兼容。

(2) 发光响应时间极短 (小于 0.1μs),高频特性好,单色性好,亮度高。

(3) 体积小,质量轻,抗冲击性能好。

(4) 寿命长,使用寿命在 10 万小时以上,甚至可达 100 万小时,成本低。

因此,LED 数码管被广泛用作数字仪器仪表、数控装置及计算机的数显器件。

4. 性能简易检测

LED 数码管外观要求颜色均匀、无局部变色及无气泡等,在业余条件下可用数字万用表做进一步检查。现以共阴数码管为例介绍检查方法：将数字万用表的挡位指到二极管位置，黑表笔固定接触在LED数码管的公共负极端上，红表笔依次移动接触笔画的正极端。当表笔接触到某一笔画的正极端时，那一笔画就应显示出来。这种简单的方法就可检查出数码管是否有断笔（某笔画不能显示）和连笔（某些笔画连在一起）。若检查共阳极数码管，只需将正负表笔交换即可。

### 1.10.2 LCD液晶显示器

LCD液晶显示器是一种新型显示器件，自问世以来，其发展速度之快、应用范围之广，都已远远超过了其他发光型显示器件。

1. 技术特点

液晶是介于固体和液体之间的中间物质。一般情况下，它和液体一样可以流动，但在不同方向上它的光学特性不同，显示出类似于晶体的性质，所以这类物质被称为液晶。利用液晶的电光效应制作成的显示器就是液晶显示器。

常用的TN型液晶显示器件具有下列优点。

（1）工作电压低（2～6V），微功耗（$1\mu W/cm^2$以下），能与CMOS电路匹配。

（2）显示柔和，字迹清晰；不怕强光冲刷，光照越强对比度越大，显示效果越好。

（3）体积小，质量轻，外形为平板型。

（4）设计及生产工艺简单。器件尺寸可做得很大，也可做得很小；显示内容在同一显示面内可以做得多，也可以少，且显示字符可设计得美观大方。

（5）可靠性高，寿命长，价廉。

2. TN型液晶显示器件的基本构造和工作原理

将上、下两块制作有透明电极的玻璃，通过四周的胶框封接后，形成一个几微米厚的盒。在盒中注入TN型液晶材料。在通过特定工艺处理的盒中，TN型液晶的棒状分子平行地排列于上、下电极之间，如图1.27所示。靠上电极的分子平行纸面排列，用“—”表示；靠下电极的分子则垂直于纸面排列，用“.”表示。而上、下电极之间的分子被逐步扭曲。“—”线段长度变化表示扭曲角度大小变化。

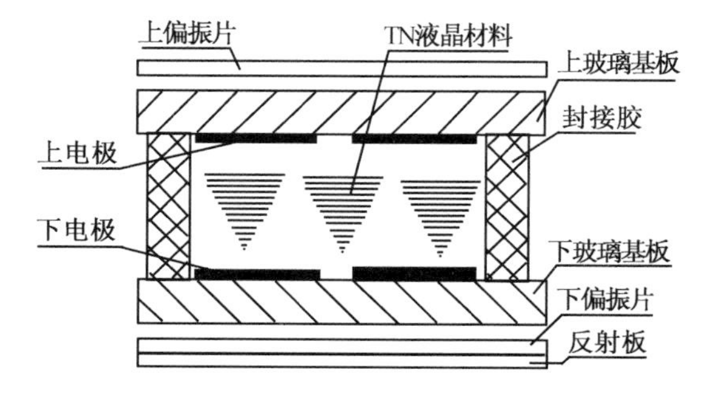


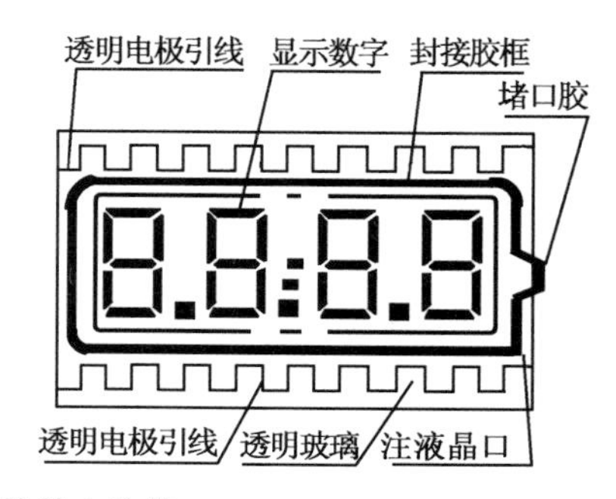


图1.27 TN型液晶显示器件的基本构造

如图 1.28(a) 所示，入射光通过偏振方向与上电极面液晶分子排列方向相同的上偏振片（起偏器）形成偏振光。此光通过液晶层时扭转了 90°，到达下偏振片（检偏器）时，偏振方向不变，偏振光通过下偏振片，并被下偏振片后方的反射板反射回来。盒透亮，因而可以看到反射板。

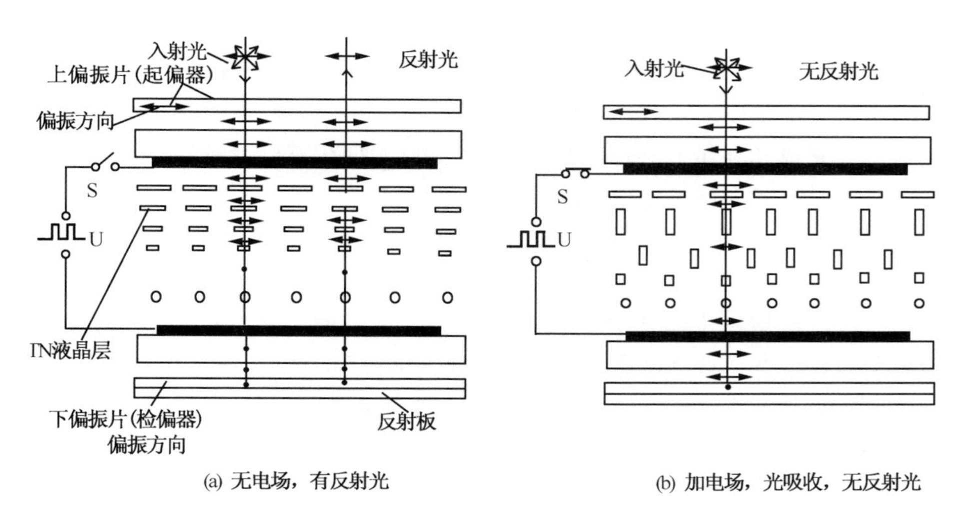


(a) 无电场，有反射光　　(b) 加电场，光吸收，无反射光

**图 1.28　TN 型液晶显示器件的工作原理**

如图 1.28(b) 所示，当上、下电极之间加上一定电压后，电极部位的液晶分子在电场的作用下转变成与上、下玻璃面垂直排列，这时的液晶层失去旋转性。偏振光通过液晶层没有改变方向，与下偏振片偏振方向相差 90°，光被吸收，没有光反射回来，也就看不到反射板，在电极部位出现黑色。由此可知，根据需要制成不同的电极，就可以实现不同内容的显示。可见，液晶显示器最突出的一个特点就是其本身不发光，用电来控制对环境照明的光在显示部位的反射（或透射）方法而实现显示。因此，在所有的显示器件中，液晶显示器的功耗最小，在 $1\mu W/cm^2$ 以下，与低功耗的 CMOS 电路匹配最适于各种便携式袖珍型仪器仪表、微型计算机等作为终端显示用。

3. 种类和型号命名

(1) 液晶显示方式的分类

① 根据液晶显示转换机理不同。

a. 扭曲向列 TN 型：主要用于各种字码、符号或图形的黑白显示器件，64 行以下的点阵式黑白显示器件。当使用彩色偏振片时，也可得到单一色的正或负的彩色显示。一般电子手表和计算器上应用的液晶显示器属于这一类型。

b. 超扭曲 STN 型：主要用于 64～480 行的大型点阵液晶显示器件，可用于彩色显示。

c. 宾主 GH 型：需采用背光照明，通过不同颜色的滤光片而得到彩色显示，多用于汽车仪表显示及其他大型设备的控制台的彩色显示等。

其他还有动态散射 DS 型、电控双折射 ECB 型、相变 PC 型及存储型等。

② 根据液晶显示的驱动方式不同。

a. 静态驱动显示：有一个公共的驱动、每个信号段单独驱动的数字和符号的显示器，多用于段显示，显示过程中各段是同时闪亮的。

b. 多路寻址驱动显示：在段显示数位较多或为节省驱动电路引线时采用，显示器分为 $n$ 个公共电极，$n$ 个显示段连在一起引出。每个显示周期中，各显示字符段依次在 $1/n$ 的时间里闪亮并反复循环。

c. 矩阵式扫描驱动显示：利用液晶盒的电能累积效应，对显示器反复地逐行扫描显示图像或字符、多用于字符及图像显示器。

③ 根据液晶显示器件基本结构的不同分为透射型、反射型、投影型显示等。

（2）液晶显示器件分类

液晶显示器件根据使用功能分为仪表显示器，电子钟、表显示器，电子计算器显示器，光阀，点阵显示器，彩色显示器，其他特种显示器等。

（3）国产液晶显示器件型号的命名

① 国标液晶显示器件型号的命名方法。国标液晶显示器件型号由三个部分组成。

第一部分：用阿拉伯数字表示液晶显示器件的驱动方式。例如，“3”表示动态 3 路驱动，当为静态驱动方式时符号省略，当为点阵驱动时以“阿拉伯数字×阿拉伯数字”表示点阵显示的行列数。

第二部分：用汉语拼音字母表示液晶显示器件的显示类别。YN——扭曲向列型，YD——动态散射型，YB——宾主型，YX——相变型，YS——双频型，YK——电控双折射型。

第三部分：用阿拉伯数字表示位数与序号。

示例 1：YN061 表示静态驱动的扭曲向列型液晶显示器，061 表示 6 位显示，序号为 1。

示例 2：3YN084 表示动态 3 路驱动的扭曲向列型液晶显示器，8 位显示，序号为 4。

示例 3：20×20YN0116 表示 20×20 点阵显示，扭曲向列型液晶显示器，1 个显示单元，序号为 16。

② 北京牌液晶显示器件的命名方法。北京牌液晶显示器件的型号由四部分组成。

第一部分：用汉语拼音字母 YX 表示液晶显示器件。

第二部分：用汉语拼音字母表示液晶显示器件的类型。ZH——时钟，B——手表，J——计算器，Y——仪器仪表，SH——试电笔，BI——笔表，GF——光阀，JU——矩阵，M——显示模块。

第三部分：用阿拉伯数字表示器件的位数。35——$3\frac{1}{2}$位，80——8 位。对于点阵显示：08——8 行，16——16 行；对于光阀无表示；对于模块：00——静态，16——16 行。

第四部分：用阿拉伯数字表示器件的序号。尾缀表示连接方式：D——导电橡胶，Sh——插针。

示例 1：YXZH3501D 表示钟用液晶显示器，$3\frac{1}{2}$位数字，序号为 1，导电橡胶连接方式。

示例 2：YXY8030Sh 表示仪表用液晶显示器，8 位数字，序号为 30，插针连接方式。

示例 3：YXJ12003D 表示计算器用显示器，12 位数字，序号为 3，导电橡胶连接方式。

示例 4：YXJU6401D 表示点阵液晶显示器，64 行，序号为 1，导电橡胶连接方式。

示例 5：YXM1602，YXM6401，分别表示点阵液晶显示模块，1602——16 行显示，序号为 2；6401——64 行显示，序号为 1。

（4）引脚识别和性能检测

以应用广泛的三位半静态显示液晶屏为例，若标志不清楚时，可用下述两种方法鉴定。

① 加电显示法。如图 1.29 所示，取两支表笔，使其一端分别与电池组的“＋”和“－”相连。一支表笔的另一端搭在液晶显示屏上，与屏的接触面越大越好。用另一支表笔依次接触各引脚。这时与各被接触引脚有关系的段、位便在屏幕上显示出来。如遇不显示的引脚，则该引脚必为公共脚（COM）。一般液晶显示屏的公共脚有 1～3 个不等。

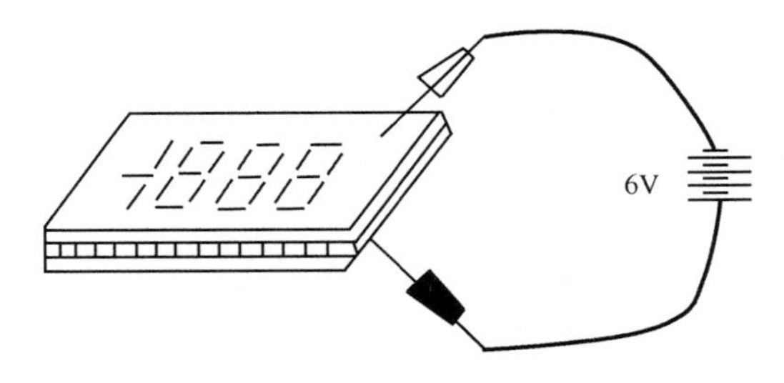


**图 1.29　液晶加电显示法**

② 数字万用表测量法。万用表置二极管测量挡，用两表笔两两相量，当出现笔段显示时，即表明两笔中有一引脚为 BP（或 COM）端，由此就可确定各笔段。若屏发生故障，亦可用此法查出坏笔段。对于动态液晶屏，用相同的方法找 COM，但屏上有不止一个 COM，不同的是，能在一个引出端上引起多笔段显示。

LCD 液晶显示器在使用前应做检查，如果在检查中表针有颤动，说明该段有短路，如果某段显示时，邻近段也显示，可将邻近段外引线接一个与背电极相同的电位（用手指连接即可），显示应立即消失，这是感应显示，可以不管它，接入电路，感应显示即可消除。

也可以采用下述更为简便的检查方法：取一段几十厘米长的软导线，靠近台灯、收音机或电视机的 50Hz 交流电源线。用手指接触液晶数字屏的公共电极，用软导线的一端金属部分依次接触笔画电极，导线的另一端悬空，手指不要碰导线的金属部分，如果数字屏良好的话，就能依次显示出相应的笔画来。

这种检查 LCD 液晶显示器方法的原理是：50Hz 的交流电在导线上的感应电位与人体

电位有一个电位差，我们暂且称这个电位差为“电源”。这个“电源”电压可能会有零点几伏到十几伏（视软导线与50Hz电源线的距离而定），这个“电源”足以驱动液晶显示屏，而且这个“电源”的内阻很大，不会损坏液晶显示屏，而万用表中的“高”直流电压对液晶显示屏是有害的。

只要适当调整软导线与50Hz电源线的距离，就能很清晰地显示出笔画。软导线与50Hz电源线也不要靠得太近，以免显示过强。

4. 选用注意事项

LCD液晶显示器有很多独特的优越性能，如低压微功耗、不怕光冲刷、体薄结构紧凑、可以实现彩色化、可制成存储型等。但也有不少特殊的缺点，如使用温度范围窄、显示刺目性差、视角小、本身不发光、不能做成大面积器件等。

LCD液晶显示器适用于微型机、袖珍机，因为这类整机首先要求微功耗，所用器件必须小而薄，用液晶作显示器，一个积层电池可以使用几个月到一年以上。携带式微型机常在户外强光环境下使用，而LCD液晶显示器由于是被动型显示，必须要有外光源，且不怕光冲刷，在强光下最清晰，所以是很合用的。在掌中的微型机可以随意转动寻找最亮的外光源和最好的观察角度，这也正好适应了LCD液晶显示器的特点。但因LCD液晶显示器的工作温度范围较窄，在野外仪器上使用时应将整机尽量做小些，平时放在口袋内，用时拿在掌心里。此外，整机的防潮、密封性能必须可靠。

民用产品是LCD液晶显示器一个主要的也是最大的应用领域。电子表、计算器是最典型的应用。

由于LCD液晶显示器的玻璃盒很薄，因而不可能做得很大，因此在大型机柜、控制台上就不适用了。当然，如果使用有场致发光屏作背光源的透过型LCD液晶显示器也还是可以的。

（1）适合用彩色LCD液晶显示器的地方

① 民用的、具有装饰性的产品，如电子钟表、电子玩具等。

② 需要用不同的色彩表示不同功能的地方，如汽车面板表等。

③ 需要用不同色彩表示不同数量级别的地方，如速度、电平指示等。

④ 需要用某种色彩强调其功能的地方，如用具有警告性的红色作温度或放射量的指示等。

选购LCD液晶显示器时还应注意其工作电压与选用电路相一致，驱动方式与驱动电路相一致，工作温度、储存温度与整机要求一致。

（2）LCD液晶显示器在使用中应注意

① 防止施加直流电压。驱动电压中的直流成分越小越好，一般不得超过100mV，长时间地施加过大的直流成分，会发生电解和电极老化，从而降低寿命。

② 防止紫外线的照射。液晶是有机物，在紫外线照射下会发生化学反应，所以液晶显示器在野外使用时应考虑在前面装置紫外滤光片或采取别的防紫外线措施，使用时应避免阳光的直射。

③ 防止压力。LCD液晶显示器的关键部位是玻璃内表面的定向层和其间定向排列的

液晶层，如果在显示器件上加上压力，会使玻璃变形、定向排列动乱，所以在装配和使用时必须尽量防止随便施加压力。反射板是一块薄铝箔（或有机膜），应注意防止硬物磕碰，以免出现伤痕影响显示。

④ 温度限制。液晶是一类有机化合物的统称，这些有机化合物在一定温度范围内既有液体的连续性和流动性，又有晶体所特有的光学特性，呈液晶态。如果保存温度超过规定范围，液晶态会消失，温度恢复后并不都能恢复正常取向状态，所以产品必须在许可温度范围内保存和使用。

⑤ LCD 液晶显示器件的清洁处理。由于器件四周及表面结构采用有机材料，所以只能用柔软的布擦拭，避免使用有机溶剂。

⑥ 防止玻璃破裂。LCD 液晶显示器件是玻璃的，如果跌落，玻璃会破裂。在设计时还应考虑装配方法及装配的耐振和耐冲击性能。

⑦ 防潮。LCD 液晶显示器件工作电压甚低，液晶材料电阻率极高（达 $1\times10^{10}\Omega\cdot m$ 以上），所以潮湿造成的玻璃表面导电，就可以使器件在显示时段之间发生“串”的现象，整机设计时必须考虑防潮。

（3）LCD 液晶显示器故障原因和排除方法

① 使用几小时或几天后，电极变色、液晶内产生气泡，以致不能显示，一般是驱动电压直流成分过大，引起电化学反应造成的。检查电路，排除过大的直流成分后，方可换上新的显示器件。

② 装配后不该显示的段也隐约显示，其原因及解决办法如下。

a. 引线间不清洁，用干细布擦净即可。

b. 天气太潮，玻璃表面导电，室内干燥后即可恢复。

c. 背电极或段电极接触不良或悬空，重新装配可靠后即可消除。

d. 方波上下幅度不对称，造成熄灭时截止不彻底，调整方波幅度即可解决。

e. 导电橡胶条纹不够平行或绝缘性能较差，更换导电橡胶即可解决。

③ 对比度很差，或出现负象，或显示混乱，一般是由于背电极悬空所造成，排除即可解决。

④ 译码器正常，但段电极全部显示，一般是背电极所加电压为直流引起的。

### 5. 安装注意事项

（1）LCD 液晶显示器外引线为透明导电层，一般不采用传统的焊接工艺，而是利用专门的导电橡胶直接和线路板连接。导电橡胶又称斑马状液晶显示用导电橡胶，它是由约 0.2mm 厚的导电层和 0.2mm 厚的绝缘层相间隔压制在一起的。

使用时，将导电橡胶夹在液晶显示器引线部位和线路板之间，尽量使液晶显示器引线和线路板引线上下对准，那么总会有一条或几条导电层使上下引线相接，再在液晶显示器上面用一卡子或窗口压住即可。

（2）偏振片的表面有一层保护膜，装配前应揭去，揭去后显示更为清晰明亮。

（3）面积较大的 LCD 液晶显示器，其固定用螺钉数量应相应增加，并应使用较厚的

线路板，以防线路板弯曲造成接触不良。

(4) 压紧时注意不要太紧，接触好、能显示即可。过紧时导电橡胶层间绝缘性能降低，会产生“串”的现象。

(5) 有些手表采用动态驱动型LCD液晶显示器，外引线是单侧的，装配时为保持平衡，会在没有引线的一侧垫一条橡胶条，注意不要将导电橡胶与橡胶条放错位置。

(6) 由于液晶显示需要借助外光源，所以结构设计时切记要使显示面尽量凸出，不要凹向窗内，这是目前整机设计中经常被忽视的一个问题。

6. 常见故障鉴定与排除

LCD液晶显示器的故障可分为两类：一类是内在质量方面的问题，另一类是因人为使用不当造成的故障。

(1) 内在质量问题

① LCD液晶显示器从边缘部位产生不规则的黑边，并向中间侵入，这可能是由于器件封接不牢，液晶外溢所致。

② 器件字段及四周颜色变成灰黑色，这是有机定向层失效的一种特有的现象。

③ 器件尚未使用即出黑点并不断增加或扩大，这是器件生产中污染造成的后果。

④ 器件使用一段时间后，突然有某段不显示，拆下测量，此段短路，这是器件生产中落入尘埃所致。

以上几类故障，以及人为造成的碎裂、外引线划断等，均无法修复，只能报废。

(2) 人为使用不当造成的故障

① 装配使用一段时间后，器件字段呈不消失的黑印，或产生黑点状气泡，这可能是由于驱动时直流成分过大造成的电解或电极劣化；也可能是高压（如电烙铁）感应造成的损坏。可用热吹风机加热器件，待器件表面变成黑色，立即停止加热，逐渐冷却后字印应可消失。

② 装配后全部字段均显示，一般是由于背电极接触不好，只要调整使接触可靠即可消除。有时工作电压过高（6～9V）也会出现这种现象。

③ 装配后清零时，只有8字中间一横显示，则大多是由于LCD液晶显示器外引线与线路板引线未对齐所致，对齐后即可解决。

④ 有些电子手表在夏天会发生“串”的现象，一般是受潮所致，只需打开后盖板，取下电池，在100W白炽灯下距离25cm烘烤半小时左右即可。电子计算器在过冷及过热条件下产生的乱显示，主要由于是超出使用温度范围而产生动态驱动型器件所特有的交叉效应，只要放回室温条件的环境即可恢复正常。

⑤ 有些电子手表在阳光下会失去显示，这种现象大多是由于CMOS电路的光电效应造成的。解决方法一般是在LCD液晶显示器后面加一层黑纸，使外部光线不能通过液晶屏泄漏到CMOS电路的表层，将光线遮断。

⑥ 电子表不慎落入水中，渗入水后又不适当地长时间加温烘烤，造成偏振膜弯曲或偏振度下降，从而使对比度降低，这种情况可更换偏振片后使用。

⑦ 有的廉价电子手表，使用一段时间后出现不显示、对比度降低、少线段等问题，

这是因为产品质量差，装配粗糙，参数离散。有的 LCD 液晶显示器功耗大、电池损耗快。有的 LCD 液晶显示器阈值高、视角小、导电橡胶尺寸不合适、机壳内不清洁。

## 本章小结

本章主要介绍了以下内容。

（1）电阻的分类；电阻的主要参数有标称阻值及误差和额定功率；电阻的标识方法有直标法、文字符号法、色标法和数码表示法；电阻的测量。

（2）电位器的分类；电位器的主要参数有标称阻值、额定功率、滑动噪声、极限电压、电阻变化规律、分辨力和电位器的轴长与轴端结构；常见的电位器；电位器的合理选用和质量判别方法。

（3）电容器的分类；电容器的主要技术参数有标称容量和精度、额定直流工作电压（耐压）和损耗角正切等；电容器的命名方法；电容器的标识方法有直标法、数码表示法和色码表示法；常见的电容器；电容器的合理选用和质量判断。

（4）电感器的种类有固定电感器、微调电感器和色码电感器，基本参数有电感量、固有电容、品质因数（$Q$ 值）和额定电流；电感器的标识方法有直标法、文字符号法、色标法和数码表示法；电感器的测量；变压器的种类、主要参数和识别与检测方法。

（5）开关的种类；插接件的种类；选用开关和插接件应注意的问题。

（6）常用半导体分立器件有二极管、晶体管、功率整流器件和场效应管；常见半导体分立器件的命名方法；二极管和晶体管的分类、主要参数及检测方法；场效应管的特点和检测；晶闸管主要介绍了单向晶闸管和双向晶闸管。

（7）集成电路的分类、应用须知和型号命名与识别方法。

（8）表面安装元器件的特点和分类；片状电阻、片状电容器、片状电感器和表面安装半导体分立器件。

（9）传感器的概述；常见的热敏电阻、压敏电阻的分类和检测方法；光敏器件、热释电红外传感器、霍尔传感器的简介。

（10）LED 数码管和 LCD 液晶显示器的构成、显示原理、性能特点和检测方法，以及 LCD 液晶显示器选用安装的注意事项和常见故障。

# 第2章 焊接技术

焊接在电子产品装配中是一项重要的技术。焊接质量的好坏直接影响电子产品的性能。电子产品产生故障的原因多数出在焊接方面。因此，熟练掌握焊接操作技能是非常必要的。

## 2.1 安装焊接工具

### 2.1.1 常用安装工具

电子产品装配过程都离不开常用安装工具，正确有效地使用安装工具能够提高产品组装的效率。

1. 尖嘴钳

尖嘴钳的钳口长而细，钳口末端较小，钳口根部较粗；主要用于折弯和加工细导线以及夹持小零件，不能用于弯折粗导线。

2. 斜口钳

斜口钳的钳口短，且有很平的刃口，其钳口位于侧面；主要用于剪细导线，也可用于修整印制电路板和装配中使用的塑料等。

3. 平口钳

平口钳也称刻丝钳、电工钳，具有厚型钳口，钳口结实、带有纹路；主要用于重型作业。

4. 剥线钳

剥线钳的刃口有不同尺寸的槽形剪口，专用于剥去导线的绝缘皮。使用剥线钳时必须注意把需要剥皮的导线放入合适的槽口，否则会损伤芯线。

5. 镊子

镊子分尖嘴镊子和圆嘴镊子两种，主要作夹具用。焊接、拆卸小的电子元件时，用镊子作夹具，可使操作方便，有助于元件散热。

6. 螺钉旋具

螺钉旋具分为平口螺钉旋具和十字螺钉旋具，用于紧固螺钉及调整可调元件。调整元件或紧固螺钉时，所用螺钉旋具型号一定要适当。型号过大，会因为调节力矩过大而损坏被调元件；型号过小，会因调节力矩不均而损坏螺钉旋具。

### 2.1.2　电烙铁的种类

在电子产品组装和维修过程中常用的手工焊接工具是电烙铁。电烙铁作为传统的电路焊接工具，与先进的焊接设备相比，存在只适合手工焊接，效率低，焊接质量不便用科学方法控制，往往随着操作人员的技术水平、体力消耗程度及工作责任心的不同有较大差别等缺点。而且烙铁头容易带电，直接威胁被焊元件和操作人员的安全，因此，使用前须严格检查。但由于电烙铁操作灵活，用场广泛，费用低廉，所以仍是电子电路焊接的必备工具。电烙铁具有许多品种和规格，按其发热方式来分，目前基本上有电阻式和电感式两大类，并由此派生出许多不同的品种。常见的电烙铁有以下几种。

1. 外热式电烙铁

外热式电烙铁的规格很多，常用的有 25W、45W、75W、100W 等。电烙铁功率越大，烙铁头的温度越高。外热式电烙铁由烙铁头、烙铁芯、外壳、木柄、电源引线和电源插头等组成，如图 2.1 所示。由于发热的烙铁芯在烙铁头的外面，所以称为外热式电烙铁。

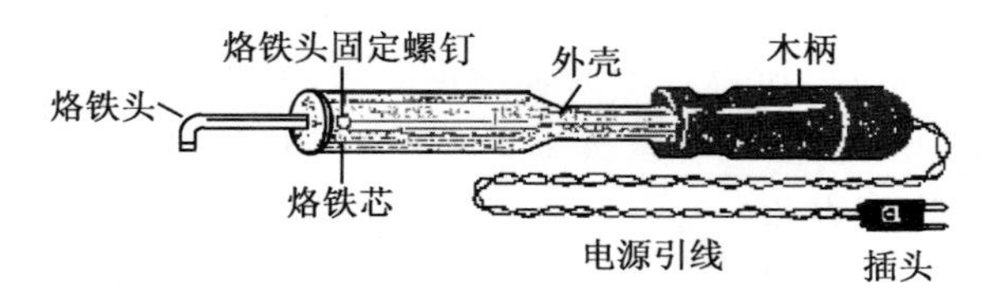


**图 2.1　外热式电烙铁**

烙铁头的好坏是决定焊接质量和工作效率的重要因素。一般的烙铁头是用纯铜制作的，它的作用是储存和传导热量，它的温度必须比被焊接的材料熔点高。纯铜的润湿性和导热性非常好，但它的一个最大的弱点是容易被焊锡腐蚀和氧化，使用寿命短。为了改善烙铁头的性能，可以对铜烙铁头实行电镀处理，常见的有镀镍、镀铁。烙铁的温度与烙铁头的体积、形状、长短等都有一定的关系。

2. 内热式电烙铁

内热式电烙铁的常用规格有 20W、30W、50W 等几种。内热式电烙铁的烙铁芯是用比较细的镍铬电阻丝绕在瓷管上制成的。20W 内热式电烙铁的电阻值约为 2.4kΩ，烙铁的温度一般可达 350℃左右。由于它的热效率高，20W 内热式电烙铁就相当于 40W 外热式电烙铁。由于内热式电烙铁有升温快、质量轻、耗电少、体积小、热效率高的特点，因而得到了普遍的应用。

3. 恒温电烙铁

由于在焊接集成电路、晶体管元器件时，温度不能太高，焊接时间不能过长，否则就会因温度过高造成元器件的损坏，因而对电烙铁的温度要给以限制。而恒温电烙铁由于内部装有带磁铁式的温度控制器，能通过控制通电时间而实现温控，即给电烙铁通电时，烙铁的温度上升，当达到预定的温度时，因强磁体传感器达到了居里点而磁性消失，从而使磁芯触点断开，这时便停止向电烙铁供电；当温度低于强磁体传感器的居里点时，强磁体便恢复磁性，并吸动磁芯开关中的永久磁铁，使控制开关的触点接通，继续向电烙铁供电。如此循环往复，便达到了控制温度的目的。

4. 吸锡电烙铁

吸锡电烙铁是将活塞式吸锡器与电烙铁融为一体的拆焊工具。它具有使用方便、灵活，适用范围宽等特点。吸锡电烙铁的不足之处是每次只能对一个焊点进行拆焊。

吸锡电烙铁的使用方法：接通电源预热 3～5min，然后将活塞柄推下并卡住，把吸锡铁的吸头前端对准欲拆焊的焊点，待焊锡熔化后，按下吸锡电烙铁手柄上的按钮，活塞便自动上升，将焊锡吸进气筒内。另外，吸锡器配有两个以上直径不同的吸头，可根据元器件引线的粗细进行选择。

5. 感应式电烙铁

感应式电烙铁也称速热烙铁，俗称焊枪，如图 2.2 所示。它内部有一个变压器，这个变压器的次级实际只有一匝。所以，当其通电时，变压器的次级感应出大电流通过加热体，使同它相连的烙铁头迅速达到焊接所需要的温度。这种烙铁加热速度快，一般通电几秒钟，即可达到焊接温度。因此，不需要像直热式电烙铁那样持续加热。它的手柄上带有开关，特别适合于断续工作使用。

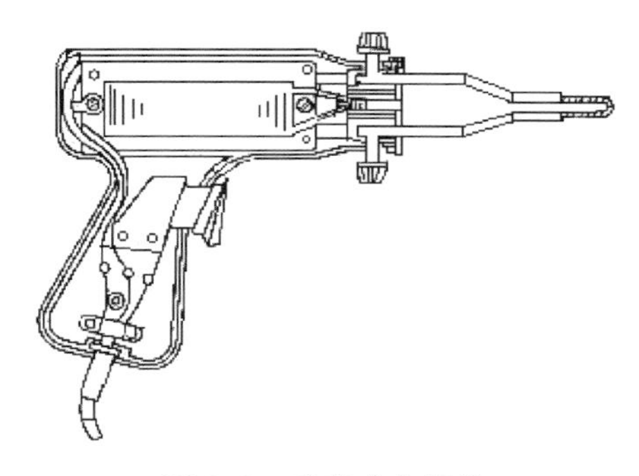

图 2.2　感应式电烙铁

基于感应式电烙铁的内部特点，一些电荷敏感器件，如绝缘栅型场效应管，常会因感应电荷的作用而损坏。因此，在焊接这类器件时，不能使用感应式电烙铁。

### 2.1.3　电烙铁的选用

电烙铁的种类及规格有很多种，在使用或维修时，可根据不同的被焊工件合理地选用电烙铁的功率、种类和烙铁头的形状。一般的焊接应首选内热式电烙铁。对于焊接大型元器件或直径较粗的导线，应选择功率较大的外热式电烙铁。如果被焊工件较大，使用的电烙铁功率较小，则焊接温度过低，焊料熔化较慢，焊剂不能挥发，焊点不光滑、不牢固，这样势必造成焊接强度不够及质量不合格，甚至焊料不能熔化，使焊接无法进行。如果电烙铁的功率太大，则使过多的热量传递到被焊工件上面，使元器件的焊点过热，造成元器件的损坏，致使印制电路板的铜箔脱落，焊料在焊接面上流动过快，并无法控制。

当焊接集成电路、晶体管、受热易损元器件或小型元器件时，应选用 20W 内热式电烙铁或恒温电烙铁。

当焊接导线及同轴电缆时，应先用 45～75W 外热式电烙铁，或 50W 内热式电烙铁。

当焊接一些较大的元器件，如变压器的引线脚、大电解电容器的引线脚、金属底盘接地焊片或照明电路时，应选用 100W 以上的电烙铁。

### 2.1.4　电烙铁的正确使用

1. 电烙铁的握法

使用电烙铁是为了熔化焊锡连接被焊件，所以既要焊接牢靠，又不能烫伤、损坏被焊元器件及导线。根据被焊工件的位置、大小及电烙铁的规格大小，必须正确掌握手工使用电烙铁的握法。电烙铁的握法可分为三种，如图 2.3 所示。图 2.3(a) 所示为反握法，此种方法焊接动作平稳，长时间操作不易疲劳，适用于大功率电烙铁的操作、焊接散热量较大的被焊件或组装流水线操作。图 2.3(b) 所示为正握法，此种方法使用的电烙铁功率也比较大。图 2.3(c) 所示为握笔法，类似于写字握笔的姿势，此法适合于小功率的电烙铁，焊接散热量小的被焊工件，如焊接和维修收音机、电视机的印制电路板，长时间操作易疲劳。

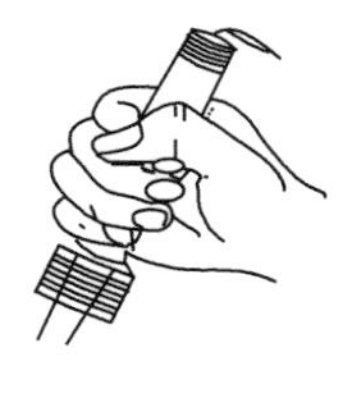

(a) 反握法

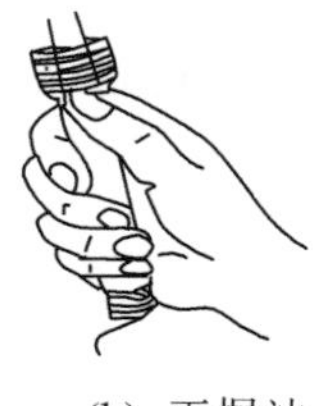

(b) 正握法

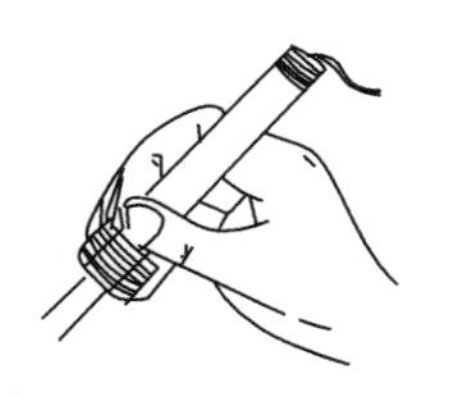

(c) 握笔法

**图 2.3　电烙铁的握法**

2. 烙铁头的处理

烙铁头是用纯铜制作的，在焊锡的润湿性和导热性方面没有能超过它的。其最大的弱点是容易被焊锡腐蚀和氧化。

新电烙铁在使用前应先用砂布打磨几下烙铁头，将其氧化层除去，然后给电烙铁通电加热并蘸点松香焊剂，趁电烙铁热时在烙铁头的斜面上挂上一层焊锡，这样能防止烙铁头因长时间加热而被氧化。

电烙铁使用一定时间后，或是烙铁头被焊锡腐蚀，头部斜面不平，此时不利于热量传递；或是烙铁头氧化使烙铁头被“烧死”，不再吃锡，这种情况，烙铁头虽然很热，但就是焊不上元件。上述两种情况，均需要处理。处理方法是：用锉刀将烙铁头锉平，然后按照新烙铁头的处理方法处理。

3. 烙铁头温度的判别和调整

通常情况下，可直观目测焊剂的发烟状态来判断烙铁头的温度。如图 2.4 所示，在烙铁头上熔化一点松香焊剂，根据焊剂的发烟量判断其温度是否合适。温度低时，发烟量小，持续时间长；温度高时，发烟量大，消散快；在中等发烟状态，6～8s 消散时，温度约为 300℃，这是焊接的合适温度。

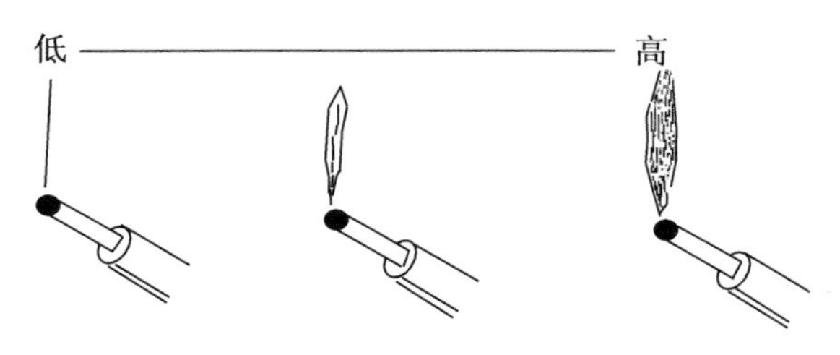


**图 2.4 烙铁头温度判别**

烙铁头温度的调整：选择电烙铁功率大小后，已基本满足焊接温度的需要，但是仍不能完全适应印制电路板中所装元器件的需求，例如焊接集成电路和晶体管时烙铁头的温度就不能太高，且时间不能过长，此时便可对烙铁头插在导热管上的长度进行适当调整，进而控制烙铁头的温度。

4. 电烙铁的使用注意事项

(1) 在使用前或更换烙铁芯后，必须检查电源线与地线的接头是否正确。注意地线要正确地接在烙铁的壳体上，如果接错就会造成烙铁外壳带电，人体触及烙铁外壳就会触电，用于焊接则会损坏电路上的元器件。

(2) 在使用电烙铁的过程中，烙铁电源线不能被烫破，否则可能会使人体触电。应随时检查电烙铁的插头、电源线，发现破损或老化时应及时更换。

(3) 在使用电烙铁的过程中，一定要轻拿轻放，应拿烙铁的手柄部位并且要拿稳。不焊接时，要将烙铁放到烙铁架上，以免灼热的烙铁烫伤自己或他人；长时间不使用时应切断电源，防止烙铁头氧化；不能用电烙铁敲击被焊工件；烙铁头上多余的焊锡，不要随便抛甩，以防落下的焊锡溅到人身上造成烫伤；若溅到正在维修或调试的设备内，焊锡会造成设备内部短路，导致不应有的损失，要用潮湿的抹布或其他工具将其去除。

（4）电烙铁在焊接时，最好选用松香或弱酸性焊剂，以保护烙铁头不被腐蚀。

（5）经常用湿布、浸水的海绵擦拭烙铁头，以保持烙铁头挂锡良好，并可防止残留焊剂对烙铁头的腐蚀。

（6）焊接完毕时，烙铁头上的残留焊锡应该继续保留，以防止再次加热时出现氧化层。

（7）人体头部与烙铁头之间一般要保持 30cm 以上的距离，以避免过多的有害气体吸入体内，因为焊剂加热时挥发出的化学物质对人体是有害的。

## 2.2 焊接材料

### 2.2.1 焊料

电子电路的焊接是利用熔点比被焊件低的焊料与被焊件一同加热，使焊料熔化（被焊件不熔化），借助于接头处表面的润湿作用，使熔融的焊料流动并充满连接处的缝隙凝固而焊合。

#### 1. 焊料的优点和组成

电子电路焊接主要使用的是锡铅合金焊料（焊锡）。锡铅合金焊料有如下优点。

（1）熔点低。各种不同成分的锡铅合金熔点均低于锡和铅各自的熔点。铅的熔点为 327℃，锡的熔点为 232℃，而锡铅合金在 180℃时便可熔化，使用 25W 外热式电烙铁或 20W 内热式电烙铁便可进行焊接。

（2）机械强度高。锡铅合金的各种机械强度均比纯锡、纯铅的要高。

（3）表面张力小，黏性下降，增大了液态流动性，有利于焊接时形成可靠焊点。

（4）导电性好。锡、铅焊料均属于良导体，它们的电阻很小。

（5）抗氧化性好。铅具有的抗氧化性优点在锡铅合金中继续保持，使焊料在熔化时减少氧化量。

因为锡铅合金焊料具有以上优点，所以在焊接技术中得到了极其广泛的应用。

锡铅合金焊料是由两种以上金属按照不同的比例组成的。因此，锡铅合金焊料的性能要随着锡和铅的配比变化而变化。市场上出售的锡铅合金焊料，由于生产厂家的不同，其配制比例有很大的差别。为能使锡铅合金焊料满足焊接的需要，选择锡铅配比最佳的焊料是很重要的。

常用的锡铅合金焊料的锡铅配比如下。

（1）锡 60%、铅 40%，熔点为 182℃。

（2）锡50%、铅32%、镉18%，熔点为145℃。

（3）锡33%、铅42%、铋23%，熔点为150℃。

2. 常用的焊料

常用的焊料为焊锡丝，在其内部夹有固体焊剂松香。焊锡丝的直径有多种规格，常用的有4mm、3mm、2mm、1.5mm、1mm、0.8mm、0.5mm等。这类焊锡适用于手工焊接。

焊膏由焊料合金粉末和焊剂组成，并制成糊状物。焊膏能方便地用丝网、模板或点膏机印涂在印制电路板上，是表面安装技术中的一种重要的贴装材料，适合用于再流焊元器件和贴片元器件的焊接。

### 2.2.2 焊剂

焊剂又称助焊剂，一般由活化剂、树脂、扩散剂、溶剂四部分组成，主要用于清除焊件表面的氧化膜，保证焊锡浸润的一种化学剂。

1. 焊剂的作用

（1）除去氧化膜。在进行焊接时，为使被焊物与焊料焊接牢靠，就必须要求金属表面无氧化物和杂质，因此，在焊接开始之前，必须采取各种有效措施将氧化物和杂质除去。除去氧化物与杂质的方法通常有两种，即机械方法和化学方法。机械方法是用砂纸、镊子或刀子将其除掉；化学方法则是用焊剂清除。焊剂中含有氯化物和酸类物质，它能同氧化物发生还原反应，从而除去工件表面的氧化膜。用焊剂清除的方法具有不损坏被焊物及效率高等特点，因此，焊接时一般都采用这种方法。

（2）防止氧化。焊剂除上面所述的去氧化物功能外，还具有加热时防止氧化的作用。由于焊接时必须把被焊金属加热到使焊料发生润湿并产生扩散的温度，但是随着温度的升高，金属表面的氧化就会加速，此时焊剂就在整个金属表面上形成一层薄膜，包住金属使其同空气隔绝，从而起到了加热过程中防止氧化的作用。

（3）增加焊料流动，减小表面张力。焊料熔化后将贴附于金属表面，由于焊料本身表面张力的作用，力图变成球状，从而减少了焊料的附着力，而焊剂则有减少表面张力、增加流动的功能，故使焊料附着力增强，使焊接质量得到提高。

（4）使焊点更光亮、美观。合适的焊剂能够整理焊点形状，保持焊点表面的光泽。

2. 对焊剂的要求

（1）熔点应低于焊料，只有这样才能发挥焊剂的作用。

（2）表面张力、黏度及密度应小于焊料。

（3）残渣应容易清除。焊剂都带有酸性，会腐蚀金属，而且残渣影响美观。

（4）不能腐蚀母材。焊剂酸性太强，在除去氧化膜的同时，也会腐蚀金属，从而造成危害。

（5）不产生有害气体和臭味。

3. 焊剂的分类与选用

焊剂大致可分为无机焊剂、有机焊剂和树脂焊剂三大类，其中以松香为主要成分的树脂焊剂在电子产品生产中占有重要地位，成为专用型的焊剂。

（1）无机焊剂

无机焊剂的活性最强，常温下就能除去金属表面的氧化膜。但它的强腐蚀作用很容易损伤金属及焊点，电子焊接中不使用。

（2）有机焊剂

有机焊剂具有较好的助焊作用，但也有一定的腐蚀性，不易清除残渣，且挥发物污染空气，一般不单独使用，而是作为活化剂与松香一起使用。

（3）树脂焊剂

树脂焊剂的主要成分是松香。松香的主要成分是树脂酸和松香酸酐，在常温下几乎没有任何化学活力，呈中性，当加热到熔化时，呈弱酸性。松香可与金属氧化膜发生还原反应，生成的化合物悬浮在液态焊锡表面，起到焊锡表面不被氧化的作用。焊接完毕恢复常温后，松香又变成固体，无腐蚀，无污染，绝缘性能好。

松香酒精焊剂是指用无水乙醇溶解纯松香配制成25%～30%的乙醇溶液。这种焊剂的优点是没有腐蚀性，具有高绝缘性能和长期的稳定性及耐湿性。焊接后清洗容易，并形成膜层覆盖焊点，使焊点不被氧化腐蚀。为提高活性，常将松香溶于酒精中再加入一定的活化剂。但在手工焊接中并非必要，只是在浸焊或波峰焊的情况下才使用。

松香反复加热后会被炭化（发黑）而失效，发黑的松香不起助焊作用。现在普遍使用氢化松香，它从松脂中提炼而成，是专为锡焊生产的一种高活性松香，常温下性能比普通松香稳定，助焊作用也更强。

焊剂的选用应优先考虑被焊金属的焊接性能及氧化、污染等情况。铂、金、银、铜、锡等金属的焊接性能较强，为减少焊剂对金属的腐蚀，多采用松香作为焊剂。焊接时，尤其是手工焊接时多采用松香焊锡丝。铅、黄铜、青铜、铍青铜及带有镍层金属材料的焊接性能较差，焊接时，应选用有机焊剂。用有机焊剂焊接时能减小焊料表面张力，促进氧化物的还原作用，焊接能力比一般的焊锡丝好，但要注意焊后的清洗问题。

### 2.2.3 阻焊剂

焊接中，特别是在浸焊及波峰焊中，为提高焊接质量，需要耐高温的阻焊涂料，使焊料只在需要的焊点上进行焊接，而把不需要焊接的部分保护起来，起到一种阻焊作用，这种阻焊材料称为阻焊剂。

1. 阻焊剂的作用

（1）防止桥接、短路及虚焊等现象的出现，减少印制电路板的返修率，提高焊点的质量。

（2）因印制电路板板面部分被阻焊剂覆盖，焊接时受到的热冲击小，降低了印制电路板的温度，使板面不易起泡及分层，同时也起到保护元器件和集成电路的作用。

（3）除了焊盘外，其他部位均不上锡，这样可以节约大量的焊料。

（4）使用带有色彩的阻焊剂，可使印制电路板的板面显得整洁美观。

2. 阻焊剂的分类

阻焊剂按成膜方法分为热固性和光固性两大类，即所用的成膜材料是加热固化还是光照固化。热固化阻焊剂具有价格便宜、黏结强度高的优点，但也具有加热温度高，时间长，印制电路板容易变形，能源消耗大，不能实现连续化生产等缺点。光固化阻焊剂在高压汞灯下照射2～3min即可固化，因而可节约大量能源，提高生产效率，便于自动化生产。目前，热固化阻焊剂被逐步淘汰，光固化阻焊剂被大量采用。

## 2.3 手工焊接技术

### 2.3.1 焊接要求

焊接是电子产品组装过程中的重要环节之一。如果没有相应的焊接工艺质量保证，任何一个设计精良的电子装置都难以达到设计指标。因此，在焊接时，必须做到以下几点。

1. 必须具有充分的可焊性

金属表面被熔融焊料浸湿的特性称可焊性，是指被焊金属材料与焊锡在适当的温度及焊剂的作用下，形成结合良好合金的能力。只有能被焊锡浸湿的金属才具有可焊性。铜及其合金、金、银、铁、锌、镍等都具有良好的可焊性。即使是可焊性好的金属，因为表面容易产生氧化膜，为了提高其可焊性，一般采用表面镀锡、镀银等。铜是导电性能良好且易于焊接的金属材料，所以应用得最为广泛。常用的元器件引线、导线及焊盘等，大多采用铜材制成。

2. 焊件表面必须保持清洁

由于长期存储和污染等原因，焊件的表面可能产生有害的氧化膜、油污等，所以，在实施焊接前也必须清洁表面，否则难以保证质量。

3. 使用合适的焊剂，焊点表面要光滑、清洁

为使焊点美观、光滑、整齐，不但要有熟练的焊接技能，而且要选择合适的焊料和焊剂，否则将出现焊点表面粗糙、拉尖、棱角等现象。

4. 焊接时温度要适当，加热均匀

焊接是将焊料和被焊金属加热到焊接温度，使熔化的焊料在被焊金属表面浸润扩散并形成金属化合物。因此，要保证焊点牢固，一定要有适当的焊接温度。

加热过程中不但要将焊锡加热熔化，而且要将焊件加热到能熔化焊锡的温度。只有在适当高的温度下，焊料才能充分浸润，并充分扩散形成合金层。过高的温度也不利于焊接。

5. 焊接时间适当

焊接时间对焊锡、焊接元件的浸润性及结合层的形成有很大影响。准确掌握焊接时间是优质焊接的关键。

6. 焊点要有足够的机械强度

为保证被焊件在受到振动或冲击时不致脱落、松动，要求焊点要有足够的机械强度。为使焊点有足够的机械强度，一般可采用把被焊元器件的引线端子打弯后再焊接的方法，但应注意不能用过多的焊料堆积，这样容易造成虚焊及焊点与焊点的短路。

7. 焊接必须可靠，保证导电性能

为使焊点有良好的导电性能，必须防止虚焊。虚焊是指焊料与被焊物表面没有形成合金结构，焊料只是简单地依附在被焊金属的表面上。在焊接时，如果只有一部分形成合金，而其余部分没有形成合金，这种焊点在短期内也能通过电流，用仪表测量也很难发现问题，但随着时间的推移，没有形成合金的表面就会被氧化，此时便会出现时通时断的现象，这势必造成产品的质量问题。

总之，质量好的焊点应该是：焊点光亮，对称、均匀且与焊盘大小比例合适；无焊剂残留物。

### 2.3.2　焊接前的准备

1. 元器件引线弯曲成形

为使元器件在印制电路板上的装配排列整齐并便于焊接，在安装前通常采用手工或专用机械把元器件引脚弯曲成一定的形状。元器件在印制电路板上的安装方式有三种：立式安装、卧式安装和表面安装。表面安装见 2.5 节的表面安装技术，此处略。

无论采用立式安装还是卧式安装，都应该按照元器件在印制电路板上孔位的尺寸要求，使其弯曲成形的引脚能够方便地插入孔内。引脚弯曲处距离元器件实体至少有 2mm 以上，绝对不能从引线的根部开始弯折。元器件引线弯曲成形图例如图 2.5 所示。

图 2.5　元器件引线弯曲成形图例

2. 镀锡

为了提高焊接的质量和速度，避免虚焊等缺陷，应该在装配以前对焊接表面进行可焊性处理——镀锡。在电子元器件的待焊面（引线或其他需要焊接的地方）镀上焊锡，是焊接之前一道十分重要的工序，尤其是对于一些可焊性差的元器件，镀锡更是至关重要的。专业电子生产厂家都备有专门的设备进行可焊性处理。

镀锡实际就是液态焊锡对被焊金属表面浸润，形成一层既不同于被焊金属又不同于焊料的结合层。由这个结合层将焊锡与待焊金属这两种性能、成分都不相同的材料牢固连接起来。镀锡有以下工艺要点。

（1）待镀面应该清洁

有人认为，既然在锡焊时使用焊剂助焊，就可以不注意待焊表面的清洁，这是错误的想法。因为这样会造成虚焊之类的焊接隐患。实际上，焊剂的作用主要是在加热时破坏金属表面的氧化层，但它对锈迹、油迹等并不能起作用。各种元器件、焊片、导线等都可能在加工、储存的过程中带有不同的污物。对于较轻的污垢，可以用酒精或丙酮擦洗；严重的腐蚀性污点，只有用刀刮或用砂纸打磨等机械办法去除，直到待焊面上露出光亮的金属本色。

（2）烙铁头的温度要适合

烙铁头温度低了镀不上锡；温度高了，容易产生氧化物，使锡层不均匀，也可能吃不上锡，或烧坏焊件。要根据焊件的大小，使用相应的焊接工具，供给足够的热量。由于元器件所承受的温度不能太高，所以必须掌握恰到好处的加热时间。

（3）要使用有效的焊剂

在焊接电子产品时，广泛使用酒精松香水或松香作为焊剂。这种焊剂无腐蚀性，在焊接时能去除氧化膜，增加焊锡的流动性，使焊点可靠美观。正确使用有效的焊剂，是获得合格焊点的重要条件之一。

应该注意（正如前面所提到的），松香经过反复加热就会炭化失效，松香发黑是失效的标志。失效的松香是不能起到助焊作用的，应该及时更换，否则，反而会引起虚焊。

在小批量生产中，可以使用锡锅进行镀锡。

3. 多股导线镀锡

在电子产品装配中，用多股导线进行连接还是很多的。导线连接故障也时有发生，这与导线接头处理不当有很大关系。对导线镀锡，要注意以下几点。

（1）剥导线绝缘层时不要伤线。

（2）多股导线的接头要很好地绞合，否则在镀锡时会散乱，容易造成电气故障。

（3）焊剂不要沾到绝缘皮上，否则难以清洗。

### 2.3.3　焊接操作

手工焊接是焊接技术的基础，是电子产品装配中的一项基本操作技能。手工焊接适用于小批量电子产品的生产、具有特殊要求的高可靠产品的焊接、某些不便于机器焊接的场所，以及调试和维修中的修复焊点和更换元器件等。

#### 1. 焊锡丝的拿法

焊锡丝一般有两种拿法，如图 2.6 所示。由于在焊锡丝中含有一定比例的铅，而铅又是对人体有害的一种重金属，因此，焊接时应戴上手套或操作后洗手，避免食入铅粉。

(a) 连续送锡　　(b) 断续送锡

**图 2.6　焊锡丝拿法**

#### 2. 焊接五步法

焊接五步法是常用的基本焊接方法，适合于焊接热容量大的工件，如图 2.7 所示。

**图 2.7　焊接五步法**

（1）准备焊接。右手拿电烙铁，左手拿焊锡丝，将烙铁头和焊锡丝靠近被焊点，处于随时可以焊接的状态。

（2）放上烙铁，加热焊件。将电烙铁放在工件上进行加热。

（3）送入焊锡。将焊锡丝放在工件上，熔化适量的焊锡。

（4）撤离焊锡。当熔化适量的焊锡后，迅速拿开焊锡丝。

（5）撤离烙铁。当焊锡浸润焊盘且扩散范围达到要求时，拿开电烙铁。注意撤离烙铁的速度和方向。

#### 3. 焊接三步法

对于焊接热容量较小的工件，可简化为三步法操作。

(1) 准备焊接。右手拿电烙铁，左手拿焊锡丝，将烙铁头和焊锡丝靠近被焊点，处于随时可以焊接的状态。

(2) 放上电烙铁和焊锡丝。同时放上电烙铁和焊锡丝，熔化适量的焊锡。

(3) 撤丝移烙铁。当焊锡的扩展范围达到要求后，拿开焊锡丝和电烙铁。这时注意拿开焊锡丝的时机不得迟于电烙铁的撤离时间。

4. 特殊元器件的焊接

(1) 焊接晶体管时，注意每个管子的焊接时间不要超过10s，并使用尖嘴钳或镊子夹持引脚散热，以免烫坏晶体管。

(2) 焊接CMOS电路时，如果事先已将各引线短路，焊接前不要拿掉短路线，对使用高电压的烙铁，最好在焊接时拔下插头，利用余热焊接。

(3) 焊接集成电路时，在保证浸润的前提下，尽可能缩短焊接时间，一般每脚不要超过2s。

(4) 焊接集成电路时，电烙铁最好选用20W内热式的，并注意保证良好接地。必要时，还要采取人体接地的措施。

(5) 集成电路若不使用插座直接焊到印制电路板上，安全焊接的顺序是：地端→输出端→电源端→输入端。

5. 导线焊接

导线同接线端子、导线与导线之间的连接有三种基本形式：绕焊、钩焊和搭焊。其中绕焊可靠性最好，常用于要求可靠性高的地方；钩焊的强度低于绕焊，但操作简单；搭焊的连接最方便，但强度及可靠性最差，仅用于临时连接或不便于缠、钩的地方及某些插接件上。

6. 拆焊

在调试及维修电子设备的工作中，经常需要更换一些元器件。更换元器件的前提是要把原先的元器件拆焊下来。如果拆焊的方法不当，就会破坏印制电路板，也会使换下来但并没失效的元器件无法重新使用。

拆焊多个引脚的集成电路或多引脚元器件一般有以下几种方法。

(1) 选用合适的医用空心针头拆焊。将医用针头用钢锉锉平，作为拆焊的工具，具体方法是：一边用电烙铁熔化焊点，一边把针头套在被焊元器件引线上，直至焊点熔化后，将针头迅速插入印制电路板的孔内，使元器件的引线脚与印制电路板的焊盘脱开。

(2) 用吸锡材料拆焊。可用作吸锡材料的有屏蔽线编织网、细铜网或多股铜导线等。将吸锡材料加松香焊剂，用烙铁加热进行拆焊。

(3) 采用吸锡烙铁或吸锡器进行拆焊。(略)

(4) 采用专用拆焊工具进行拆焊。专用拆焊工具能依次完成多引线引脚元器件的拆焊，而且不易损坏印制电路板及其周围的元器件。

(5) 用热风枪或红外线感应式电烙铁进行拆焊。热风枪或红外线感应式电烙铁可同时对所有焊点进行加热，待焊点熔化后取出元器件。对于表面安装元器件，用热风枪或红外线感应式电烙铁进行拆焊效果最好。用此方法拆焊的优点是拆焊速度快，操作方便，不易损伤元器件和印制电路板上的铜箔。

7. 焊点质量检查

为了保证焊接质量，一般在焊接后都要进行焊点质量检查，主要有以下几种方法。

（1）外观检查

就是通过肉眼从焊点的外观上检查焊接质量，可以借助3～10倍放大镜进行目检。目检的主要内容有：焊点是否有错焊、漏焊、虚焊和连焊；焊点周围是否有焊剂残留物；焊接部位有无热损伤和机械损伤现象。

（2）拨动检查

在外观检查中发现有可疑现象时，可用镊子轻轻拨动焊接部位进行检查，并确认其质量。拨动检查主要检查导线、元器件引线和焊盘与焊锡是否结合良好，有无虚焊现象；元器件引线和导线根部是否有机械损伤。

（3）通电检查

通电检查必须在外观检查及拨检查无误后才可进行，是检验电路性能的关键步骤。如果不经过严格的外观检查，通电检查不仅困难较多，而且容易损坏设备仪器，造成安全事故。通电检查可以发现许多微小的缺陷，例如，用目测观察不到的电路桥接、内部虚焊等。

造成焊接缺陷的原因很多，图2.8所示为导线端子焊接缺陷不良示例，表2－1为常见不良焊点的缺陷及分析。

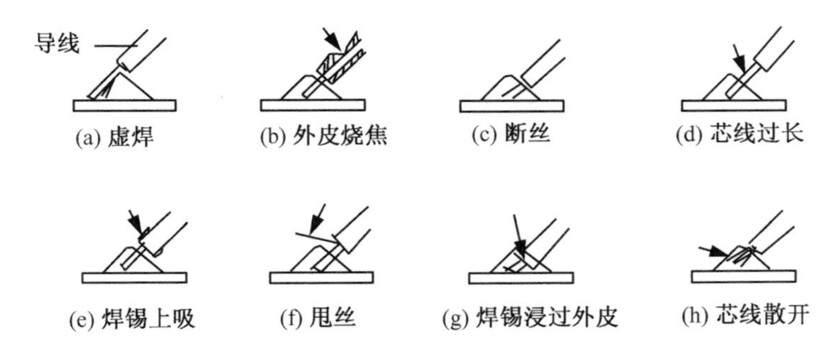


**图2.8　导线端子焊接缺陷示例**

**表2－1　常见不良焊点的缺陷及分析**

| 焊点缺陷 | 外观特点 | 危害 | 原因分析 |
|---|---|---|---|
| 焊料过多 | 焊料面呈凸形 | 浪费焊料，且容易包藏缺陷 | 焊丝撤离过迟 |
| 焊料过少 | 焊料未形成平滑面 | 机械强度不足 | 焊丝撤离过早 |

（续）

| 焊点缺陷 | 外观特点 | 危　　害 | 原因分析 |
|---|---|---|---|
| 松香焊 | 焊缝中夹有松香渣 | 强度不足，导通不良 | （1）焊剂过多或已失效<br>（2）焊接时间不足，加热不够<br>（3）表面氧化膜未去除 |
| 过热 | 焊点发白，无金属光泽，表面较粗糙 | 焊盘容易剥落，强度降低 | 电烙铁功率过大，加热时间过长 |
| 冷焊 | 表面呈现豆腐渣状颗粒，有时可能有裂纹 | 强度低，导电性不好 | 焊料未凝固前焊件抖动或电烙铁瓦数不够 |
| 浸润不良 | 焊料与焊件交面接触角过大 | 强度低，不通或时通时断 | （1）焊件清理不干净<br>（2）焊剂不足或质量差<br>（3）焊件未充分加热 |
| 不对称 | 焊锡未流满焊盘 | 强度不足 | （1）焊料流动性不好<br>（2）焊剂不足或质量差<br>（3）加热不足 |
| 松动 | 导线或元器件引线可移动 | 导通不良或不导通 | （1）焊接未凝固前引线移动造成空隙<br>（2）引线未处理好（浸润差或不浸润） |
| 拉尖 | 出现尖端 | 外观不佳，容易造成桥接现象 | （1）焊剂过少，而加热时间长<br>（2）电烙铁撤离角度不当 |
| 桥接 | 相邻导线连接 | 电器短路 | （1）焊锡过多<br>（2）电烙铁撤离方向不当 |
| 针孔 | 目测或低倍放大镜可见有孔 | 强度不足，焊点容易腐蚀 | 焊盘孔与引线间隙太大 |
| 气泡 | 引线根部有时有喷火式焊料隆起，内部藏有空洞 | 暂时导通，但长时间容易引起导通不良 | 引线与孔间隙过大或引线浸润性不良 |
| 剥离 | 焊点剥落（不是铜箔剥落） | 断路 | 焊盘镀层不良 |

## 2.4　电子工业生产中的焊接

随着电子产品的小型化、微型化的发展，为了提高生产效率，降低生产成本，保证产品质量，在电子工业生产中采用自动化的焊接系统。

### 2.4.1　浸焊技术

浸焊是将装好元器件的印制电路板在熔化的锡锅内浸锡，一次完成印制电路板上众多焊接点的焊接方法。

浸焊要求先将印制电路板安装在具有振动头的专用设备上，然后进入焊料中。此法在焊接双面印制电路板时，能使焊料浸润到焊点的金属化孔中，使焊接更加牢固，并可振动掉多余焊料，焊接效果较好。需要注意的是，使用锡锅浸焊，要及时清理掉锡锅内熔融焊料表面形成的氧化膜、杂质和焊渣。此外，焊料与印制电路板之间大面积接触，时间长，温度高，容易损坏元器件，还容易使印制电路板变形。通常，很少采用机器浸焊。

对于小体积的印制电路板，如果要求不高，采用手工浸焊较为方便。手工浸焊是手持印制电路板来完成焊接，其步骤如下。

（1）焊前应将锡锅加热，以熔化的焊锡达到230～250℃为宜。为了去掉锡层表面的氧化层，要随时加一些焊剂，通常使用松香粉。

（2）在印制电路板上涂上一层焊剂，一般是在松香酒精溶液中浸一下。

（3）使用简单的夹具将待焊接的印制电路板夹着浸入锡锅中，使焊锡表面与印制电路板接触。

（4）拿开印制电路板，待冷却后，检查焊接质量。如有较多焊点没有焊好，要重复浸焊。对于只有个别焊点没有焊好的，可用电烙铁手工补焊。

将印制电路板放入锡锅时，一定要保持平稳，印制电路板与焊锡的接触要适当。这是手工浸焊成败的关键。因此，手工浸焊时要求操作者必须具有一定的操作技能。

### 2.4.2　波峰焊接技术

波峰焊接技术是有利于实现全自动化生产流水线的先进焊接方式，适用于品种基本固定、产量较大、质量要求较高的产品，大中型电子产品生产行业中普遍采用。特别是在家电生产行业，波峰焊接技术更是得到充分利用，效果十分明显。

波峰焊接技术分为两种：一种是一次焊接工艺；另一种是两次焊接工艺。两者主要的区别在于两次焊接中有一个预焊工序。在预焊过程中，将元件固定在印制电路板上，然后用刀切除多余的引线头（称为砍头），这样从根本上解决了一次焊接中元器件容易歪斜和弹离现象。两次焊接工艺在一台设备上能完成二次焊接工序全部动作，故又称顺序焊接系统。

波峰焊接的主要设备是波峰焊机。

1. 波峰焊机的组成

波峰焊机由传送装置、涂敷焊剂装置、预热器、锡波喷嘴、焊料槽、冷却风扇等组成。

(1) 生产焊料波的装置

焊料波的产生主要依靠喷嘴，喷嘴向外喷焊料的动力来源于机械泵或是电流和磁场产生的洛伦兹力。焊料从焊料槽向上打入一个装有作分流用挡板的喷射室，然后从喷嘴中喷出。焊料到达其顶点后，又沿喷射室外边的斜面流回焊料槽中。装有元器件的印制电路板以直线平面运动的方式通过焊锡波峰面而完成焊接的一种自动焊接工艺技术，如图 2.9 所示。

焊料槽由金属材料制成，这种金属不易被焊料所润湿，而且不溶解于焊料。锡缸的形状依机型的不同而有所不同。

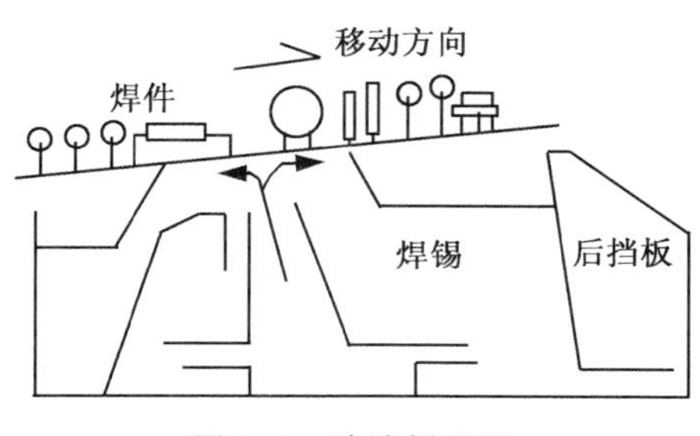


图 2.9 波峰焊原理

(2) 预热装置

预热器可分为热风型与辐射型。热风型预热器主要由加热器与鼓风机组成，当加热器产生热量时，鼓风机将其热量吹向印制电路板，使印制电路板达到预定的温度。辐射型主要是靠热板产生热量辐射，使印制电路板温度上升。预热的一个作用是把焊剂加热到活化温度，将焊剂中的酸性活化剂分解，然后与氧化膜起反应，使印制电路板与焊件上的氧化膜清除。预热的另一个作用是减少半导体管及集成电路由于受热冲击而损坏的可能性，同时还能使印制电路板减小经波峰焊后产生的变形，并能使焊点光滑发亮。

(3) 涂敷焊剂的装置

在自动焊接中焊剂的涂敷方法较多，如波峰式、发泡式、喷射式等，其中发泡式得到了广泛的应用。发泡式焊剂装置主要采用 800～1000 的沙滤芯作为泡沫发生器浸没在焊剂缸内，并且不断地将压缩空气注入多孔瓷管，当空气进入焊接槽时，便形成很多的泡沫焊剂，在压力的作用下，由喷嘴喷出，喷涂在印制电路板上。

(4) 传送装置

传送装置通常是一种链带水平输送线，其速度可以随时调节，当印制电路板放在传送装置上时应平稳，不产生抖动。

2. 波峰焊接的过程

波峰焊接的基本工艺流程如图 2.10 所示。

从插件台送来的已装有元器件的印制电路板夹具送到接口自动控制器上，然后由自动控制器将印制电路板送入涂敷焊剂的装置内，对印制电路板喷涂焊剂，喷涂完毕后，再送入预热器，对印制电路板进行预热，预热的温度为60～80℃，然后送到波峰焊料槽里进行焊接，温度可达240～245℃，并且要求锡峰高于铜箔面1.5～2mm，焊接时间为3s左右。将焊好的印制电路板进行强风冷却，冷却后的印制电路板再送入切头机进行元器件引线脚的切除，切除引线脚后，再送入清除器用毛刷对残脚进行清除，最后由自动卸板机装置把印制电路板送往硬件装配线。焊点以外不需焊接部分，可涂阻焊剂，或用特制的阻焊板套在印制电路板上。

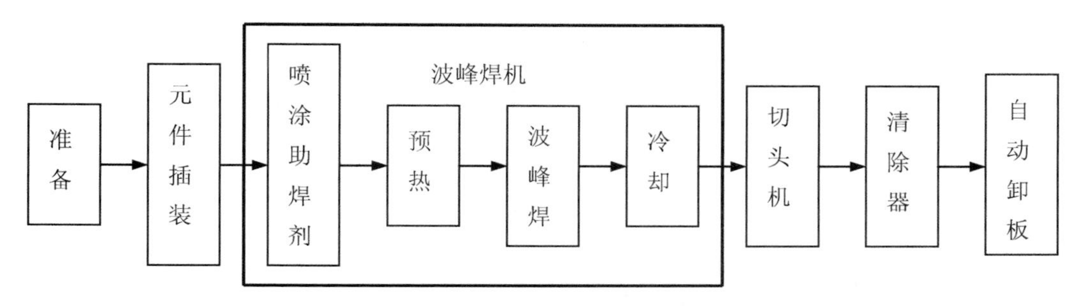


图2.10　波峰焊接的基本工艺流程

3. 波峰焊接工艺中常见的问题及分析

（1）润湿不良

润湿不良的表现是焊锡无法全面地包覆被焊物表面，而让被焊物表面的金属裸露。润湿不良在焊接作业中是不能被接受的，它严重地降低了焊点的“耐久性”和“延伸性”，同时也降低了焊点的“导电性”及“导热性”。产生润湿不良的原因有：印制电路板和元器件被外界污染物（油、漆、脂等）污染、印制电路板及元器件严重氧化、焊剂可焊性差等。可采用强化清洗工序、避免印制电路板及元器件长期存放、选择合格焊剂等方法解决。

（2）冷焊

冷焊是指焊点表面不平滑，如“破碎玻璃”的表面一样。当冷焊严重时，焊点表面甚至会有微裂或断裂的情况发生。产生冷焊的原因有：输送轨道的皮带振动，机械轴承或马达电扇转动不平衡，抽风设备或电扇太强等。印制电路板焊接后，保持输送轨道的平稳，让焊锡在固化的过程中，得到完美的结晶，即能解决冷焊的困扰。冷焊可用补焊的方式修整，若冷焊严重时，则可考虑重新焊接一次。

（3）包焊料

包焊料是指焊点周围被过多的焊锡包覆而不能断定其是否为标准焊点。产生包焊料的原因有：预热或焊锡锅温度不足；焊剂活性与密度的选择不当；不适合的油脂类混在焊接流程中或焊锡的成分不标准或已严重污染等。

（4）拉尖

产生拉尖的原因有：机器设备或使用工具温度输出不均匀；印制电路板焊接设计不合

理，焊接时局部吸热造成热传导不均匀；热容大的元器件吸热；印制电路板或元器件本身的可焊性不良；焊剂的活性不够，不足以润湿等。

（5）桥接

桥接是指将相邻的两个焊点连接在一块。产生桥接的原因有：印制电路板线路设计太近，元器件引脚不规律或元器件引脚彼此太近等；印制电路板或元器件引脚有锡或铜等金属杂物残留、印制电路板或元器件引脚可焊性不良，焊剂活性不够，焊锡锅受到污染；预热温度不够，焊锡波表面冒出污渣，印制电路板沾焊锡太深等。当发现桥接时，可用手工焊分离。

（6）焊点短路

焊点短路指将不该连接在一起的两个焊点短路（注：桥接不一定短路，而短路一定桥接）。产生焊点短路的原因有：露出的线路太靠近焊点顶端，元器件或引脚本身互相接触；焊锡波振动太严重等。

### 2.4.3 再流焊接技术

再流焊接技术是预先在印制电路板焊接部位（焊盘）施放适量和适当形式的焊料，然后贴放表面安装元器件，经固化（在采用焊膏时）后，再利用外部热源使焊料再次流动达到焊接目的的一种成组或逐点焊接工艺。再流焊接技术能完全满足各类表面安装元器件对焊接的要求，因为它能根据不同的加热方法使焊料再流，实现可靠的焊接连接。

与波峰焊接技术相比，再流焊接技术具有以下特征。

（1）不像波峰焊接那样，要把元器件直接浸渍在熔融的焊料中，所以元器件受到的热冲击小。但由于其加热方法不同，有时会施加给元器件较大的热应力。

（2）仅在需要部位施放焊料，能控制焊料施放量，能避免桥接等缺陷的产生。

（3）当元器件贴放位置有一定偏离时，由于熔融焊料表面张力的作用，只要焊料施放位置正确，就能自动校正偏离，使元器件固定在正常位置。

（4）可以采用局部加热热源，从而可在同一基板上，采用不同焊接工艺进行焊接。

（5）焊料中一般不会混入不纯物。使用焊膏时，能正确地保持焊料的组成。

这些特征是波峰焊接技术所没有的。虽然再流焊接技术不适用于通孔插装元器件的焊接，但是，在电子装配技术领域，随着印制电路板安装密度的提高和表面安装技术的推广应用，再流焊接技术已成为电路安装焊接技术的主流。

再流焊接技术按照加热方式进行分类，主要包括气相再流焊、红外再流焊、热风炉再流焊、热板加热再流焊、红外光束再流焊、激光再流焊和工具加热再流焊等类型。

再流焊接技术工艺过程中，将糊状焊膏（由铅锡焊料、黏合剂和抗氧化剂组成）涂到印制电路板上，可用手工、半自动或全自动丝网印刷机（如同油印一样），将焊膏印到印制电路板上；同样可用手工或自动机械装置元件黏到印制电路板上；可在加热炉中，也可以用热风吹，还可使用玻璃纤维“皮带”热传导，将焊膏加热到再流焊。当然，加热的温度必须根据焊膏的熔化温度准确控制（一般铅锡合金焊膏熔点为223℃），一般需要经过预热区、再流焊区和冷却区。再流焊区最高温度应使焊膏熔化，黏合剂和抗氧化剂氧化成烟排出。加热炉使用红外线的，也称红外线再流焊，因这种焊接加热均匀且温度容易控制，因而使用较多。

焊接完毕测试合格后，还要对印制电路板进行整形、清洗，最后烘干并涂敷防潮剂。

再流焊接技术操作方法简单，焊接效率高、质量好，一致性好，而且仅元器件引线下有很薄的焊料，是一种适合自动化生产的微电子产品装配技术。

### 2.4.4 高频加热焊接技术

高频加热焊接是利用高频感应电流，在变压器次级回路将被焊的金属进行加热焊接的方法。

高频加热焊接装置是由与被焊件形状基本适应的感应线圈和高频电流发生器组成。

具体方法是：把感应线圈放在被焊件的焊接部位上，然后将垫圈形或圆形焊料放入感应线圈内，再给感应线圈通以高频电流，此时焊件就会受电磁感应而被加热，当焊料达到熔点时就会熔化并扩散，待焊料全部熔化后，便可移开感应线圈或焊件。

### 2.4.5 脉冲加热焊接技术

脉冲加热焊接是指以脉冲电流的方式通过加热器，在很短的时间内给焊点施加热量来完成焊接的方法。

具体方法是：在焊接前，利用电镀及其他的方法在被焊接的位置上加上焊料，然后进行极短时间的加热，一般以 1s 左右为宜，在焊料加热的同时也需加压，从而完成焊接。

脉冲加热焊接适用于小型集成电路的焊接，如电子手表、照相机等高密度焊点的产品，即不宜使用电烙铁和焊剂的产品。

脉冲加热焊接的特点是：产品的一致性好，不受操作人员熟练程度的影响，而且能准确地控制温度和时间，能在瞬间得到所需要的热量，可提高效率和实现自动化生产。

### 2.4.6 其他焊接方法

除上述几种焊接方法外，在微电子器件安装中，超声波焊、热超声金丝球焊、机械热脉冲焊都有各自的特点。新近发展起来的激光焊，能在几毫秒内将焊点加热熔化而实现焊接，是一种很有潜力的焊接方法。

随着微处理机技术的发展，在电子焊接中使用微机控制焊接设备已进入实用阶段。例如，微机控制电子束焊接已在我国研制成功。还有一种光焊技术，已用于 CMOS 集成电路的全自动生产线，其特点是用光敏导电胶代替焊料，将电路片子黏在印制电路板上，用紫外线固化焊接。

可以预见，随着电子工业的不断发展，传统的方法将不断得到完善，新的高效率的焊接方法将不断涌现。

无论选用哪一种方法，焊接中各步的工艺规范都必须严格控制。例如，波峰焊中，焊接波峰的形状、高度、稳定性，焊锡的温度、化学成分的控制等，任何一项指标不合适都会影响焊接质量。

将自动焊接机、自动涂敷焊剂装置等机器联装起来，加上自动测量、显示等装置，就构成自动焊接系统。目前，我国较新的自动焊接系统已达到每小时可焊近300块制板，最小不产生桥接的线距为0.25mm。

# 2.5 表面安装技术

表面安装技术是现代电子产品先进制造技术的重要组成部分，其技术内容包括表面安装元器件、安装基板、安装材料、安装工艺、安装设计、安装测试与检测技术、安装及其测试和检测设备等，是一项综合性工程科学技术。目前，在发达国家表面安装技术已部分或者完全取代了传统的通孔插焊技术，它使电子安装技术发生了根本性变化。

## 2.5.1 表面安装技术的特点

表面安装技术的实质是指将片式化、微型化的无引线或短引线表面安装元器件直接贴焊到印制电路板表面或其他基板表面上的一种电子安装技术。

使用通孔插装技术安装元件时，元件安置在电路板同一面，元件引脚穿过印制电路板焊接在另一面上。通孔插装元件需要占用较大的空间，并且要为所有引脚在电路板上钻孔，所以它们的引脚会占用电路板两面的空间，而且焊点也比较大。表面安装技术具有如下特点。

1. 安装密度高，体积小，质量轻

由于表面安装元器件的体积和质量只有传统插装元器件的十分之一左右，而且贴装时不受引线间距、通孔间距的限制，并可在基板的两面进行贴装或与有引线元器件混合安装，从而可大大提高电子产品的安装密度。

由于在大多数情况下表面安装技术与通孔插装技术混合应用，因此，电子产品的体积缩小、质量减轻到什么程度，取决于表面安装元器件与传统的通孔插装元器件（双列直插封装）所选用的数量。而印制电路板面的节省、质量的减轻则完全依据表面安装元器件替代双列直插封装的百分率。一般来说，采用表面安装技术后可使电子产品的体积缩小40%以上，质量减轻60%以上。

2. 电性能优异

由于表面安装元器件采用无引线或短引线的元器件，减少了引线分布特性影响，而且在印制电路板表面贴焊牢固，因此大大降低了寄生电容和引线间的寄生电感，并在很大程度上减少了电磁于扰和射频干扰，改善了高频性能。另外，由于表面安装元器件的自身噪声小、去耦效果好、信号传输时的延时值小，故在高频、高性能的电子产品中表面安装技术可发挥良好的作用。

3. 可靠性高，抗振性能强

由于表面安装元器件小而轻，其端电极直接平贴在印制电路板上，消除了元器件与印制电路板之间的二次互连，从而减少了因连接而引起的故障。另外，由于直接贴装具有良好的耐机械冲击和耐振动能力，所以，一般表面安装技术的焊点缺陷率比通孔插装技术至少低一个数量级。

4. 生产效率高，易于实现自动化

由于通孔插装元器件的引线有多种式样，故自动插装时需用多种插装机，而且每一台机器都需要调整准备时间。表面安装技术则用一台取放机配置不同的上料架和取放头，就基本可以安装大多数类型的表面安装元器件，因此大大减少了调整准备时间和维修工作量。另外，表面安装元器件外形规则，小而轻，贴装机的自动吸装系统利用真空吸头吸取元器件，既可提高安装密度，又易于实现自动化。

5. 成本降低

由于表面安装技术可以使印制电路板的布线密度增加、钻孔数目减少、孔径变细、印制电路板面积缩小、同功能的印制电路板层数减少，这就使制造印制电路板的成本降低；无引线或短引线的表面安装元器件则可节省引线材料；剪线、打弯工序的省略，减少了设备、人力的费用；频率特性的提高，减少了射频调试费用；电子产品的体积缩小，质量减轻，降低了整机成本；贴焊可靠性的提高，减少了二次焊接，可靠性好，并使返修成本降低。一般电子设备采用表面安装技术后，可使产品总成本降低30%以上。

表面安装技术尚有一些待提高和解决的问题，如表面安装元器件的品种及规格至今还不齐全，有些表面安装元器件的产量不大，故价格比通孔插装元器件要高；在国际上，目前尚无表面安装元器件的统一标准。另外，表面安装技术用的元器件是直接焊接在印制电路板表面上的，受热后由于元器件与基板的热膨胀系数不一致，易引起焊处开裂；采用表面安装技术的印制电路板单位面积功能强，功率密度大，导致散热问题复杂；印制电路板布线密，间距小，易造成信号交叉耦合。此外，还有塑封器件的吸潮问题等。

### 2.5.2　表面安装技术的安装方式与安装工艺流程

1. 表面安装技术的安装方式

表面安装技术的安装方式及其工艺流程主要取决于表面安装组件、采用表面安装技术完成装配的印制电路板安装件的类型、使用的元器件种类和安装设备条件。大体上可将表面安装组件分成单面混装、双面混装和全表面安装三种类型共六种安装方式，见表2-2。不同类型的表面安装组件其安装方式有所不同，同一种类型的表面安装组件其安装方式也可以有所不同。

表 2-2　表面安装组件的安装方式

| 序号 | 安装方式 | | 安装结构 | 电路基板 | 元器件 | 特　征 |
| --- | --- | --- | --- | --- | --- | --- |
| 1 | 单面混装 | 先贴法 | A B | 单面印制电路板 | 表面安装元器件及通孔插装元器件 | 先贴后插，工艺简单，安装密度低 |
| 2 | | 后贴法 | | 单面印制电路板 | 同上 | 先插后贴，工艺较复杂，安装密度高 |
| 3 | 双面混装 | 表面安装器件和通孔插装组件都在 A 面 | A B | 双面印制电路板 | 同上 | 先插后贴，工艺较复杂，安装密度高 |
| 4 | | 通孔插装组件在 A 面，A、B 两面都有表面安装器件 | A B | 双面印制电路板 | 同上 | 通孔插装组件和表面安装元件/表面安装器件安装在印制电路板同一侧 |
| 5 | 全表面安装 | 单面表面安装 | A B | 单面印制电路板<br>陶瓷基板 | 表面安装元器件 | 工艺简单，适用于小型、薄型化的电路安装 |
| 6 | | 双面表面安装 | A B | 双面印制电路板<br>陶瓷基板 | 同上 | 高密度安装，适用于薄型化单面印制电路板和陶瓷基板 |

根据安装产品的具体要求和安装设备的条件选择合适的安装方式，是高效、低成本安装生产的基础，也是表面安装技术工艺设计的主要内容。

2. 安装工艺流程

合理的工艺流程是安装质量和效率的保障。表面安装方式确定之后，就可以根据需要具体设备条件确定工艺流程。不同的安装方式有不同的工艺流程，同一安装方式也可以有不同的工艺流程，这主要取决于所用元器件的类型、表面安装组件的安装质量要求、安装设备和安装生产线的条件及安装生产的实际条件等。

（1）单面混合安装工艺流程

单面混合安装方式有两种类型的工艺流程：一种采用表面安装元器件先贴法，如图 2.11(a) 所示；另一种采用表面安装元器件后贴法，如图 2.11(b) 所示。这两种工艺流程中都采用了波峰焊接工艺。

表面安装元器件先贴法是指在插装通孔插装组件前先贴装表面安装元器件，利用黏结剂将表面安装元器件暂时固定在印制电路板的贴装面上，待插装通孔插装组件后，采用波峰焊接技术进行焊接。而表面安装元器件后贴法则是先插装通孔插装组件，再贴装表面安装元器件。

表面安装元器件先贴法的工艺持点是黏结剂涂敷容易，操作简单，但需留下插装通孔

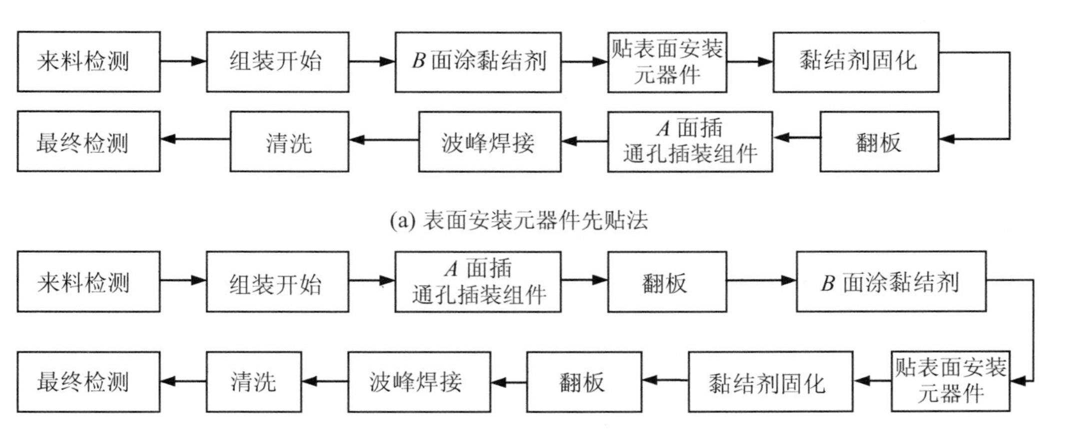


**图 2.11　单面混合安装工艺流程**

插装组件时弯曲引线的操作空间，因此安装密度较低，而且插装通孔插装组件时容易碰到已贴装好的表面安装元器件，而引起表面安装元器件损坏或受机械振动脱落。为了避免这种现象，黏结剂应具有较高的黏结强度，以耐机械冲击。

表面安装元器件后贴法克服了表面安装元器件先贴法的缺点，提高了安装密度，但涂敷黏结剂较困难。表面安装元器件后贴法广泛用于 TV、VTR 等印制电路板组件的安装中。

（2）双面混合安装工艺流程

双面混装组合工艺流程这里不做介绍。

（3）全表面安装工艺流程

全表面安装工艺流程对应于表 2-2 所列的第 5 种和第 6 种安装方式。

单面表面安装的典型工艺流程如图 2.12 所示。这种安装方式是在单面印制电路板上只安装表面安装元器件，无通孔插装元器件，采用再流焊接工艺，这是最简单的全表面安装工艺流程。

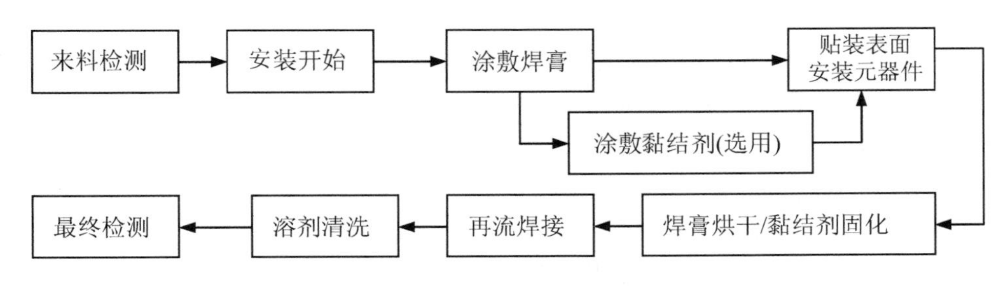


**图 2.12　单面表面安装的典型工艺流程**

双面表面安装的典型工艺流程这里不做介绍。

以上介绍了几种典型的表面安装工艺流程。在实际安装中必须根据表面安装组件的设计，以及电子装备对表面安装组件的要求和实际条件，综合多种因素确定合适的工艺流程，以获得低成本的安装生产效果和得到高可靠性的表面安装组件。

### 2.5.3 表面安装技术的装卸方法

1. 表面安装技术生产线装配

表面安装技术生产线主要由点焊机、焊膏印刷机、表面安装元器件贴片机、再流焊机、检测装置等设备组成，再流焊机是表面安装元器件的主要焊接设备。图 2.13 所示是一种适用于单面表面安装的表面安装技术生产线组成示例。

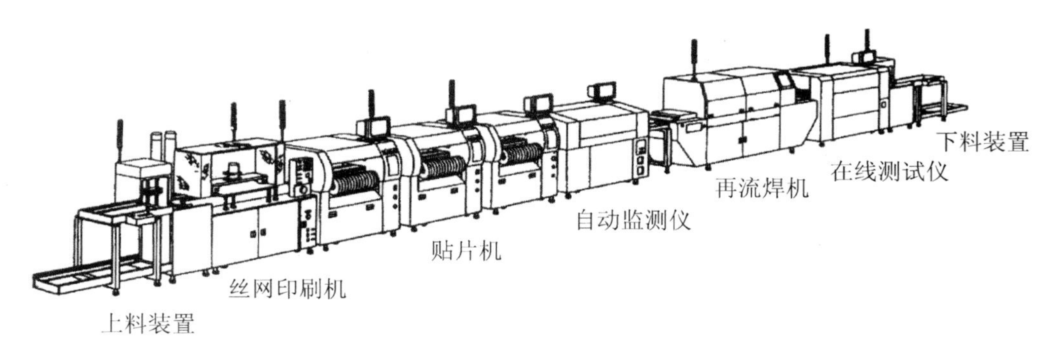


图 2.13 一种适用于单面表面安装的表面安装技术生产线组成示例

2. 表面安装元器件的手工装卸

表面安装元器件一般采用散装、盒式、编带三种包装形式来提供表面安装。批量生产中一般采用贴片机。贴片机有多件式、单件式和系列式等。它们在安装速度、精度、灵活性等方面各有特色，可根据产品的种类和生产规格等进行选择。这里仅就平时常用的手工安装和拆卸问题，给予一定的介绍。

由于表面安装元器件体积非常小（最小的电阻、电容器长只有 2mm、宽 1.25mm）、怕热又怕碰，必须配用一套相应的工具来装卸。

（1）表面安装元器件的手工装卸工具

① 自动恒温电烙铁。自动恒温电烙铁是一种内热式电烙铁，主要由四部分组成：电烙铁身、晶闸管温度控制电路（装在烙铁身内）、发热芯及加热头。发热芯内装有热敏电阻，可检测出加热头的温度，通过晶闸管控制，可将烙铁头的最高温度控制在 390℃左右。如需要不同的温度，可通过烙铁身端部的调温电位器来调整。电烙铁的功率一般为 10～20W。

② 拆卸专用加热头。图 2.14 所示为自动恒温电烙铁配套的各种加热头。图 2.14(a) 所示为普通加热头，在一般维修中使用。图 2.14(b) 所示为专用加热头，其规格有多种，分别用于拆卸 36 脚、48 脚、52 脚、64 脚等四列扁平封装的集成电路。使用时可将发热芯的前端插入加热头的固定孔中。图 2.14(c) 所示为用于拆卸双列扁平封装集成电路、微型晶体管、二极管的专用加热头。其中头部较宽的 L 型加热片用于拆卸集成电路，头部较窄的 S 型加热片用于拆卸晶体管和二极管。使用时将两片 L 型或 S 型加热片用螺钉固定在基

座上，然后插入发热芯的前端。图 2.14(d) 所示为用于拆卸 Y 型引脚的大规格混合集成电路的专用加热头。

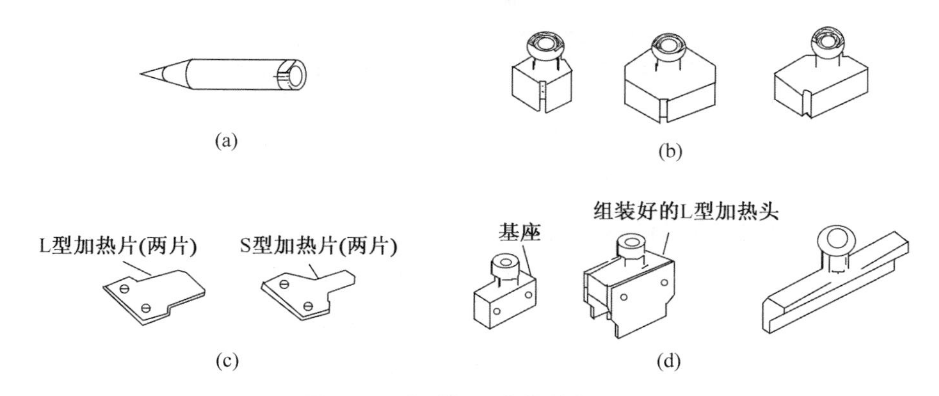


**图 2.14 自动恒温电烙铁加热头**

(2) 表面安装元器件的手工安装

① 涂敷黏结剂或焊膏。用针状物或手工点滴器直接点胶或焊膏。

② 贴片。将表面安装印制电路板置于放大镜下，用带有负压吸嘴的手工贴片机或镊子仔细地把表面安装元器件放到相应位置上。

③ 焊接。采用自动恒温电烙铁首先在表面安装元器件最边缘的一个引脚上加热，注意烙铁头上不能挂有较多的焊锡，然后加热对角的引脚，以此方法进行焊接。

另外，还可以使用热风枪或红外线感应式电烙铁进行焊接。将热风枪温度调到适当的温度，用热风枪直接吹元器件的引脚和焊盘，并来回移动热风枪，以避免局部过热而损坏元器件或印制电路板。

(3) 常用表面安装元器件的更换方法

① 大规模混合集成电路的拆卸与安装。

大规模混合集成电路是由许多表面安装元器件按设计要求安装在一块基板上而构成。基板有 F 型引脚和 Y 型引脚两种，如图 2.15 所示。

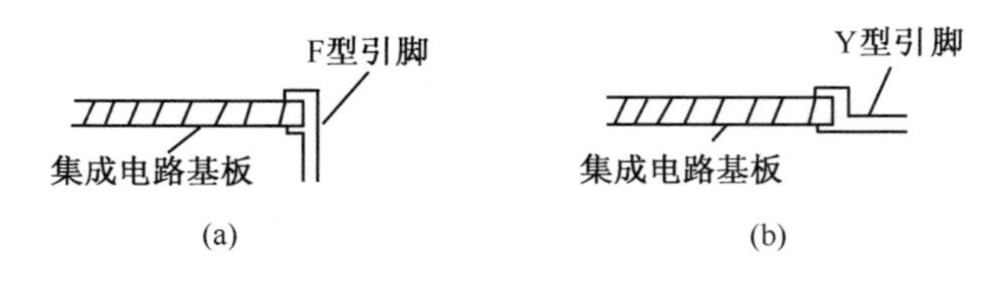


**图 2.15 大规模混合集成电路基板的引脚**

大规模混合集成电路的拆卸方法有两种。一种方法是用电烙铁和吸锡铜网来清除引脚上的焊锡；另一种方法是用真空吸锡枪来直接吸走引脚上的焊锡，如图 2.16 所示。

这种集成电路的安装方法较简单，将集成电路插入电路板中，然后用电烙铁逐个焊牢各引脚即可。

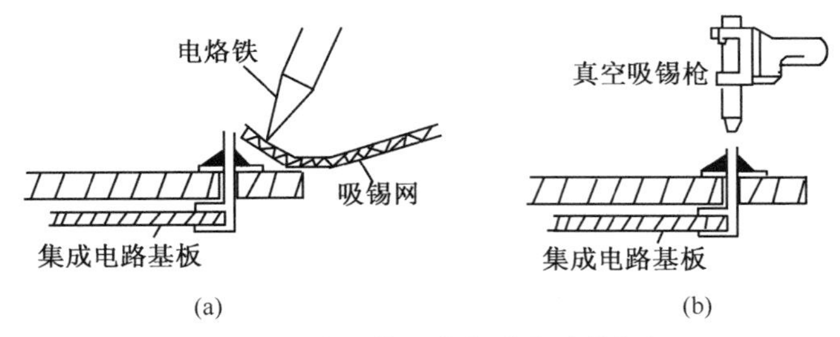


图 2.16 大规模混合集成电路的拆卸

② Y 型引脚集成电路的拆卸和安装。

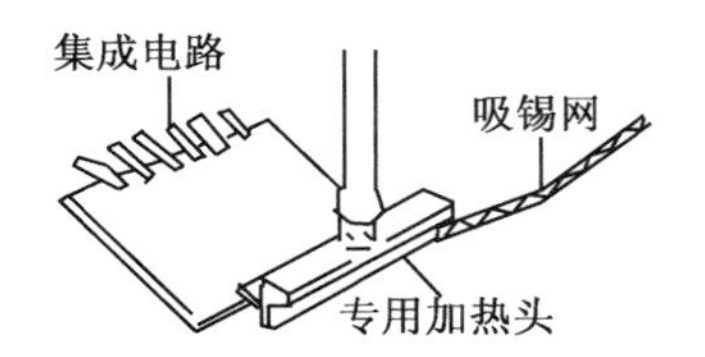


图 2.17 Y 型引脚集成电路的拆卸

Y 型引脚集成电路拆卸时，将吸锡网先放在集成电路一侧的引脚上，再将专用加热头放在吸锡网上，加热温度不能超过 290℃，加热约 3s 后轻轻抬起加热一侧的引脚，注意抬起来的距离要尽量小，以防止另一侧引脚与板剥离，然后用同样的方法拆下另一侧引脚，如图 2.17 所示。

Y 型引脚集成电路的安装方法是：将集成电路放在预定的位置上，先焊住对角的两个引脚，然后逐个焊接其他引脚。

③ 双列扁平封装集成电路的拆卸与安装。

双列扁平封装集成电路的拆卸方法是：选用和集成电路一样宽的 L 型加热头，在加热头的两个内侧面和顶部加上焊锡，将加热头放在集成电路的两排引脚上，按图 2.18 中所标箭头方向来回移动加热头，以便将整个集成电路引脚上的焊锡都熔化；当所有引脚上的焊锡都熔化时，再用镊子将集成电路轻轻夹起。

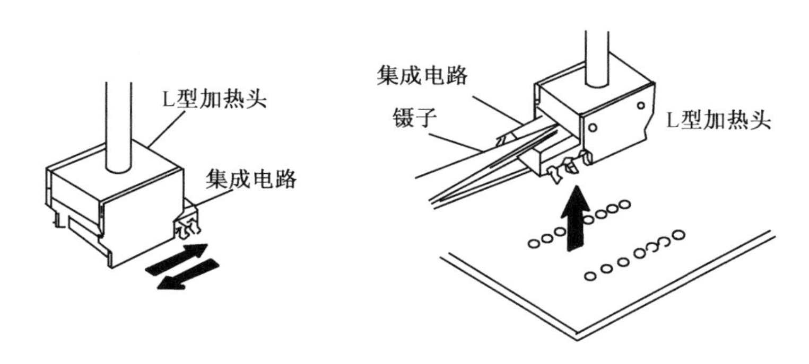


图 2.18 双列扁平集成电路的拆卸

双列扁平集成电路安装在电路上的状态如图 2.19 所示。

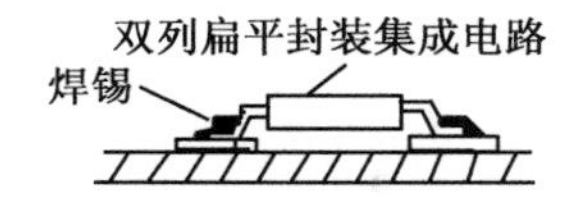


图 2.19 双列扁平集成电路安装在电路上的状态

④ 四列扁平封装集成电路的拆卸与安装。

四列扁平封装集成电路在电路板上的拆卸与安装方法是拆卸时要选用专用加热头，并在加热头的顶部加上焊锡，然后将加热头放在集成电路引脚上约 3s 后，再轻轻转动集成电路，并用镊子配合，把集成块轻轻抬起，如图 2.20 所示。

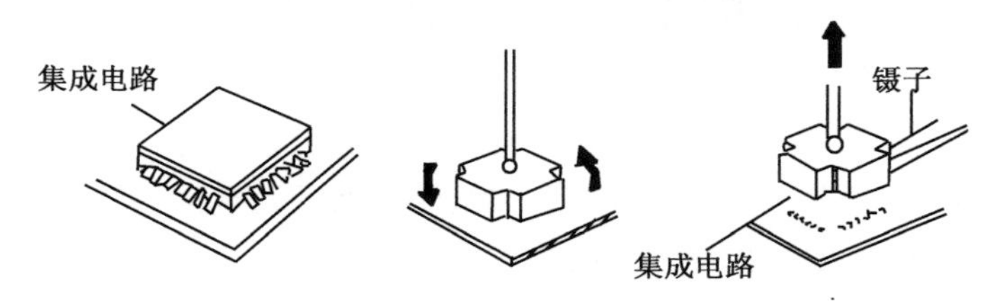


图 2.20 四列扁平封装集成电路的拆卸与安装

⑤ 片状二极管、片状晶体管、片状电阻和片状电容器的拆卸。

上述表面安装元器件拆卸的方法有两种。

方法一：选用专用加热头进行拆卸。将加热头放在表面安装元器件的引脚上面约 3s 后，焊锡即可熔化，然后用镊子轻轻将片状元件夹起。

方法二：如图 2.21 所示，用两把电烙铁同时加热表面安装元器件的两引脚，待焊锡熔化后，再用两把烙铁配合将元器件轻轻夹起。注意加热时间要短。

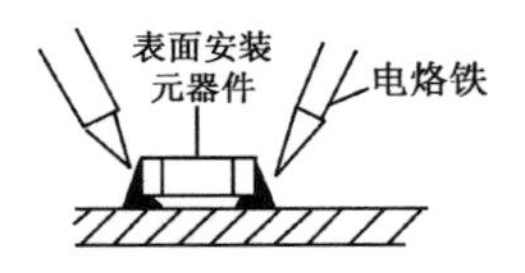


图 2.21 双烙铁的拆卸

## 本章小结

（1）常用的手工安装工具有尖嘴钳、斜口钳、平口钳、剥线钳、镊子和螺钉旋具；电烙铁分外热式电烙铁、内热式电烙铁、恒温电烙铁、吸锡电烙铁和电感式电烙铁；电烙铁的选用和使用方法。

（2）焊接材料包括焊锡和焊剂；焊锡的组成和优点；焊剂的作用和分类。

（3）焊接工艺包括焊接工艺要求、焊接操作方法和常见焊点的缺陷与分析等。

（4）工业生产中的焊接包括波峰焊接技术、再流焊接技术、高频加热焊接技术、脉冲加热焊接技术等。

（5）表面安装技术的特点、安装方式和安装工艺流程；表面安装技术的装卸方法，主要介绍手工的装卸方法。

# 第3章 印制电路板的设计与制作

印制电路板是由绝缘基板、连接导线和装配焊接电子元器件的焊盘组成的，具有导线和绝缘底板的双重作用。它可以实现电路中各个元器件的电气连接，代替复杂的布线，减少传统方式下的工作量，简化电子产品的装配、焊接及调试工作；缩小整机体积，降低产品成本，提高电子设备的质量和可靠性。印制电路板具有良好的产品一致性，它可以采用标准化设计，有利于在生产过程中实现机械化和自动化；使整块经过装配调试的印制电路板作为一个备件，便于整机产品的互换与维修。由于具有以上优点，印制电路板已经极其广泛地应用于电子产品的生产制造中。

印制电路板是实现电子整机产品功能的主要部件之一，其设计是整机工艺设计中的重要一环。印制电路板的设计质量，不仅关系到电路在装配、焊接、调试过程中的操作是否方便，而且直接影响整机的技术指标和使用、维修性能。

印制电路板的成功之作，不仅应该保证元器件之间准确无误的连接，工作中无自身干扰，还要尽量做到元器件布局合理、装焊可靠、维修方便、整齐美观。

一般说来，印制电路板的设计不像电路原理设计那样需要严谨的理论和精确的计算，布局排版并没有统一的固定模式。对于同一张电路原理图，因为思路不同、习惯不一、技巧各异，不同的设计者会有不同的设计方案。

随着电子产品的发展，尤其是电子计算机的出现，对印制电路板技术提出了高密度、高可靠、高精度、多层化的要求。到20世纪90年代，国外已能生产出超高密度（在间隔为2.54mm的两焊盘之间，布线达4条以上，每根导线宽度为0.05～0.08mm），而印制电路板的生产水平达到42层。随着电子产品向小型化、轻量化、薄型化、多功能和高可靠性的方向发展，对印制电路板的设计提出了越来越高的要求。从过去的单面板发展到双面板、多层板、挠性板，其精度、布线密度和可靠性不断提高。不断发展的印制电路板制作技术使电子产品设计及装配走向了标准化、规模化、机械化和自动化的时代。掌握印制电路板的基本设计方法和制作工艺，了解其生产过程是学习电子工艺技术的基本要求。

# 3.1 印制电路板的设计资料

## 3.1.1 印制电路板的类型和特点

印制电路板按其结构可分为以下五种。

1. 单面印制电路板

单面印制电路板是在厚度为0.2～5.0mm的绝缘基板上一面覆有铜箔，另一面没有覆铜，通过印制和腐蚀的方法，在铜箔上形成印制电路，无覆铜一面放置元器件，因其只能在单面布线，所以设计难度较双面印制电路板和多层印制电路板的设计难度大。单面印制电路板适用于一般要求的电子设备，如收音机、电视机等。

2. 双面印制电路板

双面印制电路板厚度为0.2～5.0mm的绝缘基板两面均覆有铜箔，可在两面制成印制电路，两面都可以布线，需要用金属化孔连通。双面印制电路的布线密度较高，能减小设备的体积。双面印制电路板适用于一般要求的电子设备，如电子计算机、电子仪器、仪表等。

3. 多层印制电路板

在绝缘基板上制成三层以上印制电路的印制电路板称为多层印制电路板。多层印制电路板由几层较薄的单面板或双层面板黏合而成，其厚度一般为1.2～2.5mm。目前应用较多的多层印制电路板为4～6层板。为了把夹在绝缘基板中间的电路引出，多层印制电路板上安装元器件的孔需要金属化，即在小孔内表面涂敷金属层，使之与夹在绝缘基板中间的印制电路接通。多层印制电路板的特点是：①与集成电路块配合使用，可以减小产品的体积与质量；②可以增设屏蔽层，以提高电路的电气性能；③电路连线方便，布线密度高，提高了板面的利用率。

4. 软印制电路板

软印制电路板也称挠性印制电路板，基材是软的层状塑料或其他软质膜性材料，如聚酯或聚酰亚胺的绝缘材料，其厚度为0.25～1mm。软印制电路板除了质量轻、体积小、可靠性高以外，最突出的特点是具有挠性，能折叠、弯曲、卷绕。软印刷电路板也有单层、双层及多层之分，被广泛用于电子计算机、照相机、摄像机、通信、仪表等电子设备上。

5. 平面印制电路板

平面印制电路板的印制导线嵌入绝缘基板，与基板表面平齐。一般情况下在印制导线上都电镀一层耐磨金属层，通常用于转换开关、电子计算机的键盘等。

### 3.1.2 印制电路板板材

1. 覆铜箔板的构成

印制电路板是在覆铜箔板上腐蚀制作出来的。覆铜箔板就是把一定厚度的铜箔通过黏结剂经过热压，贴附在一定厚度的绝缘基板上。基板不同，厚度不同，黏结剂不同，生产出的覆铜箔板性能不同。覆铜箔板的基板是由高分子合成树脂和增强材料的绝缘层压板。合成树脂的种类较多，常用的有酚醛树脂、环氧树脂、聚四氟乙烯等。这些树脂材料的性能决定了基板的物理性质、介电损耗、表面电阻率等。增强材料一般有纸质和布质两种，它决定了基板的机械性能，如浸焊性、抗弯强度等。

铜箔是覆铜板的关键材料，必须有较高的电导率和良好的可焊性。铜箔质量直接影响到铜板的质量，要求铜箔不得有划痕、沙眼和皱褶，且铜纯度不低于99.8%，厚度均匀误差不大于±5μm。铜箔厚度选用标准系列为18μm、25μm、35μm、50μm、70μm、105μm。目前较普遍采用的是35μm和50μm厚的铜箔。

2. 常用覆铜箔板的种类

根据材料的不同，覆铜箔板可分为四种。

(1) 酚醛纸质层压板（又称纸铜箔板）

酚醛纸质层压板是由纸浸以酚醛树脂，在一面或两面敷以电解铜箔，经热压而成的。这种板机械强度低、易吸水，且耐高温较差，但价格便宜，一般用于低频和一般民用产品中，如收音机等。

(2) 环氧玻璃布层压板

环氧玻璃布层压板是以环氧树脂浸渍无碱玻璃丝布为材料，经热压制成板并在其单面或双面敷上铜箔做成的。这种板的工作频率可达100MHz，耐热性、耐湿性、耐药性、机械强度都比较好。常用的有两种：一种是用胺类作固化剂，环氧树脂浸渍，板质透明度较好，机械加工性能、耐浸焊性都比较好；另一种是用环氧酚醛树脂浸渍，拉弯强度和工作频率较高。

(3) 聚四氟乙烯板

聚四氟乙烯板是用聚四氟乙烯树脂烧结压制成的板材。这种板的工作频率可高于100MHz，有良好的高频特性、耐热性、耐湿性，但价格比较贵。

(4) 三聚氰胺树脂板

三聚氰胺树脂板有良好的抗热性和电性能，基板介质损耗小，耐浸焊性和抗剥强度高，是一种高性能的板材，适合于特殊电子仪器和军工产品的印制电路板。

3. 覆铜箔板的选用

覆铜箔板的选用主要是根据产品的技术要求、工作环境和工作频率，同时兼顾经济性来决定的，基本选用原则大体如下。

（1）根据产品的技术要求选用

产品工作电压的高低决定了印制电路板的绝缘强度。机械强度的要求是由板材的材质和厚度决定的。不同的材质性能差异较大，设计者选用覆铜板时应在对产品技术分析的基础上，合理选用。一味选用档次较高的材质，不但不经济，也是一种资源的浪费。例如，产品工作电压高，选用绝缘性能较好的环氧玻璃布层压板就可满足要求，一般军工产品、矿用产品就属这一类。一般民用产品如收音机、录音机、VCD等工作电压低，绝缘要求一般，可选用酚醛纸质层压板。

（2）根据产品的工作环境要求选用

在特种环境条件下工作的电子产品，如高温、高湿、高寒条件下的产品，整机要求防潮处理等，例如，宇航、遥控遥测、舰用设备、武器设备等，这类产品的印制电路板就要选用环氧玻璃布层压板，或更高档次的板材。

（3）根据产品的工作频率选用

电子线路的工作频率不同，印制电路板的介质损耗也不同。工作在30～100MHz的设备，可选用环氧玻璃布层压板。工作在100MHz以上的设备，各种电气性能要求相对较高，可选用聚四氟乙烯板。

（4）根据整机给定的结构尺寸选用

产品进入印制电路板设计阶段，整机的结构尺寸已基本确定，安装及固定形式也应给定。设计人员明确了印制电路板的结构形状是矩形、圆形或是不规则几何图形，板面尺寸的大小等一系列问题要综合全面考虑。印制电路板的标称厚度有0.2mm、0.3mm、0.5mm、0.8mm、1.5mm、1.6mm、2.4mm、3.2mm、6.4mm等多种。如果印制电路板尺寸较大，有大体积的电解电容、较重的变压器、高压包等器件装入，板材要选用厚一些的，以加强机械强度，以免翘曲。如果电路板是立式插入，且尺寸不大，又无太重的器件，板子可选薄些。印制电路板对外通过插座连接时，必须注意插座槽的间隙一般为1.5mm，若板材过厚则插不进去，过薄则容易造成接触不良。电路板厚度的确定还和面积及形状有直接关系。若选择不当，产品进行例行实验，在冲击、振动和运输试验时，印制电路板容易损坏，整机性能的质量难以保证。

（5）根据性能价格比选用

设计档次较高产品的印制电路板时，一般对覆铜板的价格考虑较少，或可不予考虑。因为产品的技术指标要求很高，产品价格十分昂贵，经济效益是不言而喻的。一般民用产品在设计时，在确保产品质量的前提下，尽量采用价格较低的材料。例如，袖珍收音机的线路板尺寸小，整机工作环境好，市场价格低廉，选用酚醛纸质层压板就可以了，没有必要选用环氧玻璃布层压板一类的板材。一般这类产品的经济效益极低，利润是靠批量、靠改进工艺材料挤出来的。再如微型电子计算机等产品，产品印制电路板器件密度大，印制线条窄，印制电路板成本占整机成本的比例小，印制电路板的选用应以保证技术指标为主。由于产品效益可观，设计时没有必要一定选用低价位的覆铜板。

总之，印制电路板的选材是一个很重要的工作，选材恰当，既能保证整机质量，又不浪费成本；选材不当，要么白白增加成本，要么牺牲整机性能，因小失大，造成更大的浪费。特别在设计批量很大的印制电路板时，性能价格比是一个很实际而又很重要的问题。

### 3.1.3 印制电路板对外连接方式的选择

印制电路板只是整机的一个组成部分，在印制电路板之间、印制电路板与板外元器件、印制电路板与设备面板之间，必然都需要电气连接。当然，这些连接引线的总数要尽量少，并根据整机结构选择连接方式，总的原则应该使连接可靠，安装、调试、维修方便，成本低廉。

1. 导线连接

导线连接是一种操作简单、价格低廉且可靠性较高的连接方式，不需要任何插接件，只要用导线将印制电路板上的对外连接点与板外的元器件或其他部件直接焊牢即可。例如，收音机中的扬声器、电池盒等。导线连接的优点是成本低，可靠性高，可以避免因接触不良而造成的故障，缺点是维修不够方便。导线连接一般适用于对外引线较少的场合，如收录机、电视机、小型仪器等。采用导线连接方式应该注意如下几点。

(1) 印制电路板的对外焊点尽可能引到整板的边缘，并按照统一尺寸排列，以利于焊接与维修，如图 3.1 所示。

(2) 为提高导线连接的机械强度，避免因导线受到拉扯将焊盘或印制线条拽掉，应该在印制电路板上焊点的附近钻孔，让导线从印制电路板的焊接面穿过通孔，再从元器件面插入焊盘孔进行焊接，如图 3.2 所示。

(3) 将导线排列或捆扎整齐，通过线卡或其他紧固件将线与板固定，避免导线因移动而折断，如图 3.3 所示。

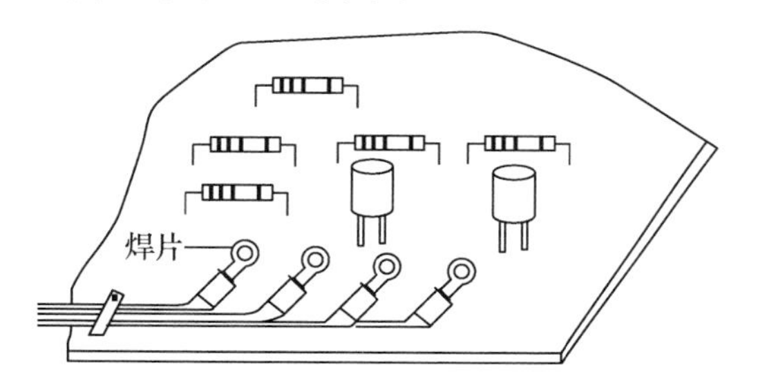


图 3.1 焊接式对外引线

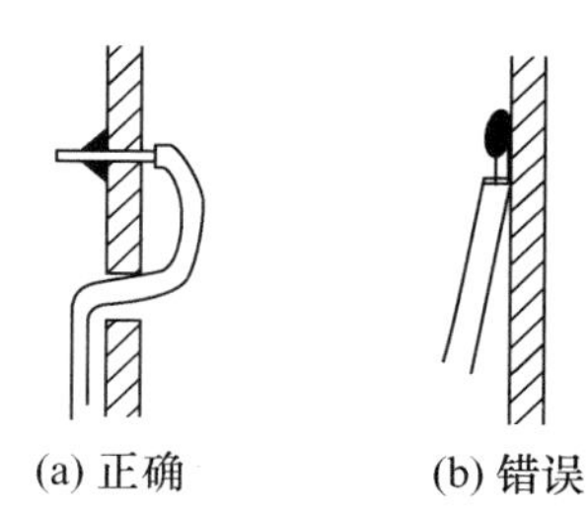


图 3.2 印制电路板对外引线连接方式

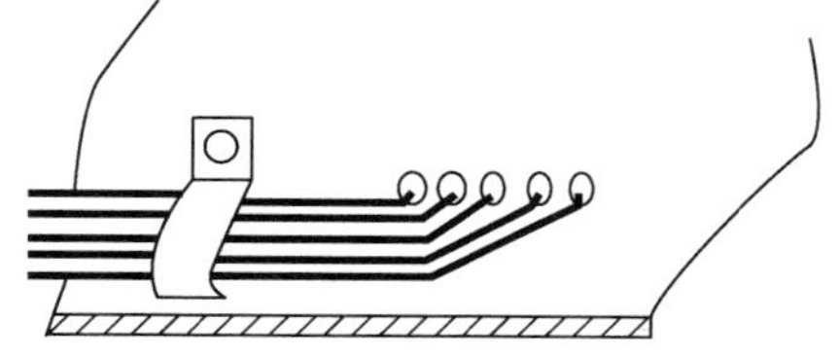

图 3.3 引线与印制电路板固定

2. 插接件连接

在比较复杂的电子仪器设备中，为了安装调试方便，经常采用插接件连接方式，如计

算机扩展槽与功能板的连接等。在一台大型设备中，常常有十几块甚至几十块印制电路板。当整机发生故障时，维修人员不必检查到元器件级（即检查导致故障的原因，追根溯源直至具体的元器件，这项工作需要一定的检验并花费相当多的时间），只要判断是哪一块板不正常即可立即对其进行更换，以便在最短的时间内排除故障，缩短停机时间，这对于提高设备的利用率十分有效。典型的有印制电路板插座和常用插接件，有很多种插接件可以用于印制电路板的对外连接。例如，插针式插接件、带状电缆插接件已经得到广泛应用，如图 3.4 所示。插拦件连接的优点是可保证批量产品的质量，调试、维修方便；缺点是因为接触点多，所以可靠性比较差。

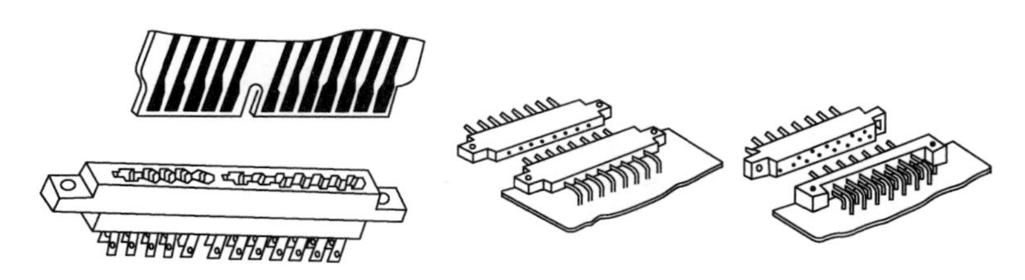

图 3.4　常见的插接件

## 3.2　印制电路板的设计

印制电路板的设计是根据设计人员的意图，将电路原理图转化成印制电路板图，确定加工技术要求的过程。印制电路板设计通常有两种方法：一种是人工设计；另一种是计算机辅助设计。无论采取哪种方式，都必须符合电路原理图的电气连接和电气、机械性能要求。

### 3.2.1　印制电路板的排版布局

印制电路板设计的主要内容是排版设计。把电子元器件在一定的制板面积上合理地布局排版，是设计印制电路板的第一步。排版设计，不单纯是按照电路原理图把元器件通过印制线条简单地连接起来。为使整机能够稳定可靠地工作，要对元器件及其连接在印制电路板上进行合理的排版布局。如果排版布局不合理，就有可能出现各种干扰，以致合理的原理方案不能实现，或使整机技术指标下降。以下介绍印制电路板整体布局的一般原则。

1. 印制电路板的抗干扰设计原则

干扰现象在整机调试和工作中经常出现，产生的原因是多方面的，除外界因素造成干扰外，印制电路板布局布线不合理、元器件安装位置不当、屏蔽设计不完备等都可能造成干扰。

（1）地线布置与干扰

电路原理图中的地线表示零电位。在整个印制电路板电路中的各接地点相对电位差也应是零。印制电路板电路上各接地点，并不能保证电位差绝对是零。在较大的印制电路板上，地线处理不好，不同的地点有百分之几伏的电位差是完全可能的。这极小的电位差信号，经放大电路放大，可能形成影响整机电路正常工作的干扰信号。我们身边的许多电子产品都是由多种多级放大器、振荡器等单元电路构成的。图3.5所示是某收音机的框图，图中的$O$点是真正的地点，$A$、$B$、$C$、$D$各点是各级电路的接地点。假设设计它的印制电路板地线时，$OA$、$AB$、$BC$、$CD$各段均采用长10mm、宽1.5mm、铜箔厚度0.05mm的印制导线，则各段导线电阻$R=0.026\Omega$，这是一个极小的电阻。但地线如按照框图类似设置，后果是干扰严重，甚至不能工作。假定该收音机的高端高频信号为30MHz，$AO$间的感抗高达16Ω，如此大的电感将大大减少$AO$间的电流，造成高频干扰。还有465kHz的中频干扰依次叠加在$CB$、$BA$、$AO$等段的地线上，致使低放、功放都不能正常工作。这是地线不合理设计的例子。

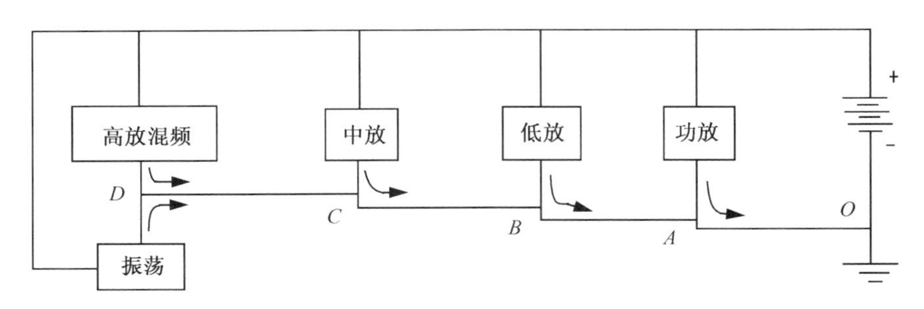


图3.5　某收音机框图

为克服地线干扰，应尽量避免不同回路电流同时流经某一段共用地线，特别是高频和大电流回路中。印制电路板上的各单元电路的地点应集中一点，称之为一点接地。这样可避免交流信号的乱窜。解决的方法是并联分路式接地和大面积覆盖式接地。

① 并联分路式接地。在印制电路板设计时，各单元电路分别通过各自的地线与总地点相连。总地点是零电位处，形成汇流之势。这样可减少分支电流的交叉乱流，避免了不应有的电信号在地线上的叠加形成的地线干扰。

② 大面积覆盖式接地。在高频电路印制电路板的设计中，尽量扩大印制电路板上地线的面积，可以有效地减少地线产生的感抗，有效地削弱地线产生的高频信号的感应干扰信号。地线面积越大，对电磁场的屏蔽功能越好。

（2）电磁场干扰与抑制

印制电路板的采用使元器件的安装变得紧凑有序，连线密集是其优点之一。布局不规范，走线不合理会造成元器件之间、线条之间的寄生电容和寄生电感。同时也很容易接收和产生电磁波的干扰。如何克服和避免这些问题，在设计印制电路板时应予以考虑。

① 元器件间的电磁干扰。电子器件中的扬声器、电磁铁、继电器线包、永磁式仪表等含有永磁场和恒定磁场或脉动磁场，变压器、继电器会产生交变磁场。这些器件工作时不仅对周围器件产生电磁干扰，对印制电路板的导线也会产生影响。在印制电路板设计时可视不同情况区别对待。有的可加大空间距离，远离强磁场减少干扰；有的可调整器件间的相互位置改变磁力线的方向；有的可对干扰源进行磁屏蔽；增加地线、加装屏蔽罩等措施都是行之有效的。

② 印制电路板导线间的电磁辐射干扰。平行印制导线与空间平行导线一样，它们之间可以等视为相互耦合的电容和电感器件。其中一根导线有电流通过时，其他导线也会产生感应信号，感应信号的大小与原信号的大小及频率有关，与线间距离有关。原信号为干扰源，干扰对弱信号的影响极大，在印制电路板布线时，弱信号的导线应尽可能短，避免与其他强信号线的平行走向和靠近。不同回路的信号线避免平行走向。双面板正反两面的线条应垂直。有时信号线密集，很难避免与强信号线平行走向，为抑制干扰，弱信号线采用屏蔽线，屏蔽层要良好接地。

（3）热干扰及其抑制

电子产品，特别是长期连续工作的产品，热干扰是不可避免的问题。电子设备如示波器、大功率电源、发射机、计算机、交换机等都配有排风降温设备，对其环境温度要求较严格，要求温度和湿度有一定的范围，这是为了保护机器中的温度敏感器件能正常工作。

在印制电路板的设计中，板上的温度敏感性器件（如锗材料的半导体分立器件）要给以特殊考虑，避免温升造成工作点的漂移影响机器的正常工作。对热源器件如大功率管、大功率电阻，应设置在通风好、易散热的位置；散热器的选用留有余地，热敏感器件应远离发热器件。印制电路板设计师应对整机结构中的热传导、热辐射及散热设施的布局及走向都要进行考虑，使印制电路板设计与整机构思相吻合。

2. 按照信号流走向的布局原则

整机电路的布局原则：把整个电路按照功能划分成若干个电路单元，按照电信号的流向，逐个依次安排各个功能电路单元在板上的位置，使布局便于信号流通，并使信号流尽可能保持一致的方向。在多数情况下，信号流向安排成从左到右（左输入、右输出）或从上到下（上输入、下输出）。与输入、输出端直接相连的元器件应当放在靠近输入、输出插接件或连接器的地方。以每个功能电路的核心元件为中心，围绕它来进行布局。例如，一般是以晶体管或集成电路等半导体分立器件作为核心元件，根据它们的各电极的位置，布设其他元器件。

3. 操作性能对元件位置的要求

（1）对于电位器、可变电容器或可调电感线圈等调节元器件的布局，要考虑整机结构的安排。如果是机外调节，其位置要与调节旋钮在机箱面板上的位置相适应，如果是机内调节，则应放在印制电路板上能够方便调节的地方。

（2）为了保证调试、维修的安全，特别要注意带高电压的元器件应尽量布置在操作时人手不易触及的地方。

4. 增加机械强度的考虑

（1）要注意整个电路板的重心平衡与稳定。对于那些又大又重、发热量较多的元器件（如电源变压器、大电解电容器和带散热片的大功率晶体管等），一般不要直接安装固定在

印制电路板上，应当把它们固定在机箱底板上，使整机的重心靠下，容易稳定。否则，这些大型元器件不仅要占据印制电路板上的大量有效面积和空间，而且在固定它们时，往往可能使印制电路板弯曲变形，导致其他元器件受到机械损伤，还会引起对外连接的插接件接触不良。质量在 15g 以上的大型元器件，如果必须安装在印刷电路板上，不能只靠焊盘焊接固定，应当采用支架或卡子等辅助固定措施。

（2）当印制电路板的板面尺寸大于 200mm×150mm 时，考虑到电路板所承受重力和振动产生的机械应力，应该采用机械边框对它加固以免变形，在板上预留出固定支架、定位螺钉和连接插座所用的位置。

### 3.2.2 一般元器件的安装与布局

1. 安装固定方式

一般元器件在印制电路板上的安装固定方式有卧式和立式两种，如图 3.6 所示。

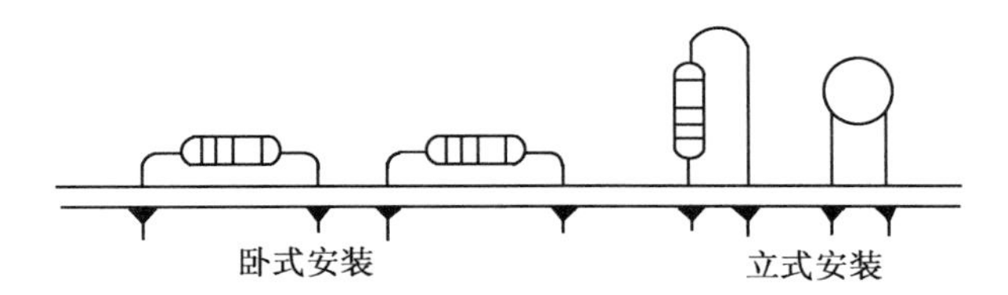


图 3.6 一般元器件的安装固定方式

（1）卧式安装

和立式安装相比，卧式安装具有机械稳定性好、版面排列整齐、抗振性好、安装维修方便及利于布设印制导线等优点；缺点是占用印制电路板的面积较立式安装的多。

（2）立式安装

立式安装的元器件占用面积小，适用于要求元件排列紧凑的印制电路板。立式安装的优点是节省印制电路板的面积；缺点是易倒伏，易造成元器件间的碰撞，抗振能力差，而降低整机的可靠性。

2. 元器件的排列格式

元器件的排列格式分为不规则和规则两种，如图 3.7 所示。这两种方式在印制电路板上可单独使用，也可同时使用。

（1）不规则排列

不规则排列特别适合于高频电路。元器件的轴线方向彼此不一致，排列顺序也没有规律。这使得印制导线的布设十分方便，可以缩短、减少元器件的连线，大大降低板面印制导线的总长度，对改善电路板的分布参数、抑制干扰很有好处。

（2）规则排列

元器件的轴线方向排列一致，版面美观整齐，装配、焊接、调试、维修方便，被多数非高频电路所采用。

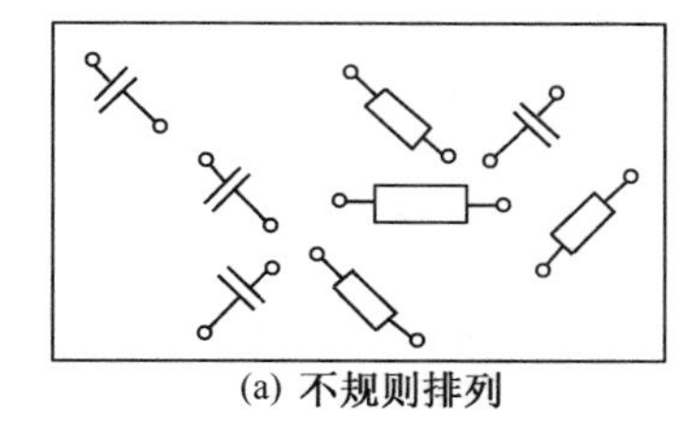

(a) 不规则排列

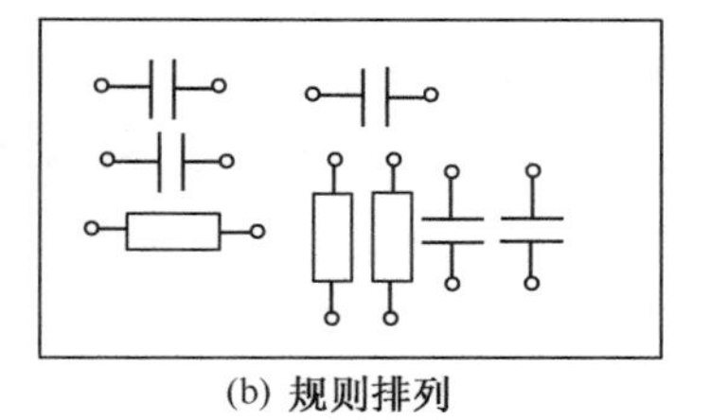

(b) 规则排列

图 3.7　元器件的排列格式

3. 一般元器件的布局原则

在印制电路板的排版设计中，元器件布设是至关重要的，它决定了板面的整齐美观程度和印制导线的长短与数量，对整机的可靠性也有一定的影响。布设元器件应该遵循以下几条原则。

（1）元器件在整个版面布局排列应均匀、整齐、美观。

（2）板面布局要合理，周边应留有空间，以方便安装。位于印制电路板边上的元器件，距离板的边缘应该至少大于 2mm。

（3）一般元器件应该布设在印制电路板的一面，并且每个元器件的引脚要单独占用一个焊盘。

（4）元器件的布设不能上下交叉。相邻的两个元器件之间，要保持一定间距。间距不得过小，避免相互碰接。如果相邻元器件的电位差较高，则应当保持安全距离。

（5）元器件的安装高度要尽量低，以提高其稳定性和抗振性。

（6）根据印制电路板在整机中的安装位置及状态确定元器件的轴线方向，以提高元器件在电路板上的稳定性。

（7）元件两端焊盘的跨距应稍大于元件体的轴向尺寸，引脚引线不要从根部弯折，应留有一定距离（至少 2mm），以免损坏元件。

（8）对称电路应注意元件的对称性，尽可能使其分布参数一致。

4. 布线设计

印制导线的宽度主要由铜箔与绝缘基板之间的黏附强度和流过导体的电流强度来决定。

（1）印制导线的宽度

一般情况下，印制导线应尽可能宽一些，这有利于承受电流且方便制造。表 3－1 为 0.05mm 厚的导线宽度与允许的载流量、电阻的关系。

表 3－1　0.05mm 厚的导线宽度与允许的载流量、电阻的关系

| 线宽/mm | 0.5 | 1.0 | 1.5 | 2.0 |
|---|---|---|---|---|
| 允许载流量/A | 0.8 | 1.0 | 1.3 | 1.9 |
| $R/(\Omega/m)$ | 0.7 | 0.41 | 0.31 | 0.25 |

在决定印制导线宽度时，除需要考虑载流量外，还应注意它在电路板上的剥离强度，以及与连接焊盘的协调性，线宽 $b=(1/3\sim2/3)D$，$D$ 为焊盘的直径。一般的导线宽度可在 0.3～2.0mm，建议优先采用 0.5mm、1.0mm、1.5mm 和 2.0mm，其中 0.5mm 主要用于小型设备。

印制导线具有电阻，通过电流时将产生热量和电压降。印制导线的电阻在一般情况下不予考虑，但当作为公共地线时，为避免地线电位差而引起寄生要适当考虑。

印制电路的电源线和接地线的载流量较大，因此，设计时要适当加宽，一般取 1.5～2.0mm。当要求印制导线的电阻和电感小时，可采用较宽的信号线；当要求分布电容小时，可采用较窄的信号线。

（2）印制导线的间距

一般情况下，建议导线间距等于导线宽度，但不小于 1mm，否则浸焊就有困难。对小型设备，最小导线间距不小于 0.4mm。导线间距与焊接工艺有关，采用浸焊或波峰焊时，间距要大一些，手工焊间距可小一些。

在高压电路中，相邻导线间存在高电位梯度，必须考虑其影响。印制导线间的击穿将导致基板表面炭化、腐蚀或破裂。在高频电路中，导线间距离将影响分布电容的大小，从而影响着电路的损耗和稳定性。因此导线间距的选择要根据基板材料、工作环境、分布电容大小等因素来确定。最小导线间距还同印制电路板的加工方法有关，选择时要综合考虑。

（3）布线原则

印制导线的形状除要考虑机械因素和电气因素外，还要考虑美观大方，所以在设计印制导线的图形时，应遵循以下原则。

① 同一印制电路板的导线宽度（除电源线和地线外）最好一致。

② 印制导线应走向平直，不应有急剧的弯曲和出现尖角，所有弯曲与过渡部分均用圆弧连接。

③ 印制导线应尽可能避免有分支，如必须有分支，分支处应圆滑。

④ 印制导线应避免长距离平行，对双面布设的印制线不能平行，应交叉布设。

⑤ 如果印制电路板面需要有大面积的铜箔，如电路中的接地部分，则整个区域应镂空成栅状，这样在浸焊时能迅速加热，并保证涂锡均匀。此外还能防止印制电路板受热变形，防止铜箔翘起和剥落。

⑥ 当导线宽度超过 3mm 时，最好在导线中间开槽成两根并联线。

⑦ 印制导线由于自身可能承受附加的机械应力，以及局部高电压引起的放电现象，因此，尽可能避免出现尖角或锐角拐弯。避免采用和优先采用的印制导线形状如图 3.8 所示。

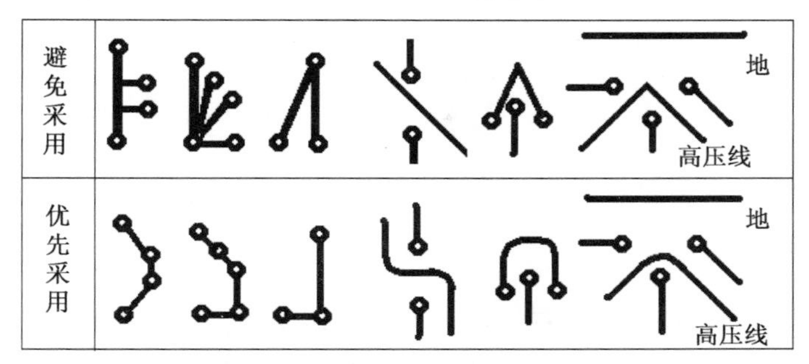


图 3.8 避免采用和优先采用的印制导线形状

5. 焊盘与过孔设计

元器件在印制电路板上的固定，是靠引线焊接在焊盘上实现的。过孔的作用是连接不同层面的电气连线。

（1）焊盘的尺寸

焊盘的尺寸与引线孔、最小孔环宽度等因素有关。为保证焊盘与基板连接的可靠性，应尽量增大焊盘的尺寸，但同时还要考虑布线密度。

引线孔钻在焊盘的中心，孔径应比所焊接元件引线的直径略大一些。元器件引线孔的直径优先采用 0.5mm、0.8mm 和 1.2mm 等尺寸。焊盘圆环宽度在 0.5～1.0mm 内选用。一般对于双列直插式集成电路的焊盘直径尺寸为 1.5～1.6mm，相邻的焊盘之间可穿过 0.3～0.4mm 宽的印制导线。一般焊盘的环宽不小于 0.3mm，焊盘直径不小于 1.3mm。实际焊盘的大小选用表 3－2 推荐的参数。

表 3－2 引线孔径与相应焊盘

| 焊盘直径/mm | 2 | 2.5 | 3.0 | 3.5 | 4.0 |
|---|---|---|---|---|---|
| 引线孔径/mm | 0.5 | 0.8/1.0 | 1.2 | 1.5 | 2.0 |

（2）焊盘的形状

常见的焊盘形状有圆形、方形、椭圆形、岛形和异形等，如图 3.9 所示。

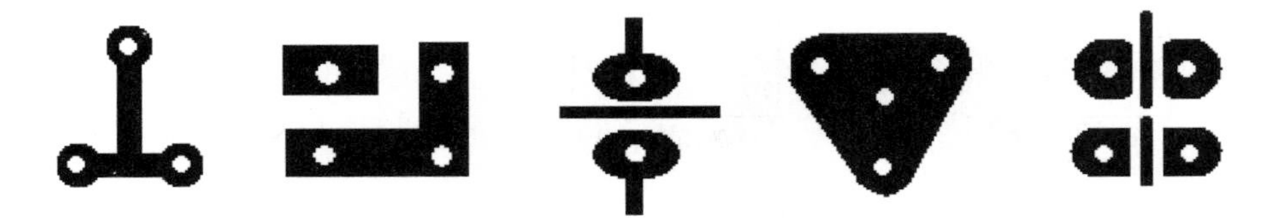

图 3.9 常见焊盘形状

圆形焊盘：外径一般为 2～3 倍孔径，孔径比引线大 0.2～0.3mm。

岛形焊盘：焊盘与焊盘间的连线合为一体，犹如水上小岛，故称岛形焊盘。岛形焊盘常用于元器件的不规则排列，有利于元器件密集固定，并可大量减少印制导线的长度和数量，多用在高频电路中。

其他形式的焊盘都是为了使印制导线从相邻焊盘间经过而将圆形焊盘变形所制，使用时要根据实际情况灵活运用。

(3) 过孔的选择

孔径尽量小到0.2mm以下为好，这样可以提高金属化过孔两面焊盘的连接质量。

### 3.2.3 印制电路板草图设计

印制电路板草图就是绘制在坐标图纸上的印制电路板图，一般用铅笔绘制，便于绘制过程中随时调整和涂改。草图是黑白图的依据，是产品设计中的正规资料。草图要求将印制电路板的外形尺寸、安装结构、焊盘焊孔位置、导线走向均按一定比例绘制出来。黑白图是将设计好的草图过渡到铜板纸上绘制而成。

1. 草图的具体绘制步骤

(1) 按设计尺寸取方格纸或坐标纸。

(2) 画出板面轮廓尺寸，要留出板面各工艺孔空间，而且要留出图纸技术要求说明空间。

(3) 用铅笔画出元器件外形轮廓，小型元件可不画轮廓，但要做到心中有数。

(4) 标出焊盘位置，勾勒印制导线。

(5) 复核无误后，擦掉外形轮廓，用绘图笔重描焊点和印制导线。

(6) 标明焊盘尺寸、线宽，注明印制电路板技术要求。

图3.10是设计草图绘制过程。

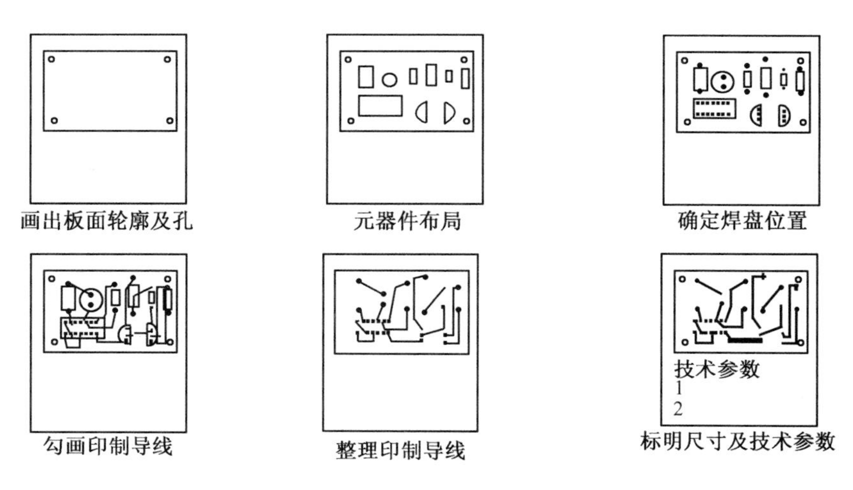


图3.10 设计草图绘制过程

2. 双面印制电路板草图的设计与绘制

双面印制电路板图的绘制与单面印制电路板图差异不大，绘制时一定要标注清楚元器件面，以便印制图形符号及产品标记。导线焊盘分布在正反两面。在绘制时应注意以下几点。

(1) 元器件布在一面，主要印制导线布在另一面，两面印制导线尽量避免平行布设，

力求相互垂直，以减少干扰。

（2）两面印制导线最好分布在两面，如在一面绘制，则用双色区别，并注明对应层的颜色。

（3）两面焊盘严格对应，可通过针扎孔来将一面焊盘中心引到另一面。

（4）在绘制元器件面导线时，注意避让元器件外壳、屏蔽罩等。

3. 印制电路板的计算机辅助设计

详见第6章。

## 3.3　印制电路板的制作

电子技术的进步带动了电子工艺的发展，以及大规模集成电路、微电子技术的日趋成熟，并得到广泛应用。这对印制电路板的制造工艺和精度也不断提出新的要求。印制的品种从单面板和双面板发展到多层板和挠性板。印制电路板的线条也越来越细，密度越来越高。制造厂家的工艺和设备也不断提高和改进。目前不少厂家都能制造0.2～0.3mm以下的高密度印制电路板。但印制电路板中应用最广、生产批量最大的还是单面板及双面板，这里重点介绍单面板及双面板的制造工艺。

### 3.3.1　印制电路板制造的基本工序

印制电路板的制造工艺发展很快，新设备、新工艺相继出现，不同的印制电路板工艺也有所不同。但不管设备如何更新，产品如何换代，生产流程中的基本工艺环节是相同的。黑白图的绘制与校验、照相制版、图形转移、板腐蚀、孔金属化、金属涂敷及喷涂焊剂、阻焊剂等环节都是必不可少的。

1. 底图的绘制与校验

底图亦称黑白图，它是照相制版的依据。黑白图的校验按原理图等各种要求进行，必须满足如下要求。

（1）尺寸准确，比例在1∶1，2∶1，4∶1中选用。

（2）焊盘、线条、插头、元器件安装尺寸，安排合理，符合标准。

（3）板面清洁，焊盘、导线应光滑，不应有毛刺，符合绝缘性能及安全标准。

2. 照相制版

照相制版就是用照相机从底图上摄取生产使用的掩膜版。目前印制电路板生产的照相大都采用分色照相。其过程是：用准备好的底图照相，版面尺寸通过调整相机焦距，直到准确达到印制电路板的尺寸。其过程与我们普通照相过程大体相同，经过软片剪裁→曝光→显影→定影→水洗→干燥→修版，即可做成。照相底片的好坏主要取决于底图黑白反差的程度和尺寸的精确度。制作双面板的相版应保证正反面两次照相的焦距一致，才能达到两面图形的吻合。

3. 图形转移

图形转移就是把相片上的印制电路图形转移到覆铜板上，从而在铜箔表面形成耐酸性的保护层。具体有如下几种方法。

（1）丝网漏印法

这里不做介绍。

（2）直接感光法

直接感光法包括覆铜板表面处理、上胶、曝光、显影、固膜和修版的顺序过程。上胶指的是在覆铜板表面均匀地涂上一层感光胶。曝光是为了使光线透过的地方感光胶发生化学反应，而显影的结果使未感光胶溶解、脱落，留下感光部分。固膜是为了使感光胶牢固地粘连在印制电路板上并烘干。

（3）光敏干膜法

光敏干膜法与直接感光法的主要区别是来自感光材料。此法采用的感光材料是一种薄膜类物质，由聚酯薄膜、感光胶膜、聚乙烯薄膜三层材料组成，感光胶膜夹在中间。贴膜前，将聚乙烯保护膜揭掉，使感光胶膜贴于覆铜板上，曝光后，将聚酯薄膜揭掉后再进行显影，其余过程与直接感光法类同。

4. 腐蚀

腐蚀也称蚀刻，是制造印制电路板的必不可少的重要工艺步骤。它利用化学方法去除板上不需要的铜箔，留下焊盘、印制导线及符号等。常用的蚀刻溶液有三氯化铁、酸性氯化铜、碱性氯化铜、硫酸-过氧化氢等。

5. 金属化孔

孔金属化是双面板和多层板的孔与孔间、孔与导线间导通的最可靠方法，是印制电路板质量好坏的关键，它采用将铜沉积在贯通两面导线或焊盘的孔壁上，使原来非金属的孔壁金属化。

孔金属化过程中需经过的环节有钻孔、孔壁处理、化学沉铜和电镀铜加厚。孔壁处理是为了使孔壁上沉淀一层作为化学沉铜的结晶核心的催化剂金属。化学沉铜是为了使印制电路板表面和孔壁产生一薄层附着力差的导电铜层。最后的电镀铜使孔壁加厚并附着牢固。

6. 金属涂敷

为提高印制电路的导电性、可焊性、耐磨性、装饰性，延长印制电路板的使用寿命，提高电气可靠性，可在印制电路板的铜箔上涂敷一层金属。金属镀层的材料可分为金、银、锡、铅锡合金等。目前大部分采用浸锡和镀铅锡合金的方法来改善可焊性，它具有可焊性好、抗腐蚀能力强，长时间放置不变色等优点。

7. 涂焊剂与阻焊剂

印制电路板经表面金属涂敷后，根据不同的需要可进行助焊和阻焊处理。

### 3.3.2　印制电路板的简易制作过程

在产品尚未定型的实验阶段，经常需使用简易方法制作印制电路板，其制作过程如下。

（1）选取板材。根据电路的电气功能和使用的环境条件选取合适的印制电路板材质。

（2）下料。按实际设计尺寸剪裁覆铜板，并用平板锉刀或砂布将四周打磨平整、光滑，去除毛刺。

（3）清洁板面。将准备加工的覆铜板的铜箔面先用水磨砂纸打磨几下，然后加水用布将板面擦亮，最后用干布擦干净。

（4）图形转移（拓图）。用印制电路板转印机或复写纸将已设计好的印制电路板图形转印到覆铜板上。

（5）贴图。用带有单面胶的广告纸或透明胶带覆盖住铜箔面，用刻刀去除拓图后留在铜箔面的图形以外的广告纸或透明胶带，注意留下导线的宽度和焊盘的大小。

（6）腐蚀。将处理好的电路板放入盛有腐蚀液的容器中，并来回晃动。为了加快腐蚀速度，可提高腐蚀液的浓度并加温，但温度不应超过 50℃，否则会破坏覆盖膜使其脱落。待板面上没用的铜箔全部腐蚀掉后，立即将电路板从腐蚀液中取出。

（7）清水冲洗。

（8）除去保护层。

（9）修板。将腐蚀好的电路板再一次与原图对照，用刻刀修整导电条的边缘和焊盘，使导电条边缘平滑无毛刺，焊点圆润。

（10）钻孔。按图纸所标元器件引线位置钻孔。孔必须钻正，孔一定要钻在焊盘的中心且垂直板面。钻孔时，一定要使钻出的孔光洁、无毛刺。

（11）涂焊剂。将钻好孔的电路板放入浓度为 5%～10%稀硫酸溶液中浸泡 3～5min，进行表面处理。取出后用清水冲洗，然后将铜箔表面擦至光洁明亮为止。最后将电路板烘烤至烫手时即可喷涂或刷涂焊剂。待焊剂干燥后，就可得到所需要的电路板。涂焊剂的目的是容易焊接，保证导电性能，保护铜箔，防止产生铜锈。

### 3.3.3　多层印制电路板制作简介

多层印制电路板是由交替的导电图形层及绝缘材料层压黏合而成的一块印制电路板。导电图形的层数在两层以上，层间电气互连是通过金属化孔实现的。多层印制电路板一般用环氧玻璃布层压板，是印制电路板中的高科技产品，其生产技术是印制电路板工业中最有影响和最具生命力的技术，它广泛使用于军用电子设备中。

多层板的制造工艺是在双面板的工艺基础上发展起来的。它们的一般工艺流程都是先将内层板的图形蚀刻好，经黑化处理后，按预定的设计加入半固化片进行叠层，上下表面各放一张铜箔（也可用薄覆铜板，但成本较高），送进压机经加热加压后，得到已制备好内层图形的一块“双面覆铜板”，然后按预先设计的定位系统，进行数控钻孔。数控钻孔可自动控制钻头与板间的恒定距离和钻孔深度，因而可钻盲孔。对多层印制电路板而言，其关键工艺主要有以下两步。

1．内层成像和黑化处理

由于集成电路的互连布线密度空前提高，用单面板及双面板都难以实现，而用多层板则可以把电源线、接地线及部分互连线放置在内层板上，由电镀通孔完成各层间的相互连接。为了使内层板上的铜和半固化片有足够的结合强度，必须对铜进行氧化处理。由于处理后大多生成黑色的氧化铜，所以也称黑化处理。如果氧化后主要生成红棕色的氧化亚铜，则称为棕化处理。

2．定位和层压

多层板的布线密度高，而且有内层电路，故层压时必须保证各层钻孔位置均对准。其定位方法有销钉定位和无销钉定位两种。

无销钉定位是现在较普遍采用的定位方法，特别是四层板的生产几乎都采用它。该方法中的层压模板不必有定位孔，工艺简单、设备投资少、材料利用率较高、成本低。以四层板为例，操作时在制好图形的内层板上先钻出孔，层压前用耐高温胶带将其封住，层压后，在胶带处有明显的凸起迹象，洗去胶带上的铜箔和固化的黏结片，剥去胶带，露出孔作钻孔用。这种方法不但可做四层板，亦可做6～10层板。销钉定位这里不做介绍。

## 本章小结

（1）印制电路板分为单面板、双面板、多层板、软电路板和平面印制电路板；印制电路板的板材及其选用；印制电路板对外连接方式有导线连接和插接件连接。

（2）印制电路板的设计讲述根据特殊元器件的布局原则，到一般元器件的排列，到布线原则、印制焊盘、印制导线的设计，以及印制电路板草图的绘制过程。

（3）印制电路板制作的基本工序及简易制作过程。

# 第4章

# 电子产品装配调试

电子产品装配的目的，是以较合理的结构安排、最简化的工艺，实现整机的技术指标，快速有效地制造稳定可靠的产品。电子产品装配完成之后，必须通过调试才能达到规定的技术要求。装配工作仅仅是把成百上千的元器件按照设计图样要求连接起来。每个元器件的特性参数都不可避免地存在微小的差异，其综合结果会使电路的各种性能出现较大的偏差，加之在装配过程中产生的各种分布参数的影响，不可能使整机电路组装起来之后马上就能正常工作，使各项技术指标达到设计要求。因此，必须进行调试。

## 4.1 电子产品装配工艺

### 4.1.1 装配工艺技术基础

1. 整机装配内容

电子产品整机装配的主要内容包括电气装配和机械装配两大部分。电气装配部分包括元器件的布局，元器件、连接线安装前的加工处理，各种元器件的安装、焊接，单元装配，连接线的布置与固定等。机械装配部分包括机箱和面板的加工，各种电气元件固定支架的安装，各种机械连接和面板控制器件的安装，以及面板上必要的图标、文字符号的喷涂等。

2. 装配技术要求

(1) 元器件的标识方向应按照图纸规定的要求，安装后能看清元件上的标识。若装配图上没有指明方向，则应使标识向外，易于辨认，并按照从左到右、从下到上的顺序读出。

(2) 元件的极性不得装错，安装前应套上相应的套管。

(3) 安装高度应符合规定要求，同一规格的元器件应尽量安装在同一高度上。

(4) 安装顺序一般为先低后高，先轻后重，先易后难，先一般元器件后特殊元器件。

(5) 元器件在印制电路板上的分布应尽量均匀，疏密一致，排列整齐美观，不允许斜排、立体交叉和重叠排列。元器件外壳和引线不得相碰，要保证1mm左右的安全间隙。

(6) 元器件的引线穿过焊盘后应至少保留2mm以上的长度。建议不要先把元器件的引线剪断，而应待焊接好后再剪断元件引线。

(7) 对一些特殊元器件的安装处理，如MOS集成电路的安装应在等电位工作台上进行，以免静电损坏器件。发热元件（如2W以上的电阻）要与印制电路板板面保持一定的距离，不允许贴面安装。较重元器件（质量超过28g）的安装应采取固定（捆扎、粘、支架固定等）措施。

(8) 装配过程中，不能将焊锡、线头、螺钉、垫圈等导电异物落在机器中。

### 4.1.2 电子产品装配工艺

电子元器件种类繁多，外形不同，引出线也多种多样，所以印制电路板的组装方法也就有差异，必须根据产品结构的特点、装配密度以及产品的使用方法和要求来决定。元器件装配到印制电路板之前，一般都要进行加工处理，然后进行插装。良好的成形及插装工艺，不但能使机器性能稳定、防振、减少损坏，而且能得到机内整齐美观的效果。

1. 元器件引线的成形

(1) 预加工处理

元器件引线在成形前必须进行加工处理。这是由于元器件引线的可焊性虽然在制造时就有这方面的技术要求，但因生产工艺的限制，加上包装、储存和运输等中间环节时间较长，在引线表面产生氧化膜，使引线的可焊性严重下降。引线的再处理主要包括引线的校直、表面清洁及上锡三个步骤。要求引线处理后，不允许有伤痕，镀锡层均匀，表面光滑，无毛刺和残留物。

(2) 引线成形的基本要求

引线成形工艺就是根据焊点之间的距离，做成需要的形状，目的是使它能迅速而准确地插入孔内。要求元器件引线开始弯曲处，离元器件端面的最小距离不小于2mm，并且成形后引线不允许有机械损伤。

(3) 成形方法

为保证引线成形的质量，应使用专用工具和成形模具。在没有专用工具或加工少量元器件时，可使用平口钳、尖嘴钳、镊子等一般工具手工成形。

2. 元器件的安装方式

(1) 卧式安装

卧式安装也称贴板安装，安装形式如图4.1所示。它适用于防振要求高的产品。元器件贴紧印制电路板板面，安装间隙小于1mm。当元器件为金属外壳，安装面又有印制导线时，应加绝缘衬垫或绝缘套管。

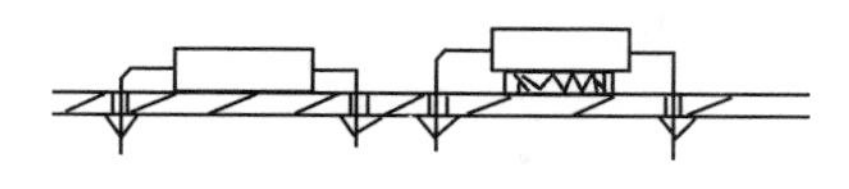

图 4.1　卧式安装

（2）悬空安装

悬空安装的安装形式如图 4.2 所示，它适用于发热元件的安装。元器件距印制电路板板面有一定高度，安装距离在 3～8mm，以利于对流散热。

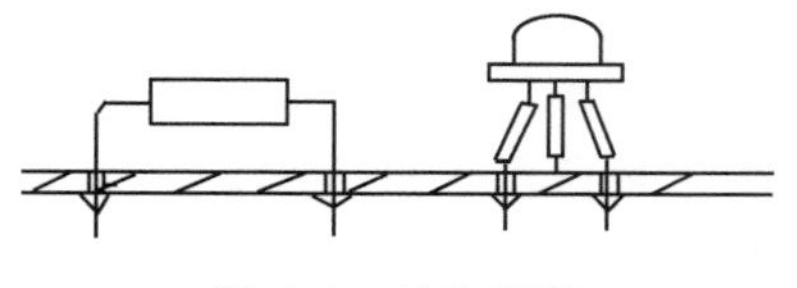

图 4.2　悬空安装

（3）立式安装

立式安装也称垂直安装，安装形式如图 4.3 所示，元器件垂直于印刷电路板。它适用于安装密度较高的场所，质量大、引线细的元器件不宜采用这种形式。

（4）埋头安装（倒装）

埋头安装的安装形式如图 4.4 所示。这种方式可降低安装高度，提高元器件防振能力。元器件的壳体埋于印制电路板的嵌入孔内，因此又称嵌入式安装。

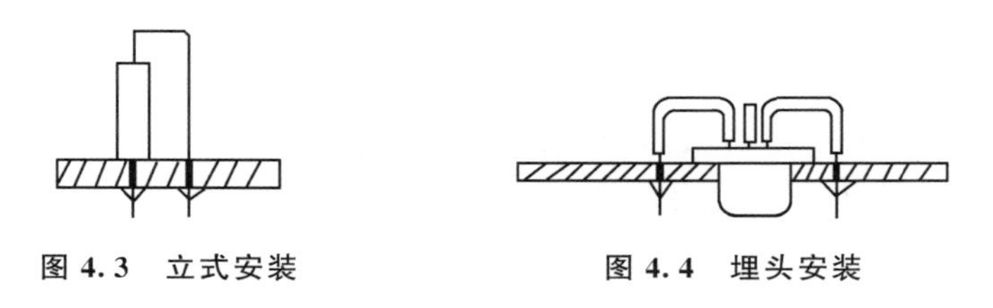

图 4.3　立式安装　　　　图 4.4　埋头安装

（5）有高度限制时的安装

有高度限制时的安装形式如图 4.5 所示。元器件安装高度的限制一般在图纸上标明，通常处理的方法是垂直插入后，再朝水平方向弯曲。对大型元器件要特殊处理，以保证有足够的机械强度，经得起振动和冲击。

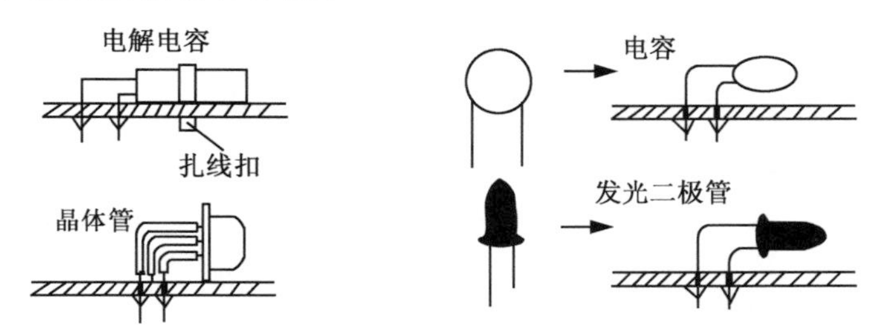


图 4.5　有高度限制时的安装

（6）支架固定安装

这种方法适用于质量较大的元件，如小型继电器、变压器、阻流圈等。一般用金属支架在印制电路板的基板上将元件固定。

### 3. 连线工艺

（1）连线方法

① 固定线束应尽可能贴紧底板走，竖直方向的线束应紧沿框架或板面走，使其在结构上有依附性，也便于固定。对于必须架空通过的线束，要采用专用支架支撑固定，不能让线束在空中晃动。

② 线束穿过金属孔时，应在板孔内嵌装橡皮衬套或专用塑料嵌条，也可以在穿孔部位包缠聚氯乙烯带。屏蔽层外露的屏蔽导线在穿过元器件引线或跨接印制线路时，应在屏蔽导线的局部或全部加绝缘套管，以防发生短路。

③ 处理地线时，为方便和改善电路接地，一般考虑用公共地线（即地母线，常用较粗的单芯镀锡的裸铜线作地母线）。用适当的接地焊片与底座接通，也能起到固定其位置的作用。地母线形状由电路和接点的实际需要确定，应使接地点最短、最方便，但一般地母线均不构成封闭的回路。

④ 线束内的导线应留1～2次重焊备用长度（约20mm）。连接到活动部位的导线的长度要有一定的活动余量，以便能适应修理、活动和拆卸的需要。

（2）扎线

电子设备的电气连接主要是依靠各种规格的导线来实现的，但机内导线分布纵横交错，长短不一，若不进行整理，不仅影响美观、多占空间，而且会妨碍电子设备的检查、测试和维修。因此在整机组装中，应根据设备的结构和安全技术要求，用各种方法，预先将相同走向的导线绑扎成一定形状的导线束（也称线扎），固定在机内，这样可以使布线整洁，产品一致性好，因而大大提高了设备的商品价值。

### 4. 整机装配工艺流程

在产品的样机试制阶段或小批量试生产时，印制电路板装配主要靠手工操作，即操作者把散装的元器件逐个装接到印制基板上，操作顺序如下。

待装元件→引线整形→插件→调整位置→固定位置→焊接→剪切引线→检验。

这种操作方式，每个操作者要从头装到结束，效率低，而且容易出错。

对于设计稳定、大批量生产的产品，印制电路板装配工作量大，宜采用流水线装配这种方式，以大大提高生产效率，减小差错，提高产品合格率。

流水操作是把一次复杂的工作分成若干道简单的工序，每个操作者在规定的时间内，完成指定的工作量（一般限定每人约6个元器件插装的工作量）。在划分时要注意每道工序所用的时间要相等，这个时间就称为流水线的节拍。装配的印制电路板在流水线上的移动，一般都是用传送带方式。运动方式通常有两种：一是间歇运动（定时运动），另一种是连续匀速运动，每个操作者必须严格按照规定的节拍进行。对印制电路板的操作和工位（工序）的划分，要根据其复杂程度、日产量或班产量，以及操作者人数等因素确定。一般工艺流程如下。

每节拍元件（约 6 个）插入→全部元器件插入→一次性切割引线→一次性锡焊→检查。

引线切割一般用专用设备（割头机）一次切割完成，锡焊通常用波峰焊机完成。

目前大多数电子产品（如电视机、收录机等）的生产大都采用印制电路板插件流水线的方式。插件形式有自由节拍形式和强制节拍形式两种。自由节拍形式分手工操作和半自动化操作两种类型。手工操作时，操作者按规定插件、剪切引线、焊接，然后在流水线上传递。半自动操作时，生产线上配备着具有铲头功能的插件台，每个操作者一台，印制电路板插装完成后，通过传输线送到波峰焊机上。

采用强制节拍形式时，插件板在流水线上连续运行，每个操作者必须在规定的时间内把所要求插装的元器件准确无误地插到线路板上。这种方式带有一定的强制性。在选择分配每个工位的工作量时，要留有适当的余地，以便既保证一定的劳动生产率，又保证产品质量。这种流水方式工作内容简单，动作单纯，可减少差错，提高工效。

## 4.2　电子产品调试工艺

调试工作是按照调试工艺对电子产品进行调整和测试，使之达到技术文件所规定的功能和技术指标。调试既是保证并实现电子产品的功能和质量的重要工序，又是发现电子产品的设计、工艺缺陷和不足的重要环节。从某种程度上说，调试工作也是为电子产品定型提供技术性能参数的可靠依据。

### 4.2.1　调试工作的内容及特点

调试工作包括调整和测试两个部分。调整主要是指对电路参数的调整，即对整机内可调元器件及与电气指标有关的调谐系统、机械传动部分进行调整，使之达到预定的性能要求。测试则是在调整的基础上，对整机的各项技术指标进行系统的测试，使电子设备各项技术指标符合规定的要求。具体说来，调试工作的内容有以下几点。

(1) 明确电子设备调试的目的和要求。

(2) 正确合理地选择和使用测试仪器、仪表。

(3) 按照调试工艺对电子设备进行调整和测试。

(4) 运用电路和元器件的基础理论分析并排除调试中出现的故障。

(5) 对调试数据进行分析、处理。

(6) 写出调试工作报告，提出改进意见。

简单的小型整机（如半导体收音机等）调试工作简单，一般在装配完成之后可直接进行整机调试，而复杂的整机，调试工作较为繁重，通常先对单元板或分机进行调试，达到要求后，进行总装，最后进行整机总调。

### 4.2.2　调试的一般程序

由于电子产品种类繁多，电路复杂，各种产品单元电路的种类及数量也不同，所以调

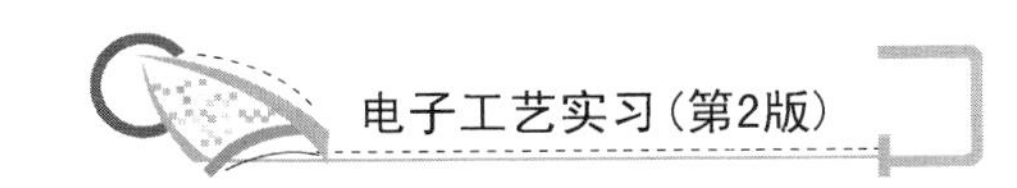


试程序也不尽相同。但对一般电子产品来说，调试程序大致如下。

1. 通电检查

先置电源开关于“关”的位置，检查电源变换开关是否符合要求（是交流220V还是110V），熔丝是否装入，输入电压是否正确。若均正确无误，则插上电源插头，打开电源开关通电。

接通电源后，电源指示灯亮，此时应注意有无放电、打火及冒烟现象，有无异常气味，手摸电源变压器有无超温。若有这些现象，立即停电检查。另外，还应检查各种保险开关、控制系统是否起作用，各种风冷、水冷系统能否正常工作。

2. 电源调试

电子设备中大都具有电源电路，调试工作首先要进行电源部分的调试，才能顺利进行其他项目的调试。电源调试通常分为两个步骤。

（1）电源空载

电源电路的调试通常先在空载状态下进行，目的是避免因电源电路未经调试而加载，引起部分电子元器件损坏。调试时，插上电源部分的印制电路板，测量有无稳定的直流电压输出，其值是否符合设计要求或调节取样电位器能否达到预定的设计值。测量电源各级的直流工作点和电压波形，检查工作状态是否正常，有无自激振荡等。

（2）加负载时电源的细调

在初调正常的情况下，加上额定负载，再测量各项性能指标，观察是否符合额定的设计要求。当达到最佳值时，选定有关调试元件，锁定有关电位器等调整元件，使电源电路具有加载时所需的最佳功能状态。

有时为了确保负载电路的安全，在加载调试之前，要先在等效负载下对电源电路进行调试，以防匆忙接入负载时电路可能会受到冲击。

3. 分级分板调试

电源电路调好后，可进行其他电路的调试。这些电路通常按单元电路的顺序，根据调试的需要及方便，由前到后或由后到前地依次插入各部件或印制电路板，分别进行调试。首先检查和调整静态工作点，然后进行各参数的调整，直到各部分电路均符合技术文件规定的各项技术指标。注意在调整高频部件时，为了防止工业干扰和强电磁场的干扰，调整工作最好在屏蔽室内进行。

4. 整机调试

各部件调试好之后，把所有的部件及印制电路板全部插上，进行整机调试，检查各部分之间有无影响，以及机械结构对电气性能有无影响等。整机电路调试好之后，测试整机消耗的总电流和功率。

5. 整机性能指标的测试

经过调整和测试，确定并紧固各调整元件。在对整机进一步检查后，对产品进行全参数测试，各项参数的测试结果均应符合技术文件规定的各项技术指标。

### 4.2.3　整机的调试方法

整机调试是指经过初调的各单元电路板及有关机电元器件、结构件装配成整机后的调整与测试。通过整机调试应达到规定的各项技术指标。

整机调试是一个有序的过程。一般来说，电气指标应先调基本的或独立的项目，后调互相关联的或影响大的项目。

整机调试的具体内容和方法主要取决于电路构成和性能指标，同时也取决于生产工艺技术。因此不同类型或不同等级的电子产品，它们的调试工艺是不同的，加之整机工作特性所包含的各种电量的性质要求也不相同，所以不可能有适应各种电子设备的整机调试的方法。

下面仅以调幅广播接收机调试为例说明整机调试过程。

在做好调试前的各项准备工作之后，便可开始进行整机调试。

调试的内容及方法如下。

(1) 装配工序检查。

(2) 各级静态工作点的测量和调整。

(3) 中频特性的调试。调整内容主要是调整中频放大电路的中频变压器（中周）的磁芯，应采用无感调节改锥慢慢进行。

(4) 频率覆盖范围的调试。以中波段调试为例，调试内容是把中波段频率调整在535～1605kHz内。

(5) 同步调整即三点统调。调试内容是通过调节双联电容等，使振荡回路与输入回路的频率的差值保持在465kHz上，即时达到同步跟踪。中波段统调点通常取600kHz、1000kHz、1500kHz三点。

(6) 校验。

(7) 结束。

## 4.3　整机故障检测方法

### 4.3.1　故障检测的一般步骤

1. 了解故障情况

设备出现故障之后，第一步就是要进行初检，了解故障现象及故障发生的经过，并做好记录。

2. 检查和分析故障

查找出故障的部位并分析故障产生的原因，这是排除故障的关键步骤。

查找故障是一项技术性很强的工作，维修人员要熟悉该设备电路的工作原理及整机结构，查找要有科学的逻辑检查程序，按照程序逐次检查。一般程序是先外后内、先粗后细、先易后难、先常见故障后罕见现象。

3. 处理故障

对于查明的简单故障，如虚焊、导线断头等，可直接处理，而对于有些故障，必须拆卸部件才能进行修复，因此必须做好准备工作：必要的标记或记录，必须用的工具和仪器等。不然的话，拆卸后不能恢复或恢复出错，将造成新的故障。

在处理故障时，要注意更换元器件时应使用原型号或原规格。对于半导体元器件，不但型号要一致，色标也要相同并经过测试。电路中若配对管损坏一只，应按电路要求重新配对。非标准件或已废型件可在不影响机器性能的前提下，采用改型的器件。修理中还应注意工艺上的要求。对于机械故障，如磨损、变形、紧固件松动等，会造成接触不良，机械传动失效，在修理时，必须注意机械工艺要求。

4. 调试

经修理后的设备其各项技术指标是否符合规定的要求，一般要进行校验才能确定。

5. 总结

修理结束应进行总结，即对修理资料进行整理归档，贵重仪器设备要填写档案。这样可以不断积累经验，提高业务水平。

### 4.3.2 故障检测的常用方法

维修设备不仅要有一个科学的逻辑检查程序，还要有一定的方法和手段才能快速查明故障原因，找到故障部位。

查找故障的方法很多，这里介绍常用的几种。

1. 直观法

直观法就是不依靠测量仪器，而凭人的感觉器官（如手、眼、耳、鼻）的直接感觉（看、闻、听、摸)，对故障原因进行判断的方法。例如，在打开机器外壳时，用这种方法可直接检查有无断线、脱焊、电阻烧坏、电解电容漏液、印制电路板铜箔断裂、印制导线短路、真空管灯丝不亮、机械损坏等。在安全的前提下可以用手触摸晶体管、变压器、散热片等，检查温升是否过高；可以嗅出有无电阻、变压器等烧焦的气味；可以听出是否有不正常的摩擦声、高压打火声、碰撞声等；也可通过轻轻敲击或扭动来判断虚焊、裂纹等故障。

直观法操作简便，并能很快地发现故障的部位。

2. 万用表法

万用表是查找和判断故障最常用的仪表，它方便实用，便于携带。万用表法查找故障包括电压检查法、电流检查法和电阻检查法。

（1）电压检查法。电压检查法是指对有关电路的各点电压进行测量，将测量值与已知值（或经验值）相比较，通过判断确定故障原因。电压测量还可以判断电路的工作状态，如振荡器是否起振等。

（2）电流检查法。电流检查法是指通过测量电路或元器件中的电流，将测得值与正常值进行比较，以判断故障发生的原因及部位。测量方法有直接测量法和间接测量法。直接测量是将电流表串接于被测回路中直接读取数据。间接测量是先测电路中已知电阻上的电压值，通过计算得到电流值。

（3）电阻检查法。电阻检查法是指用万用表电阻挡测量元器件或电路两点间电阻，以判断故障产生的原因。它分为在线测量和脱焊测量两种。电阻检查法还能有效地检查电路的“通”“断”状态，如检查开关，铜箔电路的断裂、短路等都比较方便、准确。

3. 替代法

替代法是利用性能良好的备份元器件、部件（或利用同类型正常机器的相同元器件、部件）来替代仪器中可能产生故障的部分，以确定产生故障的部位的一种方法。如果替代后，工作正常了，说明故障就出在这部分。替换的直接目的在于缩小故障范围，不一定一下子就能确定故障的部位，但为进一步确定故障源创造了条件。这种方法检查方便，不需要特殊的测量仪器，特别是生产厂家给用户上门服务维修时，十分简便可行。

4. 波形观测法

通过示波器观测被检查电路交流工作状态下各测量点的波形，以判断电路中各元器件是否损坏的方法，称为波形观测法。用这种方法时，需要将信号源的标准信号送入电路输入端（振荡电路除外），以观察各级波形的变化。这种方法在检查多级放大器的增益下降、波形失真，以及振荡电路、开关电路时应用很广。这种方法对某些电路故障的判断（如寄生振荡、寄生调制）虽不能完全确定故障发生在哪一级，但通过观察到的波形以及对波形参数进行分析，有助于分析出故障产生的原因，以便确定进一步的检查方法。

5. 短路法

使电路在某一点短路，观察在该点前后有无故障现象，或故障电路影响的大小，从而判断故障部位的方法，称为短路法。例如，在某点短路时，故障现象消失或显著减小，可以说明故障在短路点之前。因为短路使故障电路产生的影响不能再传到下一级或输出端。如果故障现象未消失，就说明故障在短路点之后。移动短路点位置可以进一步确定故障的部位。

这里必须注意：如果将要短接的两点之间存在直流电位差，就不能直接短路，必须用一只电容器跨接在这两点起交流短路作用。

短路法在检查干扰、噪声、纹波、自激等故障时，比其他方法简便，故常被采用。

6. 比较法

使用同型号优质的产品与被检修的设备做比较，找出故障部位的方法，称为比较法。检修时可将两者对应点进行比较，在比较中发现问题，找出故障所在。也可将被怀疑的元器件、部件插到正常机器中，若工作依然正常，说明这部分没问题。若把正常机器的元器件、部件插到有故障的仪器中去，故障就排除了，说明故障就出在这一部件上。

比较法与替代法原则上没有区别，只是比较的范围不同。二者可配合起来进行检查，这样可以对故障了解得更加充分，并且可以发现一些用其他方法难以发现的故障。

7. 分割法

在故障电路与其他电路所牵连线路较多，相互影响较大的情况下，可以逐步分割有关的线路（断掉线路之间互相连接的元器件或导线的接点，或拔掉印制电路板的插件等），观察其对故障现象的影响，以发现故障所在的方法，称为分割测试法。这种方法对于检查短路、高压、击穿等一类可能进一步烧坏元件的故障，是一种比较好的方法。

8. 信号寻迹法

注入某一频率的信号或利用电台节目、录音磁带以及人体感应信号做信号源，加在被测机器的输入端，用示波器或其他信号寻迹器，依次逐级观察各级电路的输入端和输出端电压的波形或幅度，以判断故障所在的方法，称为信号寻迹法（也称跟踪法）。

9. 加温/冷却法

电子产品在开机一段时间才出现故障或工作不正常，说明有元器件的热稳定性不好。这时可利用加温或冷却法查找故障，即通过加温或冷却可疑元器件，使故障元器件通过加温迅速出现故障或通过散热使故障消失。

## 本章小结

(1) 电子产品整机装配内容和装配技术要求；电子产品装配工艺包括元器件引线的成型、元器件的安装方式、连线工艺和整机装配工艺流程。

(2) 电子产品调试工作的内容和特点，以及调试的一般程序；整机的调试方法。

(3) 电子产品整机故障检测的一般步骤；故障检测的常用方法包括直观法、万用表法、替代法、波形观测法、短路法、比较法、分割法、信号寻迹法和加温/冷却法。

# 第5章 电子产品的整机结构和技术文件

随着时代的进步和电子科学技术的发展，电子产品不仅渗透到国民经济的各个领域和社会生活的各个方面，而且已经成为现代信息社会的重要标志。电子产品的整机结构形式也是随着电子技术的发展而发展的。本章将简要介绍电子产品的整机结构的设计生产过程，使设计者站在整机设计的高度，全面了解整机结构设计的基本原则和需要注意的问题，以及将整个设计过程形成一个系统的工艺技术文件。

## 5.1 电子产品的整机结构

电子产品不仅要有良好的电气性能，还要有可靠的总体结构和牢固的机箱外壳，这样才能经受各种环境因素的考验，长期安全地使用。因此，从整机结构的角度来说，对电子产品的一般要求是操作安全、使用方便、造型美观、结构轻巧、容易维修与互换。这些要求是在电子产品设计研制之初就应该明确，并遵循贯彻始终的原则。

在产品的方案确定以后，整机的工艺设计是十分重要的。整机工艺设计就是根据产品的功能、技术要求、使用环境等因素确定的整机总体方案而进行的工艺设计。

把电子零部件和机械零部件通过一定的结构组织成一台整机，才可能有效地实现产品的功能。所谓结构，应该包括外部结构和内部结构两个部分。外部结构是指机柜、机箱、机架、底座、面板、外壳、底板、外部配件和包装等；内部结构是指零部件的布局、安装和相互连接等。要使产品的结构设计合理，必须对整机的原理方案，使用条件与环境因素，整机的功能与技术指标都非常熟悉。在此基础之上，才能进行下一步的设计。

在研制单件或小批量的电子产品时，出于降低费用的目的或限于设计加工的条件，经常是购买商品化的标准机箱。一般是下面两种情况：一是先设计验证内部的电路，使之能够完成预定的电气功能，然后根据电路板的结构尺寸再设计制作或选购机箱；二是根据现有的机箱及其规定的空间，设计内部电路并选择元器件，使给定的空间得到充分的利用。显然，前者在设计电路时的自由度要大一些。

### 5.1.1 工作环境对电子产品整机结构的要求

电子产品所处的工作环境多种多样，气候条件、机械条件和电磁干扰是影响电子设备的主要因素。必须采取适当的防护措施，将各种不利的影响降低到最低限度，以保证电子产品整机能稳定可靠地工作。

1. 气候条件对电子产品整机结构的要求

气候条件主要包括温度、湿度、气压、盐雾、大气污染、灰尘、沙粒及日照等因素。它们对设备的影响主要表现在使电气性能下降、温升过高、运动部位不灵活、结构损坏，甚至不能正常工作。为了减少和防止这些不良影响，对电子产品整机结构提出以下要求。

（1）采取散热措施，限制设备工作时的温升，保证在最高工作温度条件下，设备内的元器件所承受的温度不超过其最高极限温度，并要求电子设备耐受高低温循环时的冷热冲击。根据不同电子产品的特点，采用多种形式加速散热。具体的散热措施有以下几种。

① 开凿通风孔。在机壳的底板、背板、侧板上开凿通风孔，使机内空气对流。为了提高对流换热作用，应当使进风孔尽量低，出风孔尽量高，孔形要灵活美观。在批量生产中，机箱上的通风孔均用模具冲制加工。

② 采用散热片。半导体元器件特别是功率器件，在运行中都将产生热量，如果不进行散热，就会影响器件的性能。为使器件温升限制在额定的范围内，可采用散热片。散热片的种类很多，选用时应当根据器件的功耗、封装形式确定。

③ 强迫风冷。这是一种常用的整机散热方式，在发热元器件多、温升高的大型设备装置中常被采用。通过使用吹风机或抽风机，加速机箱内的空气流动，达到散热的目的。风机位置应与通风孔的位置相配合，使机箱内不存在死角。人们熟悉的微型计算机就安装了抽风机，对机箱内的元器件（特别是CPU及电源）进行强迫风冷。

④ 散热表面涂黑处理。辐射是热传导的方式之一。实验表明，内外表面全部涂黑的密封金属壳与内外浅色光亮而在两侧开通风孔的金属壳相比，前者的散热效果比后者要好。可见，在机箱内外涂上黑颜色有利于散热，一般使用的散热片都应当经过发黑处理。

⑤ 液体冷却。液体的导热效率及比热都比空气大得多，利用液体冷却，可以大大提高冷却效果。目前，大功率无线电发射机中的发射管、采用变流技术的大功率晶闸管等常使用液体冷却。这种散热方式需要设计一套冷却系统，所以费用较高，维修也比较复杂。

（2）采取各种防护措施，防止潮湿、盐雾、大气污染等气候因素对电子设备内元器件及零部件的侵蚀和危害，延长其工作时间。

① 防潮措施。湿度对元器件的性能将产生不良影响，特别是对绝缘性和介电常数的影响较大。可以对电路板采用浸渍、灌封防潮涂料，对金属零件涂敷防锈涂料，对机箱进行密封等措施，使机箱内的零部件与潮湿环境隔离，起到防潮效果。在机箱内部可以放入硅胶吸潮剂，使电路元器件保持干燥。

② 防腐措施。整机的防腐措施，主要是指针对包括金属箱体本身的全部金属部件（如机壳、底板、面板和机内其他金属零件）采取的防止锈蚀的方法。具体防腐手段包括对金属进行化学处理或油漆涂覆等。

a. 发黑：不需要导电的钢制零件（如螺钉等）可进行发黑处理，以便在金属表面生成一层黑色氧化膜。为提高抗蚀能力，常在发黑处理以后再涂一层防锈油。钢制品表面防腐处理，除了发黑以外，还有发蓝（又称烧蓝、烤蓝）及磷化处理。

b. 铝氧化：铝虽然能在空气中自行氧化，氧化膜也能对内部组织起到保护作用，但由于膜层薄、孔隙大，因此不能得到有效的防腐效果。利用阳极氧化法，可以使铝的表面生成一层几十到几百微米的氧化膜。氧化时还能添加颜料，使表面带有各种颜色，不仅抗蚀，还能起到装饰作用。

c. 镀锌：对铁制底板、铁框架或其他金属零件，还可以进行电镀处理，一般采用镀锌工艺。镀锌虽比发黑处理的成本高，但镀层牢固，抗蚀性和导电性能都好。

2. 机械条件对电子产品整机结构的要求

机械振动与冲击对产品的危害是严重的，然而振动与冲击又是不可避免的，特别是在运输过程中的颠簸振动，对设备的机械结构强度是严峻的考验。一台设计精良的产品必须具备一定的抗振能力。只有如此，才能保证设备在开箱后完好，运行中长期稳定。

（1）振动对整机造成的危害

如果产品防振设计不良，经过运输或长时间运行以后，可能造成如下结果。

① 插接件的插头、插座分离或接触不良，印制电路板从插座中脱落。

② 较大型元件（如电解电容器等）的焊点脱落或引线折断。

③ 机内零部件松动或脱落。

④ 紧固螺钉松动或脱落。

⑤ 面板上的各种开关、电位器等旋转控制的元件松动，转动旋钮后将接线扭断。

⑥ 表头损坏或失灵。

⑦ 运输后开箱验机不正常，或指标下降，或完全不能运行。

（2）通常采用的防振措施

① 机柜和机箱的结构合理、坚固、具有足够的机械强度。在结构设计中尽量避免采用悬臂式及抽屉式的结构。如果必须采用这些结构，则应该拆成部件运输或在运输中采用固定装置。

② 任何插接件都要采取紧固措施，插入后锁紧；印制电路板插座因无锁紧装置，插入后必须另加压板等紧固装置。

③ 体积大或超过一定质量的元器件（一般定为10g）不宜只靠焊接固定在印制电路板上，应该把它们直接装配在箱体上或另加紧固装置，如压板、卡箍、卡环等；也可以使用胶水等黏合剂，将电容器等大型元件粘固在印制电路板上再进行焊接。

④ 合理选用螺钉、螺母等紧固件，正确进行装配连接。

⑤ 机内零部件合理布局，尽量降低整机的重心。

⑥ 整机应安装橡皮垫角，机内易碎、易损件要加减垫片，避免刚性连接。

⑦ 靠螺纹紧固的元件，如电位器、波段开关等，为了防止振动脱落，螺钉在固定时要加弹簧垫圈或齿形垫圈（有时也使用橡胶垫圈）并拧紧。

⑧ 灵敏度高的表头，如微安表，应该在装箱运输前将两输入端短接，这样在振动中

对表针可以起到阻尼作用（在开箱验收或使用说明书中必须明确注明）。

⑨ 产品的出厂包装必须采用足够的减振材料，不准使产品外壳与包装箱接触。

3. 电磁干扰对电子产品整机结构的要求

电子产品工作的空间充满了由于各种原因所产生的电磁波，造成外部及内部干扰。电磁干扰的存在，使产品输出噪声增大，工作不稳定，甚至完全不能工作。为了保证产品在电磁干扰的环境中能正常工作，要求采取各种屏蔽措施，提高产品的电磁兼容能力。屏蔽可分为三种：电屏蔽、磁屏蔽和电磁屏蔽。

（1）电屏蔽

由于两个系统之间存在分布电容，通过耦合就会产生静电干扰。用接地良好的金属外壳或金属板将两个系统隔离，是抑制静电干扰的有效方法。金属材料以导电良好的铜、铝为宜。

（2）磁屏蔽

采用屏蔽罩可以对低频交变磁场及恒定磁场产生的干扰起到抑制作用。屏蔽罩把磁力线限制在屏蔽体内，防止磁力线扩散到外部空间。屏蔽罩应当选用磁导率高的金属材料，如钢、铁、镍合金等。铜、铝材料对磁屏蔽的效果极差。

（3）电磁屏蔽

采用完全封闭的金属壳，可以对高频磁场（辐射磁场）产生抑制作用，起到良好的电磁屏蔽效果。但封闭的金属壳不利于散热，外壳上有通风孔使电磁屏蔽的效果变差。为解决这一矛盾，可以在通风孔处另加金属网。

在整机结构设计中，应该根据整机特点、使用环境等因素，灵活运用上述三种屏蔽措施。显然，采用金属机箱的电子设备，屏蔽问题比较容易解决。近年来，非金属材料金属化的工艺技术有了很大进步，对塑料注塑的机箱采用真空镀膜技术，在内壁上蒸发沉积一层金属膜，可以使塑料机箱的电磁屏蔽效果得到明显的改善。

### 5.1.2 整机机箱结构选择

整机的使用方式和整机元器件的体积和数量，决定了整机机箱结构的选择。就电子整机产品来说，常见的机箱形式有立式、台式和便携式三种。

1. 立式机箱

常见的立式机箱有立柜式和琴柜式两种，如图 5.1 所示。这两种机箱适用于体积外形较大的设备。

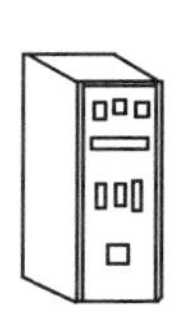 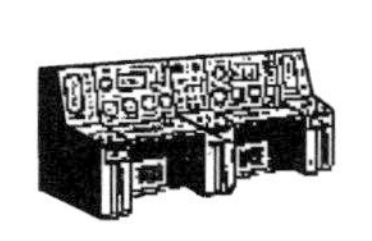 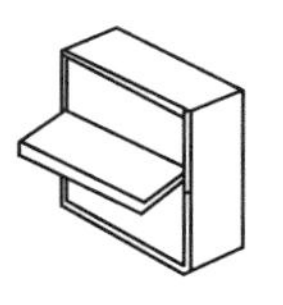 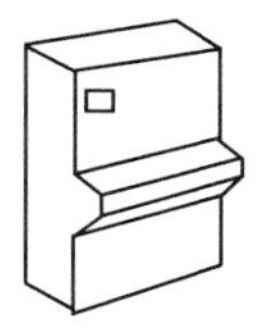

图 5.1　立式机箱

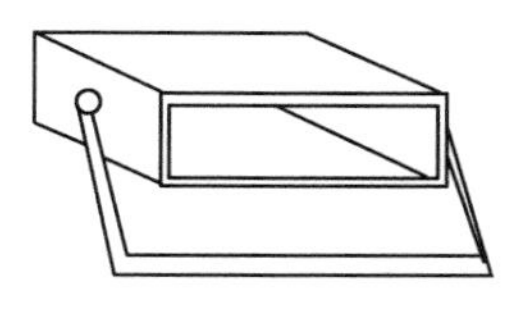
图 5.2　台式机箱

2. 台式机箱

大量电子产品采用台式机箱（图 5.2）结构，如各种电子仪器、实验设备等。这类电子产品适合于放置在工作台上操作使用。对于大批量生产或有特殊要求的台式电子产品，通常使用专用的机箱。为降低成本，突出产品特点，大多数机箱采用专门设计的模具注塑制成，如常见的收录机、电视机、计算机监视器等家用电器产品的外壳。

3. 便携式机箱

元器件数量少或体积小巧、需要经常移动的电子产品，通常设计成便携式外壳。便携式电子产品的品种最多，功能各异，特点不同，又往往被人们随身携带，因此对于外壳的造型和结构有更高的性能要求和美学要求，而且应该耐振动、耐碰撞，一般需要由专用的注塑模具成型。这些模具大都经过科学的设计，使产品的机壳具有合理的操作位置和灵活的结构方式，是工业化大生产的结果。最常用的注塑材料是 ABS 工程塑料。一些军用或民用高级产品，如档次较高的照相机等，也使用高成本的碳纤维材料制造。

### 5.1.3　操作面板的设计

几乎任何电子产品都需要面板，通过面板安装固定开关、控制元件、显示和指示装置，实现对整机的操作与控制。

1. 符合操作习惯的原则

产品的外观通常是根据产品的特点和使用对象等诸多因素设计的，而面板是决定产品外观设计成败的关键。无论如何，面板上固定开关、控制元件等部件的安装，应该根据工业设计的有关原则进行设计，即要满足操作者的使用习惯。

2. 面板设计

电子产品机箱的面板分为前面板和后面板。前面板上主要安装操作和指示器件，如电源开关、选择开关、调节旋钮、指示灯、电表、数码管、示波管、显示屏、输入或输出插座和接线柱等。机箱后面板上主要安装和外部连接的器件，如电源插座、与其他设备连接的输入输出装置、熔丝盒、接地端子等，后面板上还可以开有通风散热的窗孔。

在面板设计中应注意以下几点。

（1）无论是站姿还是坐姿操作，都应该使面板上的表头、显示器、度盘等垂直于操作者的视线，并使指示数据的位置落在操作者的水平视线区内，不要让操作者仰视或俯视采读，以免造成读数误差。这一点，在柜式面板的设计中需要更加注意。

（2）表头、显示器的排列应该保持水平，并按照采读和操作的顺序，从左到右依次排列。

(3) 不需要随时或同时采读的表头及显示器应当尽可能合并，通过开关转换实现一表多用，这不仅使面板清晰，便于采读，而且能够降低成本。

(4) 指示和显示器件的安装位置应该和与之相关的开关、旋钮等操作元器件上下对应，复杂面板上的相关内容可以通过不同颜色或用线条划分区域，使之便于操作。

(5) 指示灯应当尽量选用同种型号，以便于更换，并要降压使用，提高寿命。指示灯的颜色与指示内容可以参照下列规则。

红色——电源接通、报警、危险、高压等。

绿色——工作正常、低压等。

黄色——警告、注意、参数已到极限等。

(6) 开关等控制元件应该安装在表头、显示器的下方，并易于操作。

(7) 不需要经常调整的电位器，轴端不应露出面板，可通过面板上的小孔进行调节；需要旋转调节的元件如电位器、波段开关等，应当在面板上加工定位孔，防止调节时元件本体转动。

(8) 为符合人们的操作习惯，那些最经常调整的旋钮应该尽可能安装在面板的右侧，左侧放置那些调整机会比较少的。

(9) 面板上所有的调整元件，其功能应当用文字、符号标注；标注的内容要准确、明了，字迹要清晰，颜色与面板底色应有高反差；位置安排在相应元件的下方。

(10) 面板上的元件布置应当均匀、和谐、整齐、美观。

(11) 面板颜色应与机箱颜色配合，既协调一致，又显著突出。

### 5.1.4 整机内部结构安排

机箱的内部结构安排，主要是从提高装配、调试、运行、维修的安全和可靠性，有利于散热、抗振、安全的角度进行考虑。例如，最典型的安全问题是对电气绝缘的处理，高电压元器件应该放置在机箱内不易触及的地方，并与金属箱体保持一定距离，以免高压放电。高、低压电路之间要采取隔离措施。电源线穿过箱体时，电源线上要加护套，金属箱壁的孔内应放置绝缘胶圈。

#### 1. 内部结构的连接

产品内部结构的连接设计，要考虑如下因素。

(1) 便于整机装配、调试、维修。可以根据工作原理，把比较复杂的产品分成若干个功能电路；每个功能电路作为一个独立的单元部件，在整机装配前均可单独装配与调试。这样不仅适合大批量生产，维修时还可通过更换单元部件及时排除故障。

(2) 零部件的安装布局要保证整机的重心靠下并尽量落在底层的中心位置；彼此需要相互连接的部件应当尽量靠近，避免过长和往返走线；易损的零部件要安装在更换方便的位置；零部件的固定要满足防振的要求；印制电路板通过插座连接时，应装有长度不小于印制电路板三分之二长度的导轨，印制电路板插入后要采取紧固措施。

(3) 印制电路板在机箱内的位置及其固定连接方式的选择，不仅要考虑散热和防振动

需求，还要注意维修是否方便。通常，在维修时总希望能同时看到印制电路板的元件面和焊接面，以便检查和测量。对于多块印制电路板，可以采用总线结构，通过插接件互相连接并向外引出。拔掉插头，就能使各电路分离，把印制电路板拿出来检查和测量，有利于维修与互换。对于大面积的单块印制电路板，最好采用抽槽导轨固定，以便在维修时翻起或拉出印制电路板就能同时看到元件面和焊接面。

2. 内部连线

大型电子设备整机内部连线往往比较复杂，不仅有印制电路板之间的连接、印制电路板与设备机箱上元器件的连接，还有这些面板元器件之间的连接。

（1）电路部件相互连线的常用方式有插接式、压接式和焊接式三种。

① 插接式。这种连接方式对于装配、维修都很方便，更换时不易接错线。它适用于信号弱、引线数量多的场合。有多种形式的插接件可以选择。

② 压接式。压接式是指通过接线端子实现电路部件之间的连接。这种连接方式接触好，成本低，适用于大电流连接，在柜式产品中应用比较广泛。

③ 焊接式。在导线端头装上焊片与部件相互连接，或者把导线直接焊接到部件上，这是一种廉价可靠的连接方式，但装配和维修不够方便，适合于连线少或便携式的产品中。采用这种方式时，要注意导线的固定，防止焊头折断。

（2）连接同一部件的导线应该捆扎成把。捆绑线扎时，要使导线在连接端附近留有适当的松动量，保持自由状态，不能因拉得太紧而受力。

（3）线扎要固定在机架上，不得在机箱内随意跨越或交叉；当导线需要穿过底座上的孔或其他金属孔时，孔内应装有绝缘套，线扎沿着结构件的锐边转弯时，应加装保护套管或绝缘层。

## 5.2　电子产品的技术文件

电子产品技术文件是电子产品设计、试制、生产、使用和维修所依据的资料。它包括工艺文件、设计文件和研究试验文件等。下面主要介绍电子产品的工艺文件和设计文件。

### 5.2.1　电子产品的工艺文件

1. 电子产品工艺文件的定义和作用

电子产品的工艺文件是工业生产部门实施生产的技术文件，它是产品加工、装配、检验的技术依据，也是生产路线、计划、调度、原材料准备、劳动力组织、定额管理、工模具管理、质量管理等的主要依据。有一套完整的、合理而行之有效的工艺文件体系，企业才能实现优质、高效、低消耗及安全的生产，获得最佳的经济效益。

电子产品工艺文件的主要作用如下。

（1）组织生产，建立生产秩序。

（2）指导技术，保证产品质量。

（3）编制生产计划，考核工时定额。

（4）调整劳动组织，安排物资供应。

（5）工具、工装和模具管理。

（6）经济核算的依据。

（7）巩固工艺。

（8）产品转厂生产时的交换资料。

（9）各厂之间可进行经验交流的依据。

2. 工艺文件的分类

工艺工作的内容可分为工艺管理和工艺技术两方面。工艺文件大体可分为工艺管理文件和工艺规程两类。

（1）工艺管理文件。工艺管理文件是供企业科学地组织生产、控制工艺的技术文件。工艺管理文件包括：工艺文件封面、工艺文件目录、工艺文件更改通知单、工艺路线表、材料消耗工艺定额明细表、专用及标准工艺装配明细表、配套明细表等。

（2）工艺规程。工艺规程是规定产品和零件制造工艺过程和操作方法等的工艺文件，是工艺文件的主要部分。

### 5.2.2 电子产品的设计文件

1. 电子产品的设计文件

电子产品的设计文件是产品在研究、设计、试制和生产实践过程中逐步形成的文字、图形及技术资料，它规定了产品的组成、型号、结构、原理以及在制造、验收、使用、维修和运输产品过程中所需要的技术数据和说明，是组织生产和使用产品的基本依据。

2. 常用设计文件

（1）电路原理图

电路原理图是用来详细说明电子产品的电气工作原理的，它使用各种图形符号，按照一定的规则，表示电子元器件之间的连接以及电路各部分的功能。

电路原理图不表示电路中各元器件的形状或尺寸，也不反映这些器件的安装、固定情况。所以，一些辅助元件如紧固元件、接线柱、焊片、支架等组成实际仪器必不可少的东西，在原理图中都不要画出来。

绘制电路原理图的要求如下。

① 原则上，图中所有元器件应以国家标准规定的图形符号和文字代号表示，文字代号一般标注在图形符号的右方或上方。

② 元器件位置应根据电气工作原理自左向右或自上而下合理排列，图面应紧凑清晰、

连线短且交叉少。图上的元器件可另外列出明细表，标明各自的项目代号、名称、型号及数量。

③ 有时为了清晰方便，某些单元电路在原理图上用方框图表示，并单独给出其原理图。

（2）装配图

装配图是表示产品、组件、部件各组成部分装配组合相互关系的图样。在装配图上，仅按直接装入的零件、部件及整件的装配结构进行绘制，要求完整清楚地表示出产品的组成部分及其结构总形状。

装配图的种类很多，按产品的级别分，有部件装配图和整件装配图；按生产管理和工艺分，有总装图、结构装配图、印制电路板装配图等。

装配图一般都应包括下列内容。

① 各种必要的视图。

② 装配时需要检查的尺寸及其偏差。

③ 外形尺寸，安装尺寸，与其他产品连接的位置和尺寸。

④ 装配过程中或装配后的加工要求。

⑤ 装配过程中需借助的配合或配制方法。

⑥ 其他必要的技术要求和说明。

（3）接线图

接线图是表示产品部件、整件内部接线情况的略图。它是按照产品中元器件的相对位置关系和接线点的实际位置绘制的，主要用于产品的接线、线路检查和线路维修。接线图应包括进行装接时必要的资料，如接线表、明细表等。接线图中一般都标出项目的相对位置、项目代号、端子号、导线号、导线类型等内容。

对于复杂的电子产品，若一个接线面不能清楚地表达全部接线关系，可以将几个接线面分别给出。绘制时，应以主接线面为基础，将其他接线面按一定方向展开，在展开面旁要标注出展开方向。在某一个接线面上，如有个别元器件的接线关系不能表达清楚时，可采用辅助视图（如剖视图、局部视图、向视图等）来说明。

（4）方框图

方框图又称系统图，是用一些方框表示电子产品电信号的流程和电路各部分功能关系的简图，其特点如下。

① 各个组成部分自左向右或从上而下排成一列或数列。在矩形、正方形内或图形符号上按其作用标出它们的名称或代号。

② 各组成部分间的连接用实线表示，机械连接以虚线表示，并在连接线上用箭头表示其作用过程和方向。必要时可在连接线上方标注该处的特征参数，如信号电平、波形、频率和阻抗等。

（5）技术条件

技术条件是指对电子产品质量、规格及其检验方法等所做的技术规定。技术条件是产品生产和使用时应当遵循的技术依据。

技术条件的内容一般应包括产品的型号及主要参数、技术要求、验收规则、试验方法、包装和标志、运输和储存要求等。

（6）技术说明书

技术说明书用于说明产品的用途、性能、组成、工作原理，以及使用和维护方法等技术特征，供使用和研究产品之用。技术说明书的内容一般应包括概述、技术参数、工作原理、结构特征、安装及调整。

① 概述。概括性地说明产品的用途、性能、组成、原理等。

② 技术参数。应从产品的使用出发，研究产品所必需的技术数据以及有关计算公式和特性曲线等。

③ 工作原理。应从产品的使用角度出发，通过必要的略图（包括原理图以及其他示意图）以通俗的方法说明产品工作原理。

④ 结构特征。用以说明产品在结构上的特点、特性及其组成等。可借外形图、装配图和照片来表明主要的结构情况。

⑤ 安装及调整。用来说明正确使用产品的程序，以及产品维护、检修、排除故障的方法、步骤和应注意的问题。

（7）明细表

明细表是用以确定产品组成内容及其数量的基本设计文件，是产品资料配套、生产准备的技术依据。

## 本章小结

（1）电子产品的整机结构的内容；工作环境对电子产品整机结构的要求，工作环境包括气候条件、机械条件和电磁干扰等。

（2）电子产品整机机箱结构的选择、操作面板的设计和整机内部结构安排。

（3）电子产品技术文件是电子产品设计、试制、生产、使用和维修所依据的资料。它主要包括电子产品的工艺文件和设计文件。

# 第6章 电路设计与制板 Altium Designer 16

随着电子技术的飞速发展和印制电路板加工工艺的不断提高，新的大规模和超大规模集成电路芯片不断涌现出来，现代电子线路系统已经变得非常复杂了。同时，电子产品又在向小型化的方向发展，因此要在更小的空间内实现更复杂的电路功能，在这种情况下，对印制电路板设计和制作的要求也就越来越高了。目前，双面板及多层板是很常用的。与此同时，系统工作频率也在不断提高。以前 30MHz 就可以算作高频电路，而现在这个工作频率只能算是普通的工作频率，几百兆赫兹到上吉赫兹的工作频率也是常见的。这又对电路的抗干扰设计提出了更高的要求。

在这种情况下，快速、准确地完成电路板的设计对电子工程师而言是一个挑战。电子工程师们也因此对设计工具提出了更高要求。各种各样的电子线路辅助设计工具也应运而生，其中影响比较大的有 OrCAD、Multisim 2001 及 Protel 系列等。当前在国内应用最为广泛的是 Protel 系列电子线路辅助设计工具，Altium Designer 16 就是该系列软件的最新产品。

## 6.1 Protel 软件概述

Protel 系列软件是深受电子工程师喜爱的一套板级设计软件，其最初的版本是 20 世纪 80 年代运行于 DOS 下的 TANGO、Protel Schematic 和 Autotrax。当时这几个版本就因具有方便、易学、实用和快速等特点而流行，并深受电子工程师的好评，为加快我国电子 CAD 的普及和应用起到了积极的推动作用。后来的版本运行于 Microsoft Windows 平台，版本号也由原来的 Protel 98、Protel 99 SE、Altium DXP、Protel 2004 演变成现在流行的 Altium Designer 6.9、Altium Designer 10 和 Altium Designer 16。

Altium Designer 16 是 Altium 公司于 2015 年推出的一套电路板设计软件平台，主要运行在 Windows 2000、Windows XP 或版本更高的操作系统。Altium Designer 16 除了全

面继承包括 Protel 99 SE、Protel 2004 在内的先前一系列版本的功能和优点，还增加了许多改进功能和一些高端功能。Altium Designer 16 着重关注印制电路板核心设计技术，提供以客户为中心的全新平台，进一步夯实了 Altium 在 3D 印制电路板设计系统领域的领先地位。

Altium Designer 16 构建于一整套板级设计及实现特性上，其中包括混合信号电路仿真、布局前/后信号完整性分析，规则驱动印制电路板布局与编辑、改进型拓扑自动布线及全部计算机辅助制造输出能力等，已不是单纯的印制电路板设计工具，而是一套系统工具。Altium Designer 16 可以支持现场可编程门阵列（FPGA）和其他可编程器件设计及其在印制电路板上的集成。

### 6.1.1 印制电路板设计的工作流程

通常情况下，从接到设计要求书到最后制成印制电路板图，主要经过以下几个步骤来实现。

1. 方案分析

这个步骤并不是 Altium Designer 16 的操作内容，但是对每个印制电路板设计来讲又是必不可少的。方案分析的任务是决定电路原理图如何设计，同时也影响印制电路板如何规划。

2. 电路仿真

在设计电路原理图之前，有时候会对某一部分电路设计并不十分确定，因此需要通过电路仿真来验证。同时电路仿真还可以用于确定电路中某些重要器件的参数。

3. 设计原理图元器件

虽然 Altium Designer 16 提供了丰富的原理图元器件库，但是并不可能将所有的元器件都收到这些库中。如果发现元器件库中没有所需要的元器件，可以动手设计原理图元器件，建立自己的元器件库。将所有自己动手设计的元器件都放在自定义库中是一个好习惯。

4. 绘制原理图

在找到所有需要的原理图元器件后，可以开始原理图的绘制。可根据具体电路的复杂程度决定是否需要使用层次原理图。完成原理图设计后，需要利用电气法则检查工具查错。找到出错的具体原因后，修改原理图电路，重新查错，直到没有原则性的错误。

5. 设计元器件封装

与原理图元器件库一样，Altium Designer 16 也不可能提供所有元器件的封装。如果发现元器件封装库中没有所需要的元器件，这时候可以自己动手设计元器件封装。建立自己的元器件封装库，将所有设计的元器件封装都放在元器件封装库中，以便在今后的设计工作中使用。

6. 设计印制电路板

在确认原理图没有错误之后，就可以开始印制电路板的绘制工作了。首先根据系统设计和工艺要求，绘出印制电路板的轮廓，并确定印制电路板的工艺要求（如使用几层板，加工精度等）；然后将原理图传输到印制电路板中，在网络表、设计规则和原理图的引导下布局和布线；最后利用设计规则检查（DRC）工具查错。

### 6.1.2　启动 Altium Designer 16

启动 Altium Designer 16 非常简单，Altium Designer 16 安装完毕后，系统会在开始菜单中自动生成 Altium Designer 16 应用程序的快捷方式图标。

执行“开始”→“Altium Designer 16”命令，将会弹出 Altium Designer 16 启动界面，如图 6.1 所示。

图 6.1　Altium Designer 16 启动界面

### 6.1.3　Altium Designer 16 设计环境

Altium Designer 16 成功启动后便进入主程序窗口，如图 6.2 所示。用户可以使用该窗口进行项目文件的操作，如创建新项目、打开文件等。

Altium Designer 16 主程序窗口类似 Windows 的界面风格，主要为菜单栏、工具栏、工作窗口、工作区面板、状态栏和导航栏。

1. Altium Designer 16 菜单栏

Altium Designer 16 的菜单栏是用户启动和优化设计的入口，它具有命令操作、参数设置等功能。用户进入 Altium Designer 16，首先看到的菜单有“文件”“视图”“工程”“窗口”和“帮助”五个下拉菜单。

（1）“文件”菜单

“文件”菜单主要用于文件的新建、打开和保存等，如图 6.3 所示。下面详细介绍“文件”菜单中的各命令及其功能。

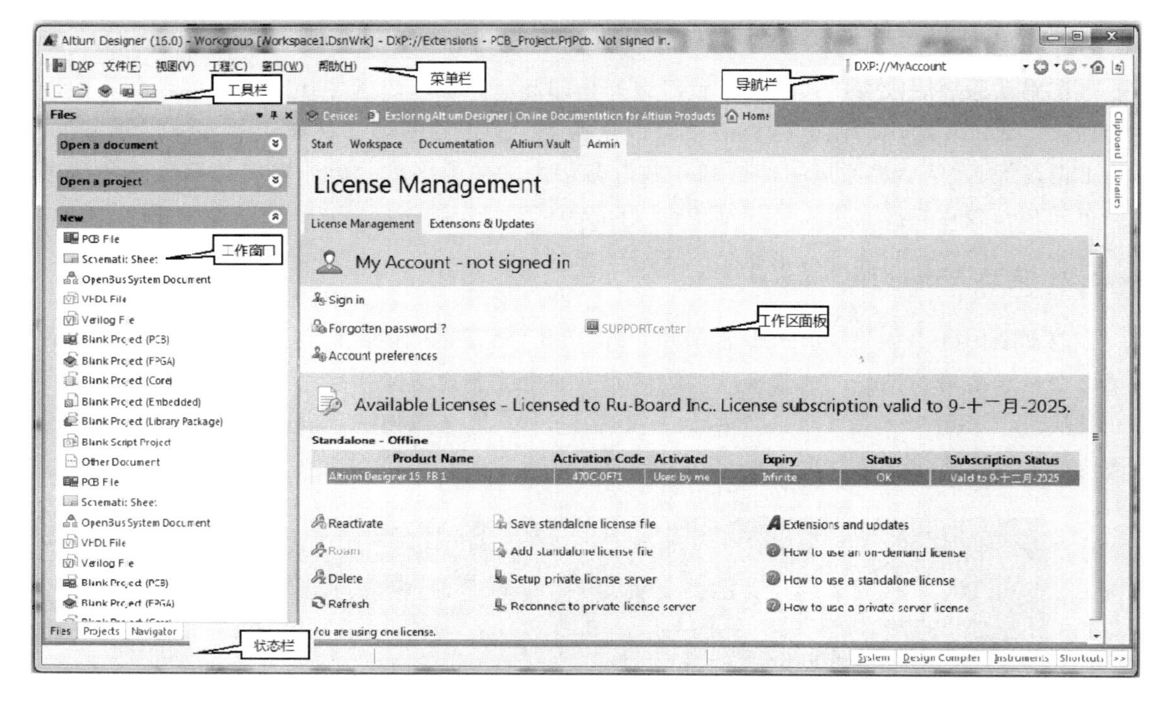


**图 6.2　Altium Designer 16 主程序窗口**

- “New（新建）”命令：用于新建一个文件，其子菜单如图 6.3 所示。
- “打开”命令：用于打开各种已有的 Altium Designer 16 可以识别的各种文件。
- “打开工程”命令：用于打开各种工程文件。
- “打开设计工作区”命令：用于打开设计工作区。
- “检出”命令：用于从设计储存库中选择模板。
- “保存工程”命令：用于保存当前的工程文件。
- “保存工程为”命令：用于另存当前的工程文件。
- “保存设计工作区”命令：用于保存当前的设计工作区。
- “保存设计工作区为”命令：用于另存当前的设计工作区。
- “全部保存”命令：用于保存所有文件。
- “智能 PDF”命令：用于生成 PDF 格式设计文件的向导。
- “导入向导”命令：用于将其他 EDA 软件的设计文档及文件导入 Altium Designer 16 的导入向导，如 Protel 99SE、CADSTAR、OrCAD、P-CAD 等设计软件生成的设计文件。
- “元件发布管理器”命令：用于设置发布文件参数及发布文件。
- “当前文档”命令：用于列出最近打开过的文件。
- “最近的工程”命令：用于列出最近打开的工程文件。
- “当前工作区”命令：用于列出最近打开的设计工作区。
- “退出”命令：用于退出 Altium Designer 16。

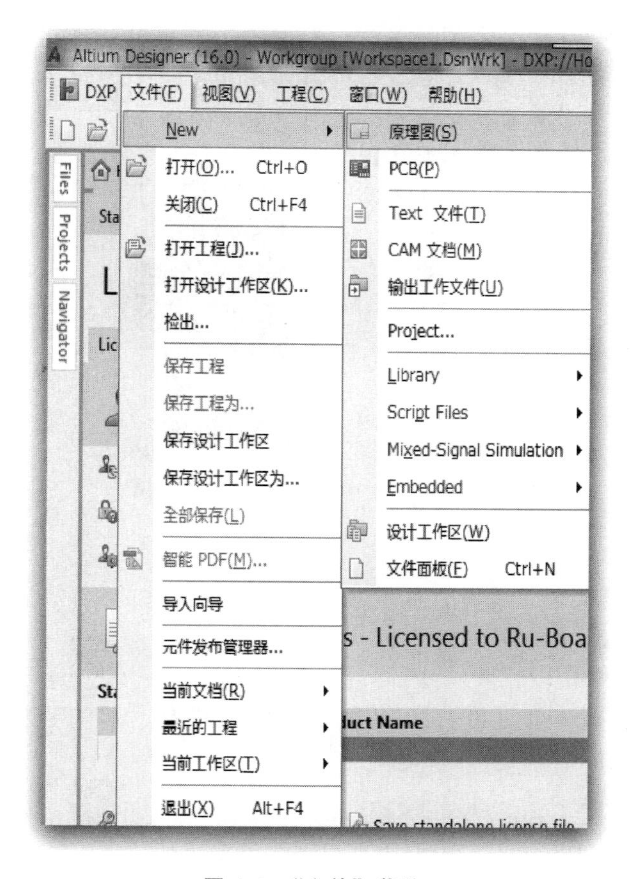


**图 6.3 “文件”菜单**

(2)“视图”菜单

“视图”菜单用于工具栏、工作区面板、状态栏和命令行的管理，并控制各种工作窗口面板的显示和隐藏，如图 6.4 所示。

- “Toolbars（工具栏）”命令：用于控制工具栏的显示与隐藏。
- “Workspace Panels（工作区面板）”命令：用于控制工作区面板的打开与关闭。其中包括“Design Compiler（设计编译器）”命令、“Help（帮助）”命令、“Instruments（设备）”命令、“System（系统）”命令。
- “桌面布局”命令：用于控制桌面的显示布局。
- “Key Mappings（映射）”命令：用于快捷键与软件功能的映射，提供了默认和 P-CAD 两种映射方式供用户选择。
- “器件视图”命令：用于打开器件视图窗口。
- “PCB 发布视图”命令：用于发布 PCB 文件。
- “首页”命令：用于打开首页窗口，一般与默认的窗口布局相同。
- “状态栏”命令：用于控制工作窗口下方状态栏标签的显示与隐藏。
- “命令状态”命令：用于控制命令行的显示与隐藏。

图 6.4 “视图”菜单

（3）“工程”菜单

“工程”菜单主要用于工程文件的管理，包括工程文件的编译、添加、删除、差异显示和版本控制等，如图 6.5 所示。

（4）“窗口”菜单

“窗口”菜单用于对窗口进行纵向排列、横向排列、打开、隐藏及关闭等操作，如图 6.6 所示。

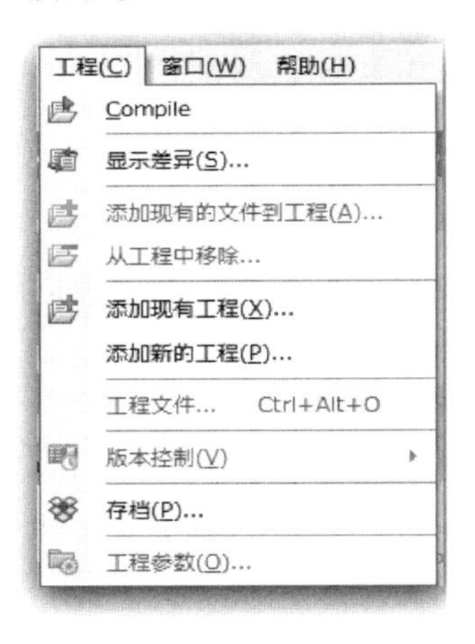


图 6.5 “工程”菜单

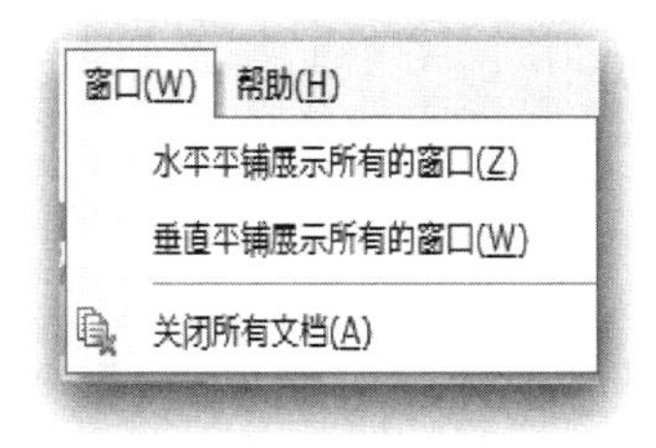


图 6.6 “窗口”菜单

（5）“帮助”菜单

“帮助”菜单用于打开各种帮助信息。

2. Altium Designer 16 工具栏

工具栏中有五个按钮，分别用于新建文件、打开已存在的文件、打开器件视图页面、打开 PCB 发布视图和打开工作区控制面板。

3. Altium Designer 16 工作窗口

打开 Altium Designer 16，工作窗口中显示的是“Home（首页）”选项卡。

4. Altium Designer 16 工作区面板

Altium Designer 16 可以使用系统型面板和编辑器面板两种类型的面板。系统型面板在任何时候都可以使用，而编辑器面板只有在相应的文件被打开时才可以使用。

使用工作区面板是为了方便设计工程中的快捷操作。启动 Altium Designer 16 后，系统会自动激活“File（文件）”面板、“Projects（工程）”面板和“Navigator（导航）”面板，可以单击面板底部的标签，在不同的面板间切换。工作区面板有自动隐藏、浮动显示和锁定显示三种显示方式。

## 6.2　电路原理图的设计

电路原理图是整个电路设计的灵魂所在，它除了可以表达电路设计者的设计思想外，在印制电路板的设计过程中，还提供了各个元器件连线的依据。只有一张正确的电路原理图才有可能生成一块具备指定功能的印制电路板。只有美观的原理图，才能清晰准确地反映设计者意图，方便日常交流。因此，学会绘制正确、美观、清晰的电路原理图是非常重要的。

### 6.2.1　电路原理图的设计流程

印制电路板设计是从绘制电路原理图开始的，在整个设计过程中这一步有着举足轻重的作用。一张正确、美观、清晰的电路原理图不但可以准确表达电路设计者的设计思想，同时还可为后面的印制电路板的设计工作打好基础。

在 Altium Designer 16 中，电路原理图的设计流程大致分为六个步骤，如图 6.7 所示。

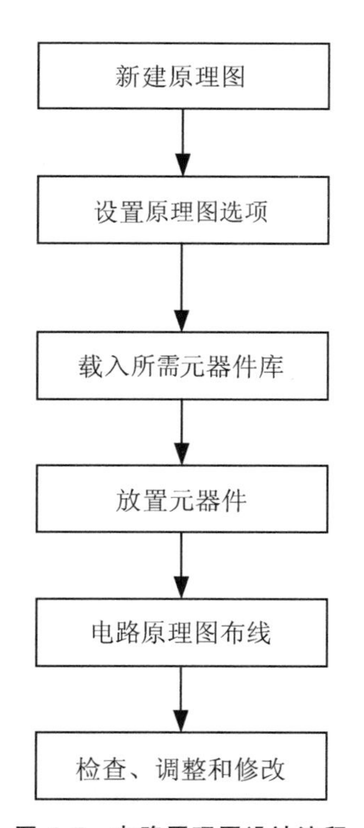


图 6.7　电路原理图设计流程

1. 新建原理图

此处不做介绍。

2. 设置原理图选项

在这一步中，用户可以根据个人的绘图习惯、公司单位的标准化要求及图纸可能的大小，设置原理图图纸的大小、方向、标题栏的外观参数。另外，用户还要设置原理图的设计信息，诸如公司名称、设计人姓名、设计及修改日期等项目。

3. 载入所需元器件库

Altium Designer 16 拥有涵盖众多厂商、种类齐全的元器件库，但并非每一个元器件库在用户的设计中都会用到。装入所需元器件库就是将用户设计中需要用到的元器件库载入当前系统，以便在绘图过程中随时查找和取用库中的元器件。

4. 放置元器件

从装入的元器件库中选定所需的各种元器件，将其逐一放置到已建立好的工作平面上，然后根据美观清晰的设计要求，调整元器件位置，并对元器件的序号、封装形式和显示状态等进行定义和设置，以便为下一步的布线工作打好基础。

5. 电路原理图布线

将放置好的元器件各引脚用具有电气意义的导线、网络标号、总线、输入输出端口等连接起来，使各元器件之间具有用户所设计的电气连接关系。

6. 检查、调整和修改

用户利用 Altium Designer 16 所提供的各种校验工具，根据设定规则对前面所绘制的电路原理图进行检查，并做进一步的调整和修改，以保证电路原理图正确无误。

### 6.2.2 电路原理图设计的基本原则

电路原理图就是元器件的连接图，其本质内容有两个：元器件和连线。它们分别代表着实际电路中的元器件和连线。不同的是实际元器件有着很多的特性和参数，而在绘制电路原理图的时候，我们所关心的仅仅是引脚。所以，在绘制电路原理图的时候，应该注意电路原理图的本质内容——元器件及连接，重点考虑如何正确地完成元器件的连接，同时使得绘制出的电路原理图清晰易懂。

一张好的电路原理图，不但要求没有错误，还应该美观、信号流向清晰、标注清楚和可读性强。这就首先要求在创建电路原理图库的时候，把元器件库建得比较规范。规范的元器件库必须遵循统一的引脚排列规则，具体如下。

（1）电源引脚放在元器件上部，地线引脚放在元器件下部。

（2）输入引脚放在元器件左边，输出引脚放在元器件右边。

（3）功能相关的引脚靠近排列，功能不相关的引脚保持一定间隙。

这样的元器件摆在电路原理图上，电路原理图可读性强、美观，并大大减少了连线绕来绕去的现象。在绘制电路原理图时，也应该遵循类似的规则，具体如下。

（1）顺着信号的流向摆放元器件。

（2）同一个功能模块中的元器件靠近放置。

（3）电源线在上面，地线在下面，或者电源线与地线平行走。

### 6.2.3　电路原理图的绘制

1. 电路原理图编辑器的启动

(1) 菜单创建

执行“文件”→“New（新建)”→“原理图”命令，面板中出现一个新的原理图文件，如图 6.8 所示。“Sheet1. SchDoc”为新建原理图文件的默认名字。

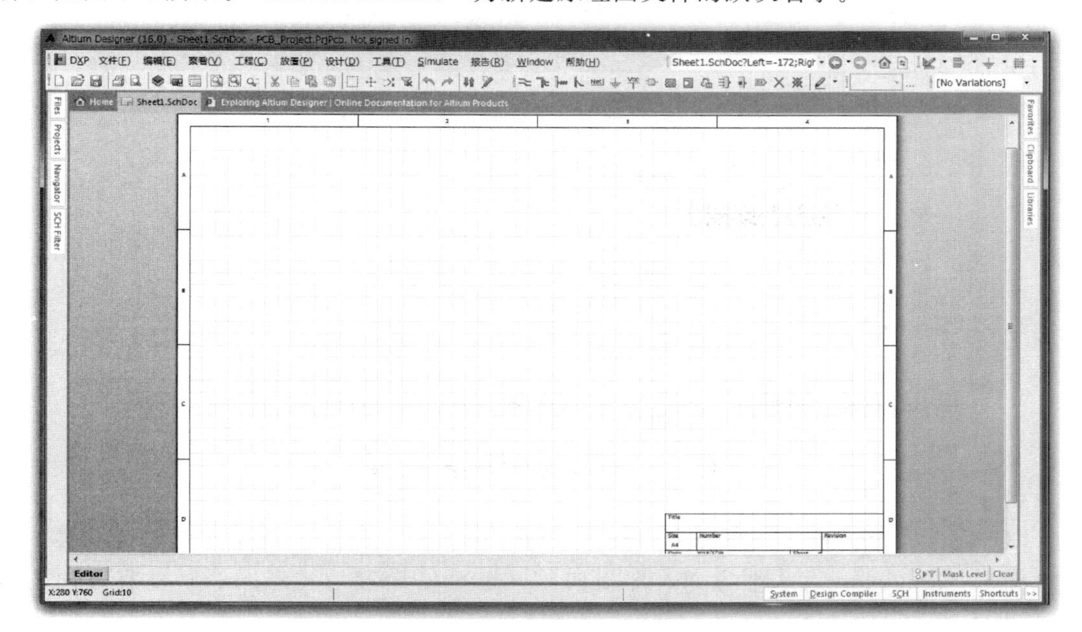


图 6.8　新建原理图文件

执行新建一个原理图文件即可同时打开原理图编辑器。

(2)“File（文件)”面板创建

单击集成开发环境窗口右下角的“System（系统)”→“Files（文件)”→“New（新建)”→“Schematic Sheet 电路原理图文件”，建立新的电路原理图文件，同样“Sheet1. SchDoc”为新建电路原理图文件的默认名字。

2. 设置电路原理图图纸选项

绘制电路原理图时，首先应设置电路原理图图纸选项，也就是要设置电路图纸的图纸方向、幅面尺寸、标题栏、边框底色和文件信息等各种参数和相关信息。

设置电路原理图图纸选项可按照以下步骤进行。

执行菜单命令“设计”→“文档选项”，出现如图 6.9 所示的设置电路原理图图纸选项。

(1) 设置图纸尺寸。图纸尺寸可通过“Standard Styles（标准风格)”下拉式列表框设置，使用标准风格方式设置图纸，包括公制图纸尺寸（A0～A4)、英制图纸尺寸（A～E)、CAD 标准尺寸（CADA～CADE）及其他格式（Letter、Legal、Tabloid 等）的尺寸。

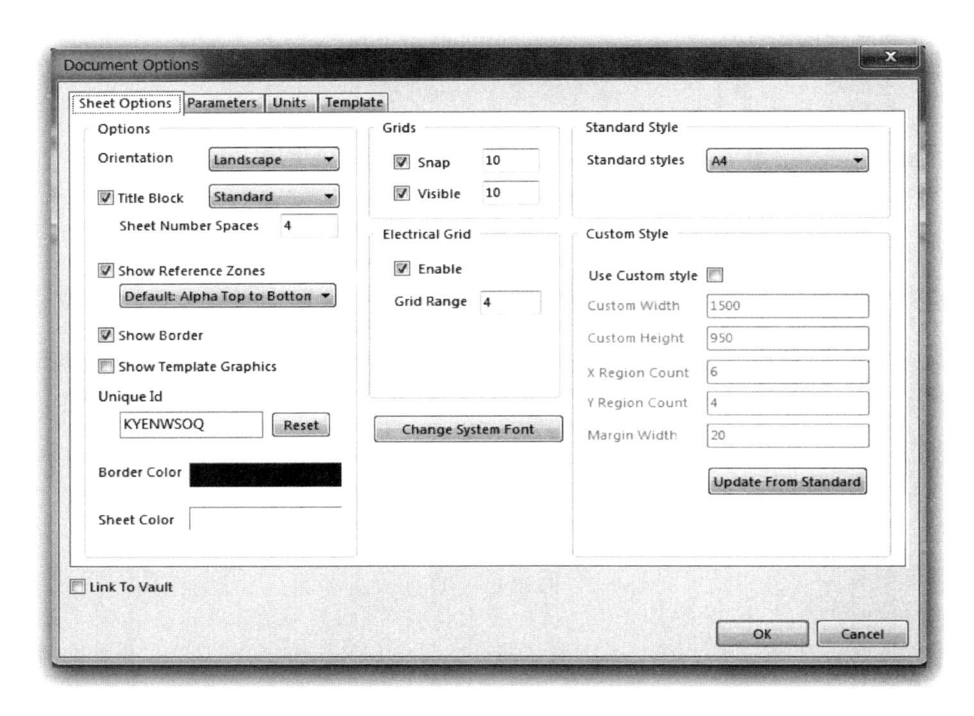


图 6.9　设置电路原理图图纸选项

(2) 设置图纸方向。图纸方向可通过"Orientation (定位)"下拉式列表框设置，可以设置为"Landscape (水平方向，即横向)"，也可以设置为"Portrait (垂直方向，即纵向)"。

(3) 设置图纸标题栏。图纸标题栏是对设计图纸的附加说明。Altium Designer 16 中提供了两种预先定义好的标题栏，即 Standard (标准格式) 和 ANSI (美国国家标准格式)。

(4) 设置图纸参考说明区域。

(5) 设置图纸边框。

(6) 设置显示模板图形。

(7) 设置图纸栅格。

(8) 设置图纸所用字体。

(9) 添加参数。

(10) 设置单位。

(11) 设置模板。

3. 加载元件库

绘制电路原理图的过程就是将表示实际元器件的符号，用表示电气连接的连线或者网络标号等连接起来。第一步要做的就是在图纸上放置元器件符号。作为专业的计算机辅助

电路板设计软件，Altium Designer 16 包了常用元器件的原理图符号。用户只需在元器件库中调用所需元器件，而不需要用户逐个去画元器件符号。

(1) 元器件库的分类

Altium Designer 16 的元器件库中的元器件数量庞大，分类明确。它的一级分类主要是以元器件厂商分类，在厂商分类下面又以元器件种类（如微控制器类、A/D 转换芯片类）进行二级分类。针对特定的设计工程，用户可以只调用几个需要的相应元器件厂商中的二级库。这样做可以减轻系统运行负担，加快运行速度。也就是说，如果用户想直接利用 Altium Designer 16 现成的元器件库，就应该知道想要的元器件放在的元器件库的哪个二级库中，并将该二级库载入系统。

(2) 打开“Libraries（库）”面板

打开“Libraries（库）”面板的具体操作如下。

① 将鼠标放在工作区右侧的“Libraries（库）”标签上，此时会自动弹出一个“Libraries（库）”面板，如图 6.10 所示。

② 如果在工作区右侧没有“Libraries（库）”面板标签，只要单击底部的面板控制栏中“System”中的“Libraries（库）”按钮，即可在工作区右侧出现“Libraries（库）”标签，并自动弹出一个“Libraries（库）”面板。在“Libraries（库）”面板中，Altium Designer 16 系统已经装入了两个默认的元器件库：通用元器件库（Miscellaneous Devices. IntLib）和通用插接件库（Miscellaneous Connectors. IntLib）。

(3) 加载和卸载元器件库

装入所需的元器件库的具体操作如下。

① 执行“设计”→“添加/移除库”命令，或者单击图 6.10 所示的“Libraries（库）”面板左上角的“Libraries（库）”按钮，弹出“Available Libraries（可用库）”对话框，如图 6.11 所示。

② 加载绘图所需的元件库。图 6.11 所示的对话框中有三个选项，“Project（工

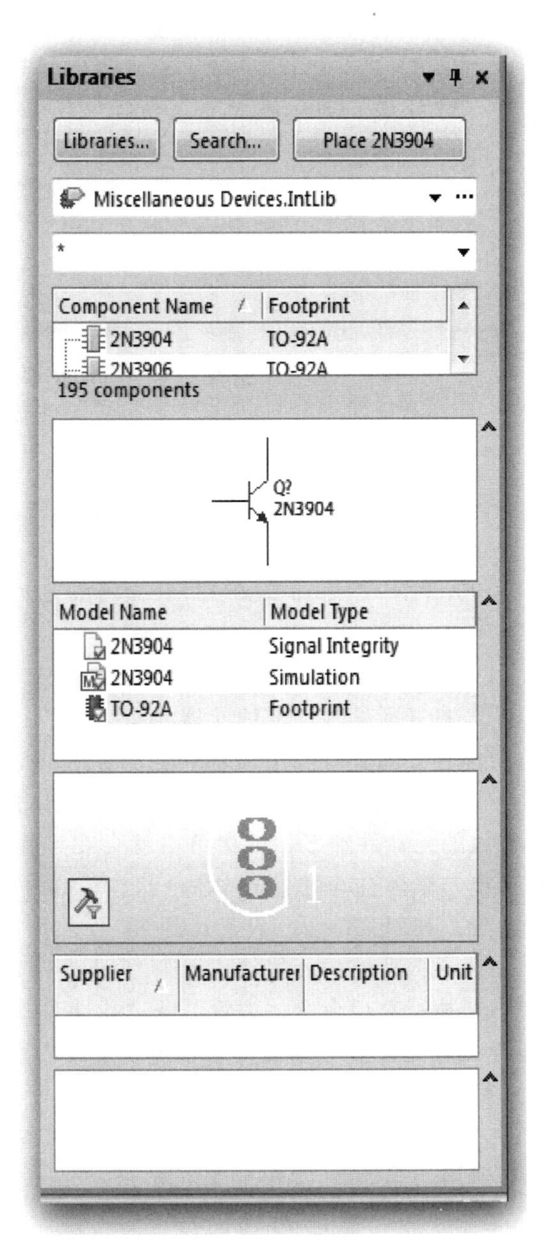


图 6.10 “Libraries（库）”面板

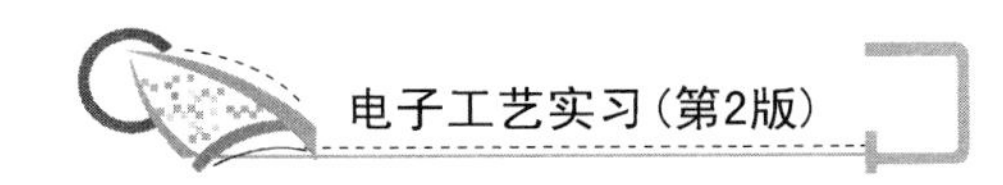


程)”选项列出的是用户为当前项目自行创建的库文件。“Installed（已安装)”选项列出的是系统可用的库文件。单击图 6.11 下方的“Install from file（安装)”按钮，可以选择所需的元件库添加到系统中。

③ 在图 6.11 所示的“Available Libraries（可用库)”对话框中选中一个文件，单击“Remove（移出)”按钮，即可将该元件库卸载。

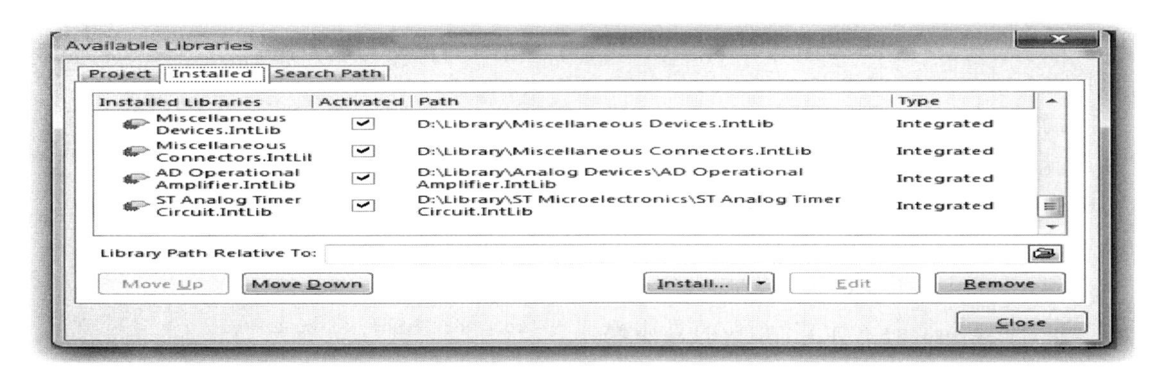


**图 6.11 “Available Libraries（可用库)”对话框**

4. 放置元器件

当将所需用到的元器件库装入设计系统后，就可以从装入的库中取用元器件并把它们放置到图纸上了。

(1) 利用“Libraries（库)”面板放置元器件

① 打开“Libraries（库)”面板。

② 装入电路原理图所需的元器件库。

③ 打开元器件所需的元器件库。

④ 在该元器件库中选定所需元器件，如图 6.10 所示。

⑤ 放置元器件到工作平面上。此时系统仍处于放置元器件状态，且光标上仍然有一个待放的元器件虚影，再次单击就会在工作平面中光标当前位置放置另一个相同的元器件。单击鼠标右键可退出该命令状态，这时系统才允许执行其他命令。

(2) 利用菜单命令放置元器件

① 装入所需的元器件库。

② 执行菜单命令“放置”→“器件”，系统弹出如图 6.12 所示“Place Part（放置器件)”对话框，在该对话框中，可以设置放置元器件的有关属性。

● 单击图 6.12 所示“Place Part（放置器件)”对话框中“Physical Component（物理元件)”后面的“Choose（选择)”按钮，系统弹出如图 6.13 所示的选择元件对话框，在选择通用元器件库“Miscellaneous Devices. IntLib”中的元件 2N3904。

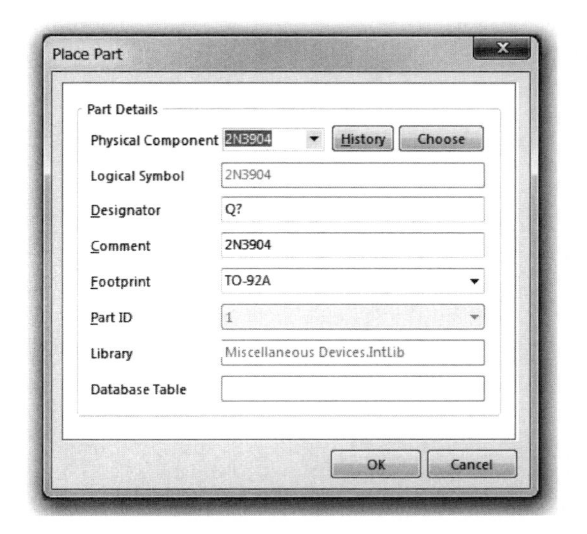


图 6.12 “Place Part (放置器件)”对话框

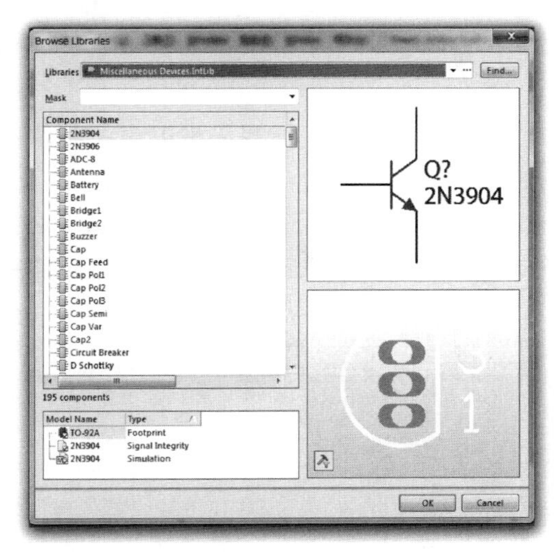


图 6.13 “Browse Libraries”(选择元件)对话框

● “Logical Symbol (逻辑符号)”文本框中显示的是该元件在库中的标识名字。

● “Designator (标识)”文本框中显示的是被放置元件在原理图中的标号。

● “Comment (注释)”文本框中可以填写被放置元件的说明。

● “Footprint (封装)”下拉式列表框选择被放置元件的封装。如果元件所在的元件库是集成元件库,在该下拉式列表框中将显示集成元件库中该元件对应的封装,否则用户还需要另外给该元件设置封装信息。

③ 完成设置后,单击“OK (确定)”按钮,移动光标到合适的位置,按空格键、X 键和 Y 键旋转元件,调整元件的放置方向,再单击完成元件放置。

(3) 利用工具栏中的放置器件 ⊐▷ 按钮放置元器件

利用鼠标单击原理图编辑窗口中工具栏中放置器件 ⊐▷ 按钮快速进行元器件的放置,如图 6.14 所示。

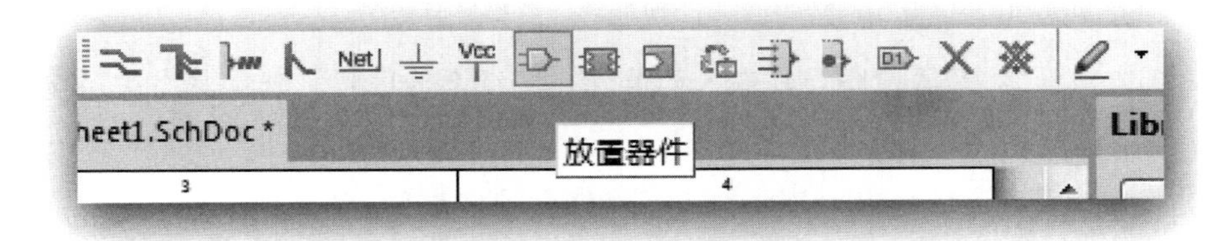


图 6.14 放置器件工具栏

5. 元器件的删除

执行菜单命令“编辑”→“删除”,将光标移到所要删除的元器件上单击即可。如想退出删除命令状态,右击即可。也可以先选中想删除的元器件,此时元器件的周围会出现

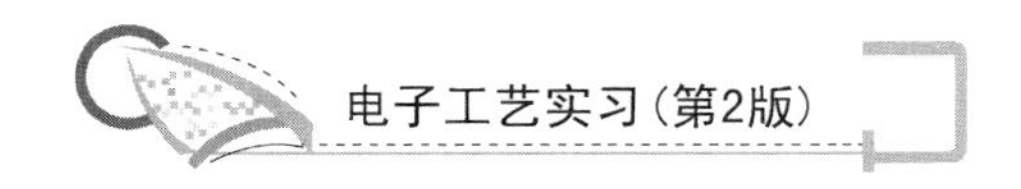


虚线框，然后按 Delete 键即可完成删除工作。

6. 编辑元器件属性

放置好元器件后，我们可以对元器件的属性进行编辑。元器件的属性主要包括元器件的序号、封装形式及引脚号定义等。

执行菜单命令“编辑”→“改变”，或双击所要编辑的元器件，会弹出如图 6.15 所示的对话框。根据要求可编辑元器件的各种属性。

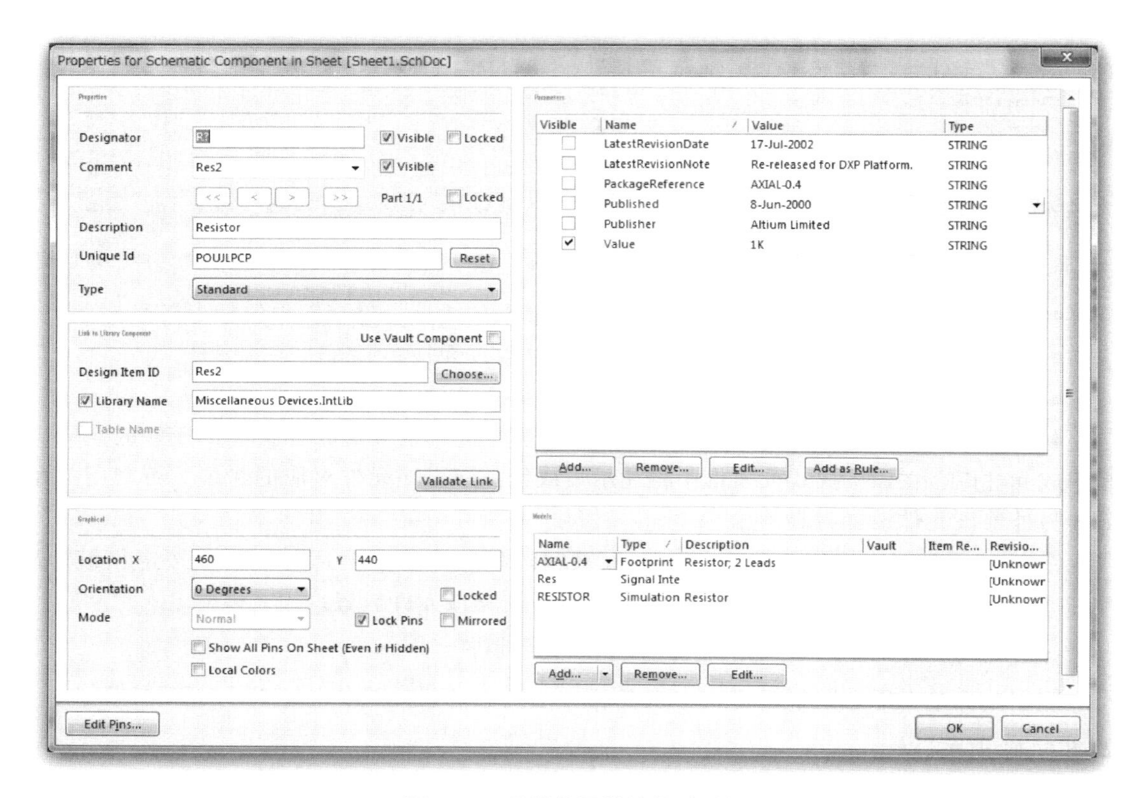


**图 6.15　元器件属性编辑对话框**

- “Designator”：元器件序号，输入元器件在图纸上的序号。选中其右边的☑复选框，元器件序号将在原理图上显示。
- “Comment”：注释，用于补充说明元器件有关信息。
- “Description”：元器件在库中的名称（不允许修改）。
- “Unique Id”：元器件的唯一编号，由系统随机给定，一般不需修改。
- “Library Name”：元器件所属的元器件库的名称。
- “Published”：元器件模型发行日期。
- “Publisher”：元器件模型发行组织。
- “SubClass”：元器件子类型。

● “Value”：元器件参数大小，在这里填写元器件的标称值，并选中“Visble”前面的复选框，这样在原理图中将显示该元器件的标称值大小。

● “Edit Pins”：编辑元器件引脚。

● 在对话框右下方的“Models”栏中，显示元器件的仿真模型、PCB封装模型和信号的完整性模型等，通过“Add”“Remove”和“Edie”命令对上述三种模型进行编辑。

设置结束后，单击OK按钮即可。

7. 绘制电路原理图

将元器件放置在图纸上后，就可以进行布线了。所谓布线，就是在放置好的各个元器件之间，按照设计要求建立电气连接关系。

绘制电路原理图的方法主要有三种。

● 利用绘制电路原理图布线工具栏，如图6.16所示。

● 利用菜单命令，执行“放置”菜单下的各个命令选项。

● 利用快捷键。

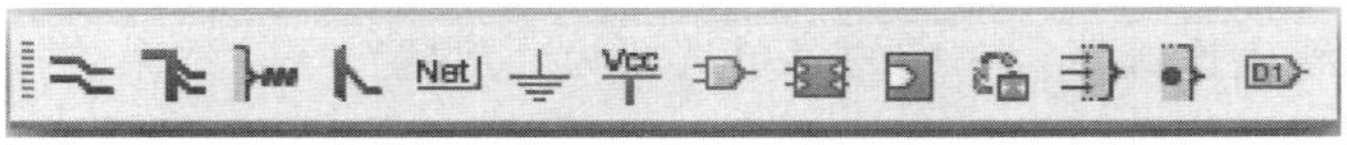

**图6.16 电路原理图标准工具栏**

（1）绘制电路原理图布线工具栏

下面介绍绘制电路原理图布线工具栏中各个按钮的功能和对应的菜单选项。

●  ：绘制总线，对应的菜单选项为“放置”→“总线”。总线是一组具有相同性质的并行信号线的组合。原理图编辑环境下的总线没有任何实质的电气连接意义，仅仅是为了绘图和读图的方便而采用的一种简化连线的表现形式。

● ：绘制总线进口，对应的菜单选项为“放置”→“总线进口”。总线进口是单一导线和总线的连接线。使用总线进口把总线和具有电气特性的导线连接起来，可以使电路原理图更为美观、清晰，且具有专业水准。与总线一样，总线进口也不具有任何电气连接意义，而且它的存在并不是必需的，即使不通过总线进口，直接把导线与总线连接也是正确的。

●  ：放置元器件，对应的菜单选项为“放置”→“元器件”。

●  ：放置电路接点，对应的菜单选项为“放置”→“手工接点”。

● 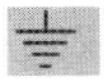 ：绘制电源端口，对应的菜单选项为“放置”→“电源端口”。电源和接地是原理图中必不可少的组成部分。

●  ：绘制导线，对应的菜单选项为“放置”→“线”。

●  ：设置网络标号，对应的菜单选项为“放置”→“网络标号”。网络标号具有实际的电气连接意义，具有相同的网络标号的导线或元器件引脚不管在图上是否连接在一起，其电气关系都是连接在一起的。特别是在连接到线路比较远，或者线路过于复杂，而

使走线比较困难时，使用网络标号代替实际走线可以大大简化原理图。

- ：放置电路输入/输出端口，对应的菜单选项为“放置”→“端口”。相同名称的输入/输出端口在电气关系上是连接在一起的，一般情况下在一张图纸中是不使用端口连接的，层次化电路原理图的绘制过程中常用到这种连接方式。
- ：放置离图连接，对应的菜单选项为“放置”→“离图连接”。在原理图编辑环境中，离图连接的作用其实和网络标号是一样的。不同的是，网络标号用在了同一张原理图中，而离图连接用在同一工程文件下、不同的原理图中。
- ：放置图表符，对应的菜单选项为“放置”→“图表符”。
- ：放置添加图纸入口，对应的菜单选项为“放置”→“添加图纸入口”。
- ：放置器件图表符，对应的菜单选项为“放置”→“器件图表符”。
- ：放置信号线束，对应的菜单选项为“放置”→“信号线束”。信号线束是一组具有相同性质的并行信号线的组合，通过信号线束线路连接到同一电路图上另一个线束接头，或连接到电路图入口或端口，以使信号连接到另一个原理图。
- ：放置线束连接器，对应的菜单选项为“放置”→“线束连接器”。线束连接器是端子的一种，连接器由插头和插座组成。连接器是汽车电路中线束的中继站。线束与线束、线束与电气部件之间的连接一般采用连接器。汽车线束连接器是连接汽车各个电气与电子设备的重要部件。为了防止连接器在汽车行驶中脱开，所有的连接器均采用了闭锁装置。
- ：放置线束入口，对应的菜单选项为“放置”→“线束入口”。线束通过“线束入口”的名称来识别每个网络或总线。Altium Designer 16 正是使用这些名称而非线束入口顺序来建立整个设计的连接。除非命名的是线束连接器，网络命名一般不使用线束入口的名称。

(2) 电源及接地符号工具栏

电源及接地符号有很多种，Altium Designer 16 提供了专门的电源及接地符号工具，如图 6.17 所示。

(3) 绘图工具栏

Altium Designer 16 提供了功能强大的绘图工具。使用绘图工具可以方便地在电路原理图上绘制直线、曲线、圆弧和矩形等图形来对电路原理图进行进一步的修饰、说明。需要说明的是，用绘图工具栏绘制的图形主要起标注的作用，并没有任何电气含义，这是绘图工具栏和布线工具栏的关键区别。

绘图工具栏各按钮的功能如图 6.18 所示。通过原理图编辑器窗口可以找到绘图工具栏上各个按钮所对应的选项。

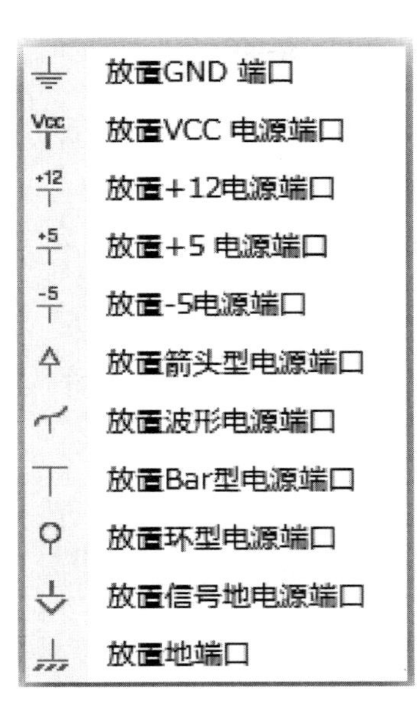


图 6.17 电源及接地符号工具栏

图 6.18 绘图工具栏

### 6.2.4 电路原理图绘制实例

本节以绘制电源电路为例，进一步介绍绘制电路原理图的方法。电源电路是基本的电子电路，绝大部分电子系统都离不开电源电路。这里举出电源电路的例子，仅提供±12V、+5V等三种电压输出。

1. 在工程项目中创建新的电路原理图文件

执行主菜单命令“文件”→“新建”→“Project（工程）”，弹出“New Project（新建工程）”对话框，在该对话框中显示工程文件类型，创建一个PCB项目文件，如图6.19所示，默认保存工程名为“PCB _ Project _ 1”。再在“PCB _ Project _ 1”工程项文件包中执行菜单命令“文件”→“新建”→“原理图”，新建一个原理图文件“电源原理图.SCHDOC”。

2. 设置电路原理图选项，装入元器件库

根据电路原理图元器件的数量确定图纸尺寸。执行菜单命令“设计”→“文档选项”选择A4尺寸图纸。

根据电路原理图元器件类型，加载元器件库。执行菜单命令“设计”→“添加/删除库”，加载通用元器件库（Miscellaneous Devices. IntLib）和通用插接件库（Miscellaneous Connectors. IntLib），而三端集成稳压元器件可以在“ST Power Mgt Voltage Regulator. IntLib”库中找到。这是ST公司的常规电源元器件，使用其他公司的常规电源元器件库也是可以的。

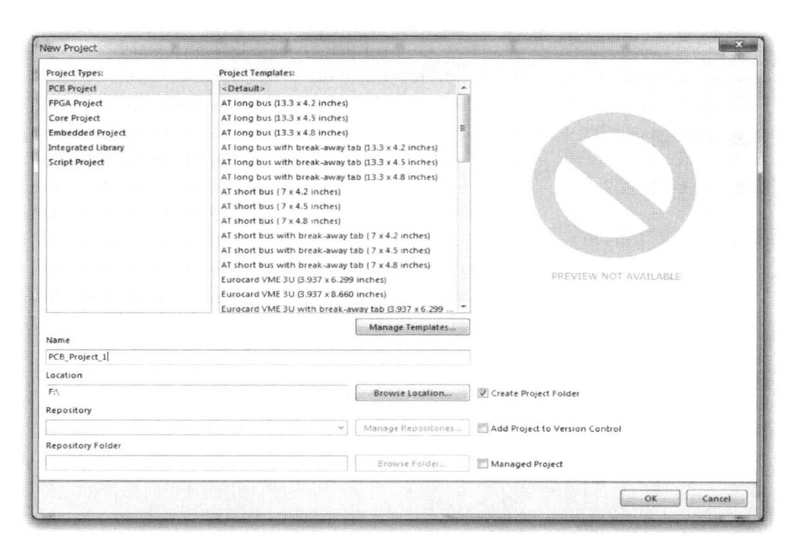


**图 6.19 “New Project（新建工程）”对话框**

3. 放置元器件

电路原理图中分别有连接器“HEADER4”、整流桥“BRIDGEl”、电解电容“CAP POL2”、普通电容“CAP”和三端集成稳压元件“L7805CP” “L7812CV” “L7912CV”等。一般变压器是不安装在印制电路板上的，所以这里也没有画变压器，而是用一个连接器代替，变压器的输出连接到这个连接器就可以了。

4. 电路连线，添加电路输入/输出端口和接地标号

此处不做介绍。

5. 文件存盘

至此电源电路原理图绘制结束，如图 6.20 所示。

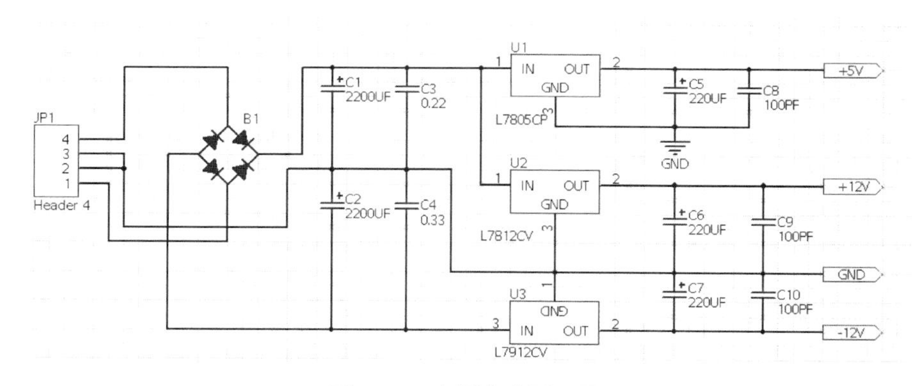


**图 6.20 电源电路原理图**

### 6.2.5　生成各种报表

在设计的过程中，出于存档、对照、校对及交流等目的，总希望能够随时输出整个设计工程的相关信息。元器件报表主要用来列出当前工程项目中用到的所有元器件标识、元器件封装、元器件库中的名称等，相当于一份元器件清单。依据这份报表，用户可以详细查看项目中元器件的各类信息，同时在制作印制电路板时，该报表也可作为元器件采购的参考。

1. 生成元器件报表

当一个项目完成设计后，紧接着就要进行元器件的采购了。对于比较大的设计项目，元器件种类很多、数目庞大，同种元器件封装形式可能还会有所不同，Altium Designer 16 提供了专门的工具可以很轻松地完成这一工作，具体操作如下。

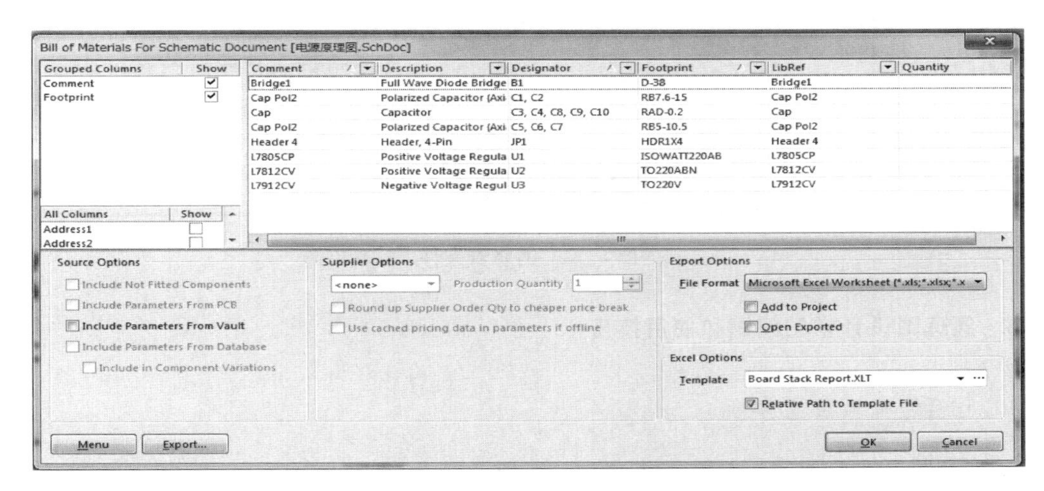


**图 6.21　元器件清单对话框**

(1) 打开图 6.20 所示原理图“电源原理图 . SCHDOC”。

(2) 执行菜单命令“文件”→“Bill of Material (元器件清单)”，系统会弹出如图 6.21 所示的元器件清单对话框。从图中可得到每个元器件的标识、库名称、元器件类型描述、封装名称和元器件参数等信息。

(3) 在元器件清单对话框中，单击下方各按钮，可以生成各种元器件报表。

2. 生成网络表

绘制原理图的最主要目的是将设计电路转换成一张有效的网络表，以供其他后续处理程序（如印制电路板制作）使用。网络表的主要内容为原理图中各元器件的数据（标识、元器件参数与封装信息）及元器件之间网络连接的数据。

执行菜单栏中的命令“设计”→“文件的网络表”→“PCAD (生成原理图网络表)”，在项目管理器中会自动生成一个以“. NET”为扩展名的文件，并存放在当前工程项目下的文件夹中。双击打开该原理图的网络表文件，如图 6.22 所示。

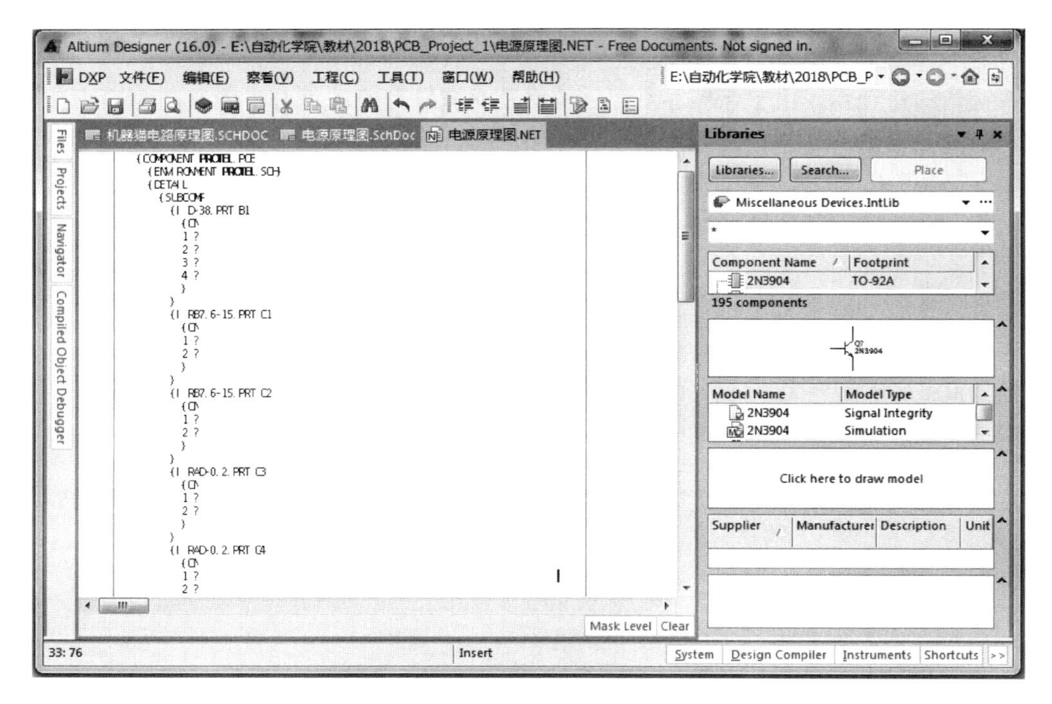


图 6.22 网络表文件

### 6.2.6 原理图设计常见问题和使用技巧

1. 元器件命名注意事项

每个元器件在原理图中都有一个唯一的名字，称为元器件标识（Designator）。元器件标识必须是全局唯一的，否则在生成网络表时就会出现错误。给元器件命名时，元器件名不要太长，不要含有符号“_”，编号中不要有空格。

2. 在库中查找元器件

由于 Altium Designer 16 提供了非常丰富的元器件库，有时候想知道所需要的元器件在哪个库中也不是一件容易的事情，特别是某些不太常用的器件，更是不容易找到它们的确切位置，所以 Altium Designer 16 提供了元器件查询功能。

在原理图编辑状态下，执行菜单栏中的“工具”→“发现元器件”命令，或在“库”面板中单击按钮，会弹出如图 6.23 所示的查询库元器件对话框。在该对话框中用户可以搜索需要的元器件。图中，“Search”选项主要用于设置查找参数，如查找的元器件信息、库的查询路径等。图中各项主要功能如下。

- “Scope”：设置查询范围。
- “Available Libraries”：在打开的库中查询。
- “Libraries on Path”：在右侧指定的路径下查询。

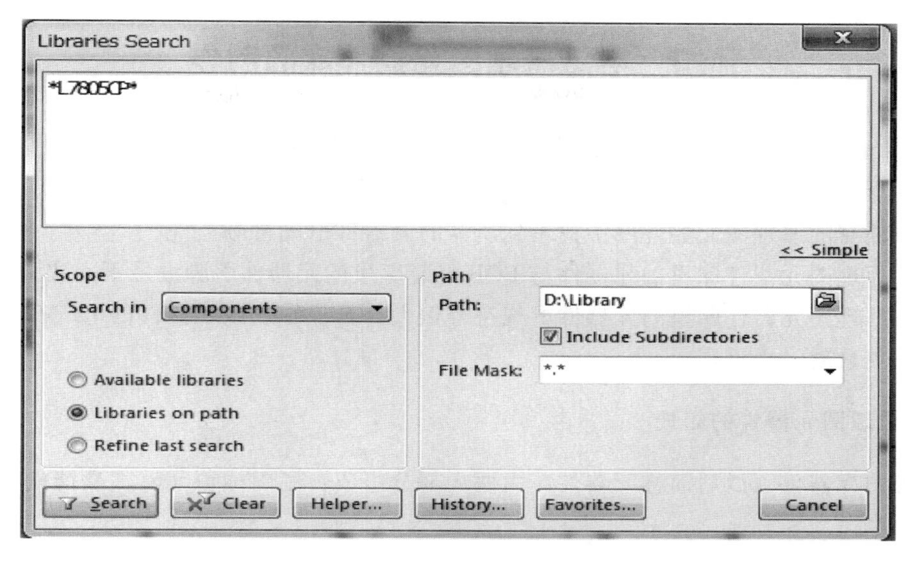


图 6.23　查询库元器件对话框

- “Path”：指定欲查询的路径，一般指定在 Altium Designer 16 库文件存放的目录。
- “File Mask”：文件过滤器，一般使用默认值“*.*”。

在 Libraries Search 文本框内输入“*L7805CP*”，单击 Search 按钮就开始查找，并自动转到显示找到的元件，如图 6.24 所示。

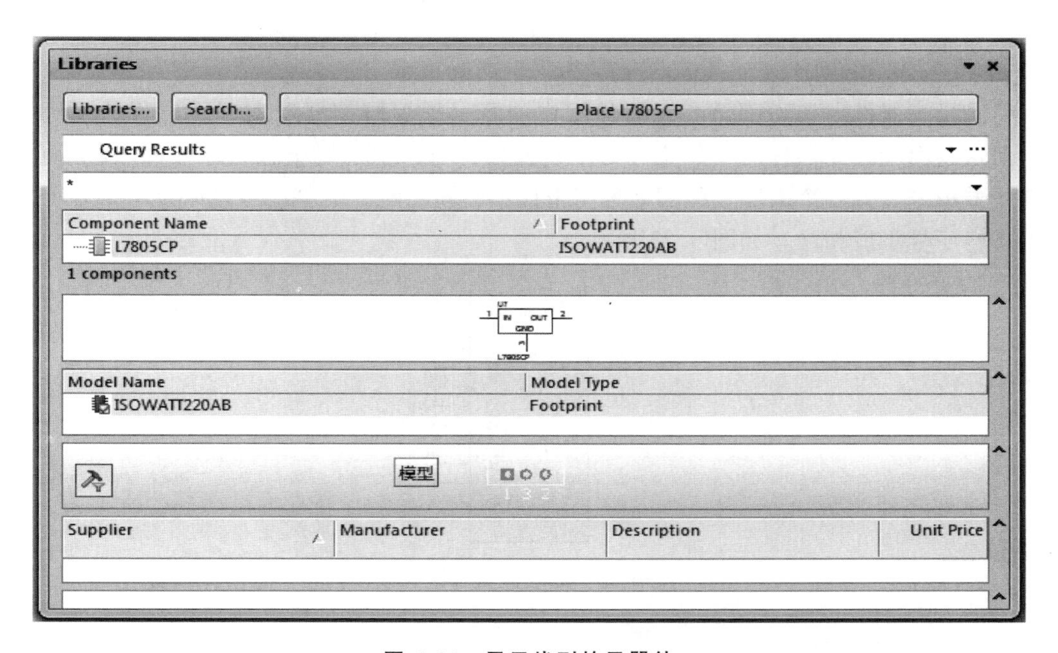


图 6.24　显示找到的元器件

# 6.3 电路原理图元器件库的制作

虽然 Altium Designer 16 为我们提供了非常丰富的电路原理图元器件库资源，但是，在实际电子线路设计过程中，常常会出于以下各种原因，需要创建和修改原理图元器件库。

(1) 现有的原理图元器件库中找不到所需的元器件电气符号。

(2) 原理图元器件库里的元器件与 PCB 封装库里的元器件引脚编号不一致。

(3) 原理图元器件库里的元器件电气符号偏大，希望修改该元器件的电气符号图形以使原理图更紧凑、更美观。

## 6.3.1 原理图元器件的组成

原理图元器件（以后简称元器件）由两大部分组成：用以标识元器件功能的标识图和元器件引脚。

1. 标识图

标识图仅仅起着提示元器件功能的作用，并没有什么实质作用。实际上，没有标识图或者随便绘制标识图都不会影响原理图的正确性。但是，标识图对于原理图的可读性具有重要作用，直接影响到原理图的维护，关系到整个工程的质量。因此，应该尽量绘制出直观表达元器件功能的元器件标识图。

2. 引脚

引脚是元器件的核心部分。元器件图中的每一根引脚都要和实际元器件的引脚对上号，而这些引脚在元器件图中的位置是不重要的。每一根引脚都包含序号和名称等信息。引脚序号用来区分各个引脚，引脚名称用来提示引脚功能。引脚序号是必须有的，而且不同引脚的序号不能相同，如图 6.25 所示。

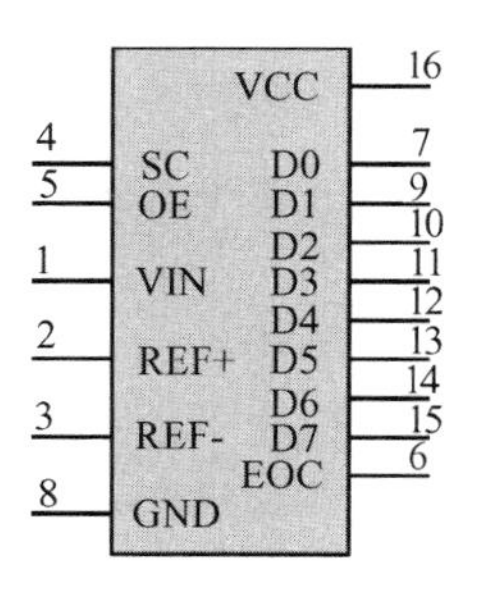


图6.25 原理图元器件示例

## 6.3.2 原理图元器件的绘制过程

为一个实际元器件绘制原理图库时，为了保证正确和高效，一般建议遵循以下步骤。

1. 收集必要的资料

所需收集的资料主要包括元器件的引脚功能。收集资料一般来说困难不太大，但是某些初学者可能会感觉不知如何下手。如果是常用的元器件，可以从电子设计类的书中查找，也有很多这样的专门参考手册，如《CMOS集成电路大全》《TTL集成电路参考手册》等。如果该元器件不是很常见，可以到供应商的网站上去寻找，一般供应商都会提供相应的产品手册，手册中包含有产品的详细介绍，包括引脚功能。如果仍然没有找到，可以采用搜索引擎查找。目前，国内有一个比较好的搜索站点：www.21ic.com。如果可以访问国外站点，www.google.com也非常不错。如果这个元器件根本就不是广泛使用的标准元器件，例如一些非标准的多路开关、继电器等，只能先买回元器件，用万用表测出各个引脚的功能，再为其绘制原理图库了。

2. 绘制元器件标识图

如果是集成电路等引脚较多的元器件，因为功能复杂，不可能用标识图表达清楚，往往是画个方框代表。如果是引脚较少的分立元器件，一般尽量画出能够表达元器件功能的标识图，这对于电路图的阅读会有很大帮助。

3. 添加引脚并编辑引脚信息

在绘制好的标识图的合适位置添加引脚，此时的引脚信息是由Altium Designer 16自动设置的，往往不正确，需要手工编辑修改为合适的内容。

### 6.3.3　绘制元器件原理图符号的常用工具

1. 元器件绘制工具栏

元器件绘制工具栏如图6.26所示。

元器件绘制工具栏中各个按钮的功能如下。

- ／：绘制直线。
- ：绘制椭圆弧线。
- A：添加说明文字。
- ：放置文本框。
- ：在当前编辑的元器件中添加子件。
- ：绘制圆角矩形。
- ：插入图片。
- ：绘制贝塞尔曲线。
- ：绘制多边形。

- ：用于放置超链接。
- ：新建元器件。
- ：绘制矩形。
- ：绘制椭圆。
- ：放置元器件引脚。

这些按钮的功能也可以通过执行菜单栏“放置”中的相应命令来实现。

下面两条“放置”菜单中的命令在绘制元器件工具栏中没有对应的按钮。

- “放置”→“弧”：绘制弧。
- “放置”→ ：绘制圆饼图。

2. IEEE 符号工具栏

打开或关闭 IEEE 符号工具栏可以执行菜单命令“放置”→“IEEE 符号”。图 6.27 所示的是 IEEE 符号工具栏。

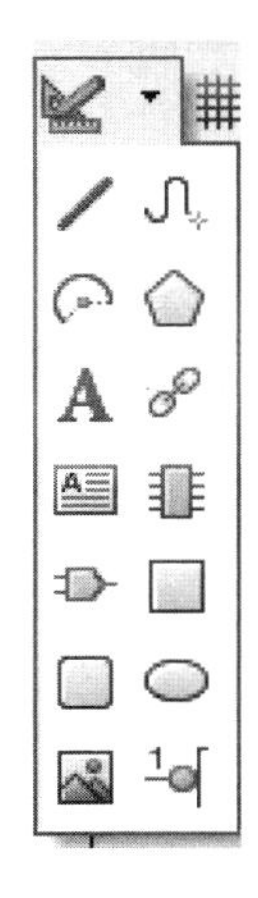

图 6.26 元器件绘制工具栏

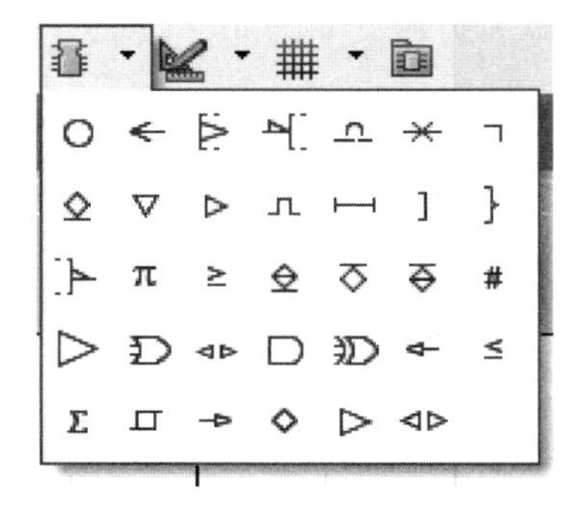

图 6.27 IEEE 符号工具栏

IEEE 符号工具栏中各个按钮的功能如下。

- ：放置低电平触发符号。
- ：放置信号左向传输符号。
- ：放置时钟上升沿触发符号。
- ：放置电平触发输入符号。
- ：放置模拟信号输入符号。
- ：放置无逻辑性连接符号。
- ：放置延时输出的符号。
- ：放置具有开集极输出的符号。
- ：放置高阻抗状态符号。

- ▷：放置大电流符号。
- ⎍：放置脉冲符号。
- ⊢⊣：放置延时符号。
- ]：放置多条 I/O 线组合符号。
- }：放置二进制组合的符号。
- ]⊢：放置低触发输出符号。
- π：放置 π 符号。
- ≥：放置大于等于符号。
- ：放置具有提高电阻的开集极输出符号。
- ：放置开射极输出符号。
- ：放置具有电阻接地的开射极输出符号。
- #：放置数字信号输入符号。
- ▷：放置反向器符号。
- ◁▷：放置双向信号流符号。
- ：放置信号数据左移传输符号。
- ≤：放置小于等于符号。
- Σ：放置∑符号。
- ⎍：放置司密特触发输入特性的符号。
- ：放置数据右移的符号。

### 6.3.4　原理图库绘制实例

1. 创建新的原理图库

(1) 执行菜单命令“文件”→“新建”→“库”→“原理图库”，新建一个原理图库文件。

(2) 单击主工具栏中的按钮，在保存文件对话框中命名，并保存该库文件。此时在工程“Projects”面板中会出现该文件名，如图 6.28 所示。

2. 绘制稳压二极管

(1) 执行菜单栏命令“工具”→“文档选项”命令，在弹出的库编辑器工作区对话框中进行工作区参数设置。

(2) 为新建的库文件原理图符号命名。

在创建了一个新的原理图库文件的同时，系统已自动为该库添加了一个默认原理图符号名为“Component _ 1”库元器件，打开“SCH Library (SCH 元器件库)”面板可以看到。通过下面两种方法，可以为该库元器件重新命名。

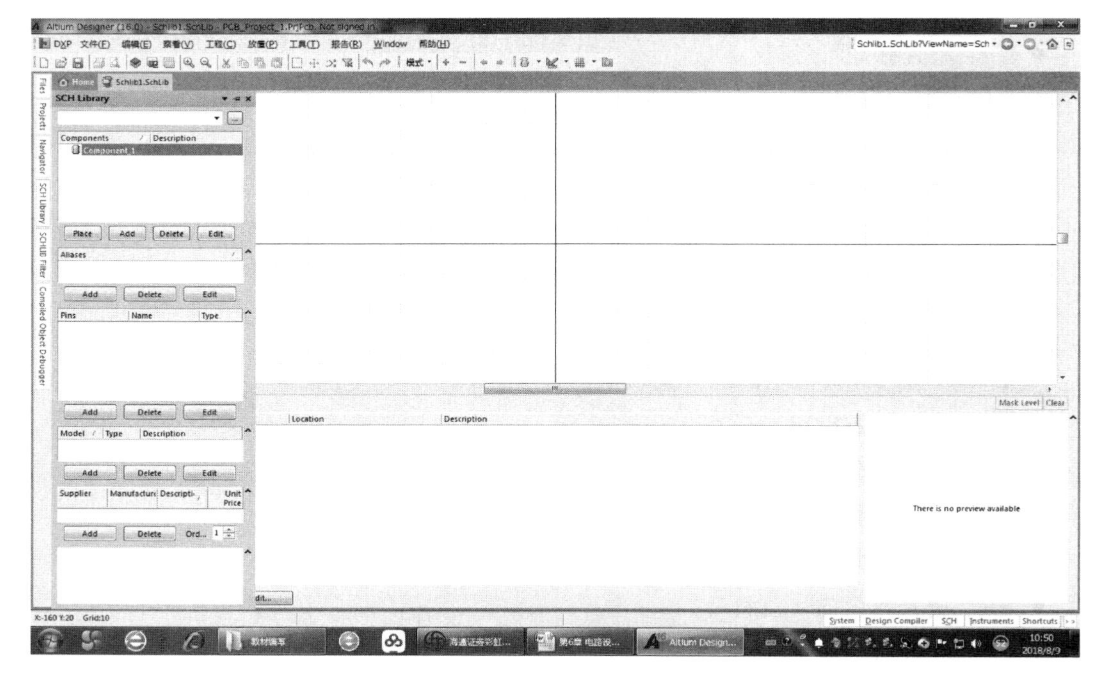


**图 6.28 新建原理图库编辑窗口**

① 单击原理图符号绘制工具栏中的创建新元器件按钮（产生元器件），则弹出原理图符号名称对话框，可以在该对话框中输入自己要绘制的新元器件名称。

② 在“SCH Library（SCH 元器件库）”面板上，直接单击原理图符号名称栏下面的“ADD（添加）”按钮，也会弹出同样的原理图符号名称对话框。

输入新元器件的名字“DZENER”，确认后即可编辑新元器件。

(3) 用鼠标单击绘图工具栏中的按钮，绘制稳压二极管的外形标识图，如图 6.29 所示。编辑区中的十字线交叉点是此元器件的基准位置，元器件中的坐标都是以这一点为基准的。

① 如果发现不能画斜线，可以在画线的同时（不释放鼠标）按一下或多下空格键切换画线模式。

② 光标能在网格上一格一格地跳。光标可按最小间隔为 1mil 平滑移动，可使用菜单“工具”→“文档选项”→“Grids（栅格）”栏，修改“snap（捕捉）”值来设定移动光标的最小间隔。

③ 修改线宽。双击刚绘制好的外形连线，弹出线条的属性对话框，单击“Line Width”下拉列表框，可选择合适的线宽。

(4) 添加引脚。在绘图工具栏中单击按钮，为元器件添加引脚。在放置引脚的过程中，空格键控制引脚的旋转，X 键控制引脚沿 X（水平）方向翻转，Y 键控制引脚沿 Y（垂直）方向翻转。这时的引脚标号和引脚名称是初始值，应按实际的名称加以修改。

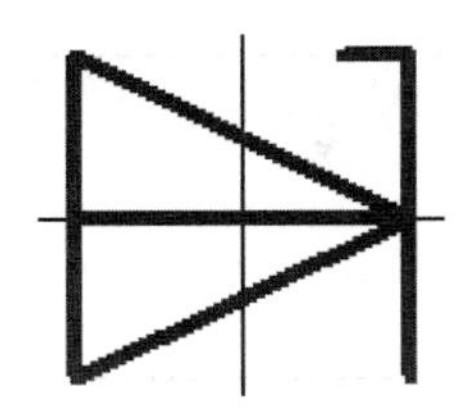

图 6.29　稳压二极管外形

引脚的两个端点是有区别的，其中一端连在元器件体上，另一端为引出脚（带有“X”号一端）朝外。

（5）编辑引脚属性。双击某一引脚，弹出如图 6.30 所示的修改引脚属性对话框。对话框中，“Display Name”表示引脚名称；“Designator”表示引脚标号（必须有）；“Location X/Y”表示引脚的位置；“Length”表示引脚的长度；“Orientation”表示引脚的旋转角度。

至此，稳压二极管绘制结束，保存。

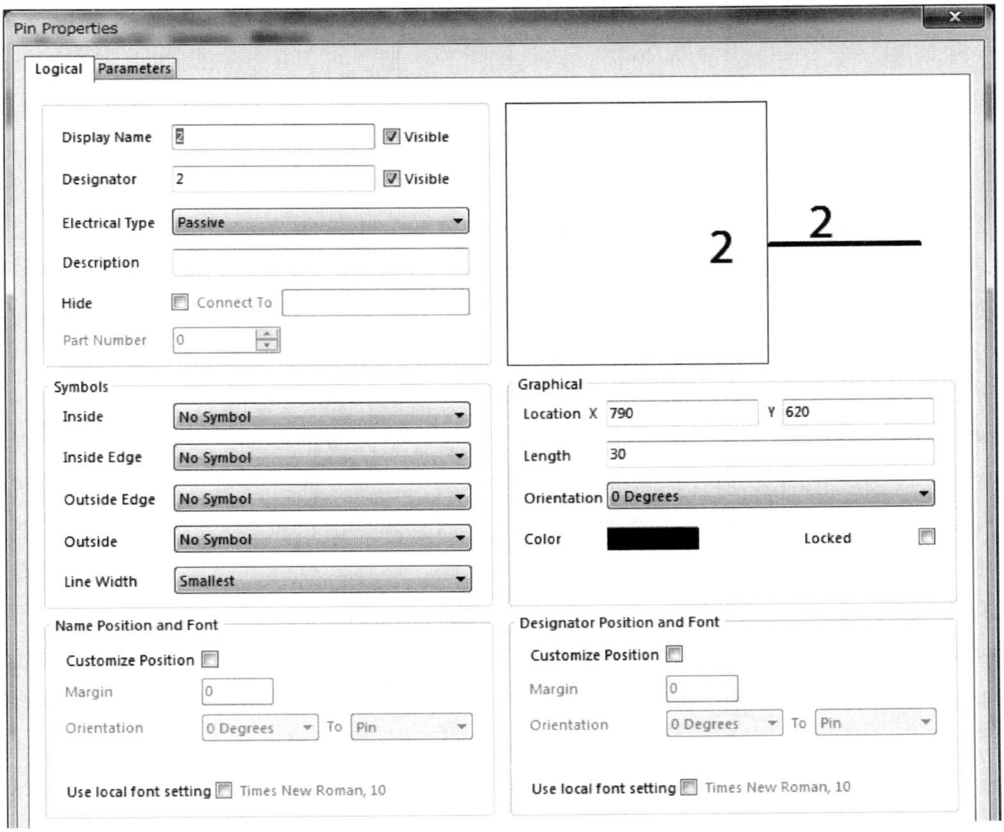

Pin Properties

Logical　Parameters

Display Name　2　Visible

Designator　2　Visible

Electrical Type　Passive

Description

Hide　Connect To

Part Number　0

2　2

Symbols

Inside　No Symbol

Inside Edge　No Symbol

Outside Edge　No Symbol

Outside　No Symbol

Line Width　Smallest

Graphical

Location X　790　Y　620

Length　30

Orientation　0 Degrees

Color　Locked

Name Position and Font

Customize Position

Margin　0

Orientation　0 Degrees　To　Pin

Use local font setting　Times New Roman, 10

Designator Position and Font

Customize Position

Margin　0

Orientation　0 Degrees　To　Pin

Use local font setting　Times New Roman, 10

图 6.30　修改引脚属性对话框

## 6.4 印制电路板元器件库的设计

Altium Designer 16 提供了丰富的元器件封装形式供用户调用，但是随着电子工业的飞速发展，新型的元器件封装形式层出不穷，Altium Designer 16 中的元器件 PCB 封装库总显得不够用。这时，可以针对新的元器件，来建立元器件 PCB 封装库。

封装就是元器件的外形和引脚分布图。元器件的封装信息主要包括两个部分：外形和焊盘。在 Altium Designer 16 的元器件库中，标准的元器件封装、元器件的外观和焊盘的位置关系，是严格按照实际的元器件尺寸进行设计的，否则在装配电路板时有可能因焊盘间距不正确而导致元器件不能装到电路板上，或者因为外形尺寸不正确，而使元器件之间发生相互干涉，安装困难。

### 6.4.1 元器件封装设计前的准备工作

在开始绘制封装之前，首先要做的准备工作是收集该元器件的封装信息。

封装信息的主要来源是生产厂家所提供的元器件用户手册。一般来讲手册中都有元器件的封装信息。如果手头上没有所需元器件的用户手册，可以上网或到图书馆去查阅。如果用以上方法也找不到元器件的资料，只能先把该器件买回来自行测量。为了量取正确的尺寸，必须有一些测量知识，还必须具备一点机械装配的知识。

在印制电路板丝印层（Top Overlay）上绘制的元器件轮廓是该元器件的顶视图。元器件的轮廓在放置元器件时非常有用，如果元器件的外形轮廓足够精确，可以一个紧挨一个摆放元器件，预留量不必太大。如果元器件轮廓画得太大，则浪费了印制电路板的空间。如果画得太小，元器件可能无法安装，印制电路板将会报废。元器件的高度在绘制外形轮廓时没有体现出来，但安装时却不能不考虑。

同时，元器件引脚粗细和相对位置也是必须考虑的问题。

使用通孔插装技术安装元器件时，元器件安置在电路板的一面，元器件引脚穿过印制电路板焊接在另一面上。通孔插装元器件需要占用较大的空间，并且要为所有引脚在电路板上钻孔，所以它们的引脚会占用两面的空间，而且焊点也比较大。但从另一面来说，通孔插装元器件与印制电路板连接较好，机械性能好。例如，排线的插座、接口板插槽等类似接口都需要一定的耐压能力，由此，通常采用通孔插装技术。表面安装技术安装元器件的引脚焊盘与元器件在同一面。表面安装元器件一般比通孔插装元器件体积小，而且不必为焊盘钻孔，甚至还能在印制电路板的两面都焊上。因此，与使用通孔插装元器件的印制电路板相比，使用表面安装元器件的印制电路板元器件布局要密集很多，体积也小很多。此外，应用表面安装技术的封装元器件也比通孔插装元器件要便宜一些，所以目前的印制电路板设计广泛采用了表面安装元器件。

由于印制电路板上的大部分指标都使用英制，因此应注意公英制的转换。它们之间的转换关系为 1000mil＝2.54cm。

### 6.4.2 建立元器件 PCB 库

1. 新建 PCB 封装库

执行菜单栏命令“文件”→“新建”→“库”→“PCB 元器件库”，新建一个 PCB 库文件。

2. PCB 库文件保存

单击主工具栏中的保存按钮，在保存文件对话框中命名，并保存该库文件。此时在工程“Projects”面板中会出现该文件名，如图 6.31 所示。

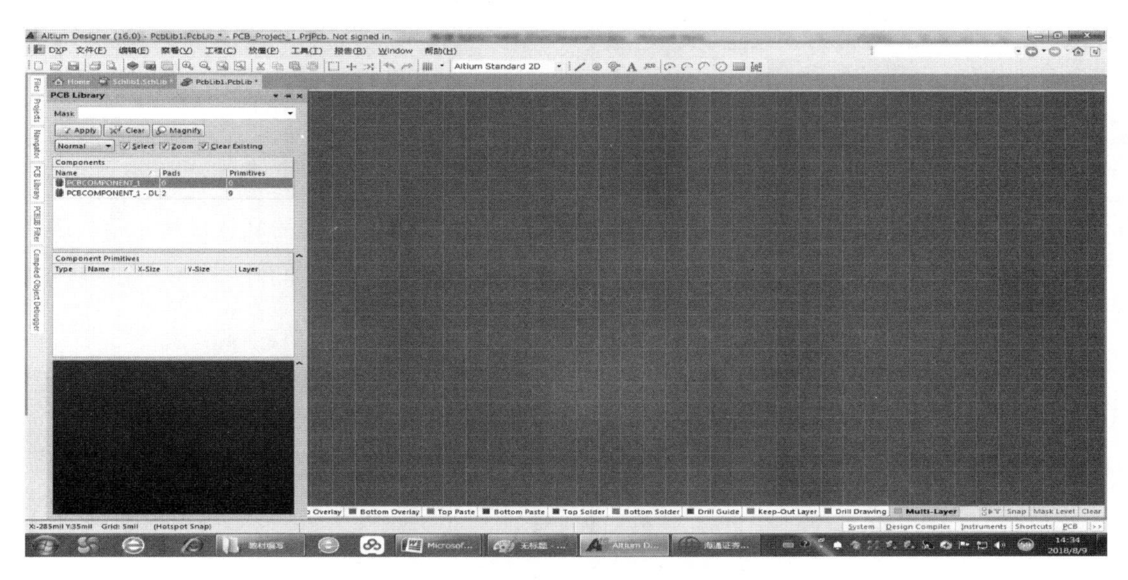


图 6.31 元器件封装编辑界面

3. 使用 PCB 元器件向导创建新元器件

手工绘制元器件 PCB 封装是非常烦琐的工作，Altium Designer 16 提供的 PCB 元器件向导（Component Wizard）会逐步设定各种规则，系统自动生成元器件封装，使设计工作变得非常简单方便。

下面以新建 DIP20 为例，介绍使用 PCB 元器件向导创建新元器件的方法。

(1) 执行菜单命令“工具”→“元器件向导”，系统弹出元器件封装向导对话框，如图 6.32 所示。

(2) 单击 Next > 按钮，进入元器件封装模式选择界面，如图 6.33 所示。在模式类型列表中列出了各种封装模式。这里选择“Dual in-line Package [DIP] 封装”模式。另外，对话框下部的下拉列表用于选择设计元器件使用的描述单位，设置为“Imperial (mil)”。

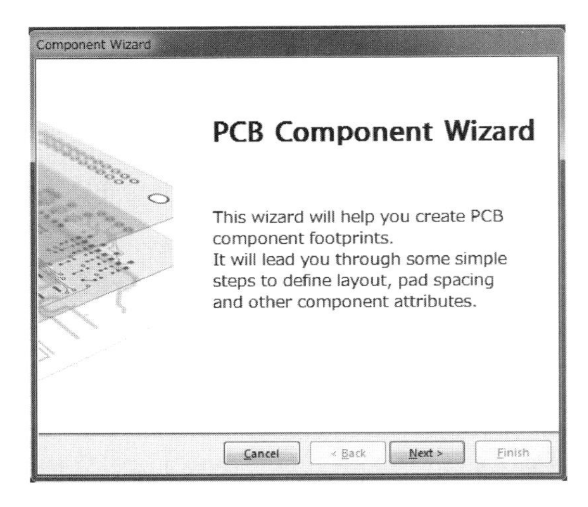


图 6.32　元器件封装向导界面

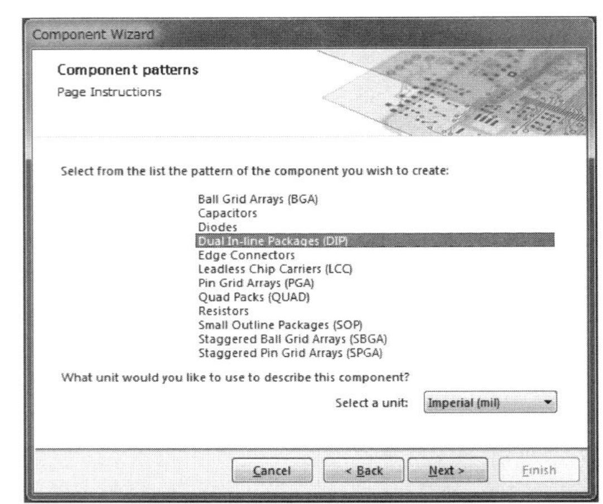


图 6.33　元器件封装模式选择界面

(3) 单击 Next > 按钮，进入封装焊盘尺寸设定界面。在这里设置外轮廓焊盘的长为80mil，宽为40mil，内轮廓大小为20mil，如图6.34所示。

(4) 单击 Next > 按钮，进入封装焊盘间距设定界面。在这里使用默认设置，第一脚为方形，其余脚为圆形，焊盘水平间距设置为650mil，列间距均设置为100mil，如图6.35所示。

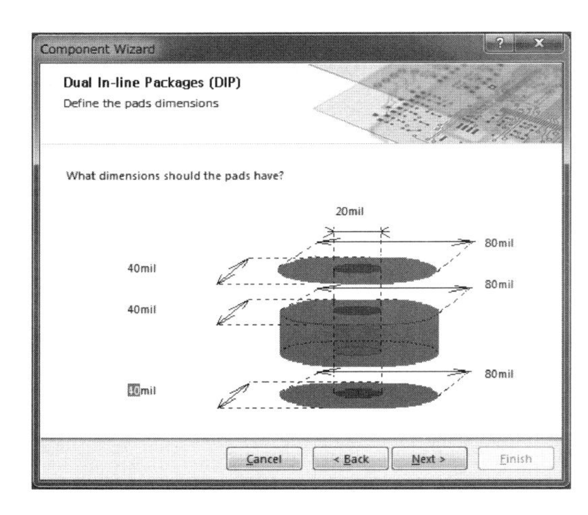


图 6.34　焊盘尺寸设定界面

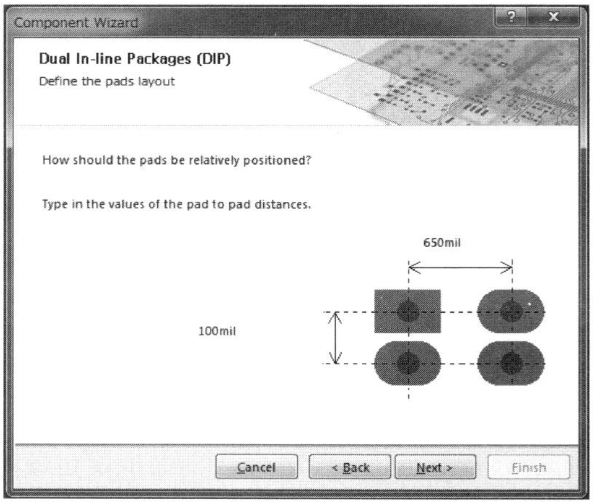

图 6.35　焊盘间距设定界面

(5) 单击 Next > 按钮，进入轮廓宽度设定界面。在这里使用默认设置为10mil，如图6.36所示。

(6) 单击 Next > 按钮，进入焊盘数目设定界面。将焊盘总数设置为20，如图6.37所示。

(7) 单击 Next > 按钮，进入封装命名界面。将封装命名为“DIP20”，如图6.38所示。

（8）单击 Next > 按钮，进入封装制作完成界面，如图 6.39 所示。单击 Finish 按钮，退出元器件封装向导。

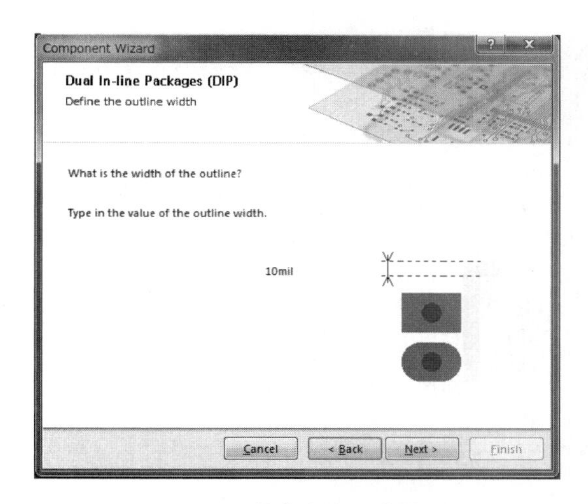


图 6.36　轮廓宽度设定界面

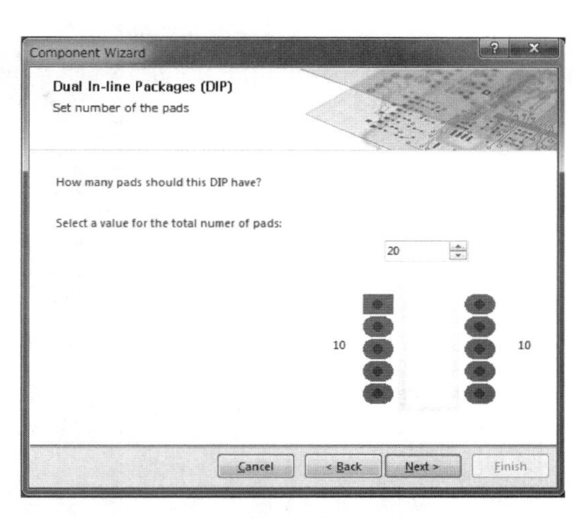


图 6.37　焊盘数目设定界面

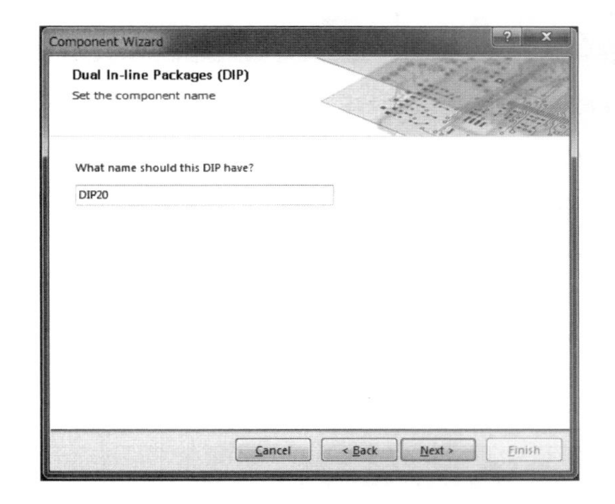


图 6.38　封装命名界面

图 6.39　封装制作完成界面

至此，DIP20 的封装制作就完成了，工作区内显示出封装图形，如图 6.40 所示。

4. 手工制作 PCB 元器件不规则封装

某些电子元器件的引脚比较特殊，或者遇到新产生的电子元器件，那么用 PCB 元器件向导将无法创建新的封装。这时，可以根据该元器件的实际参数真实尺寸手工创建元器件封装。手工创建元器件封装，首先需要用直线或者曲线来绘制元器件的外形轮廓，然后添加焊盘来实现引脚连接。元器件的外形轮廓只能放置在顶层丝印层上，焊盘则只能放置在信号层上。

下面以继电器为例，介绍如何手工绘制 PCB 库元器件，继电器外形尺寸和引脚位置如图 6.41 所示。

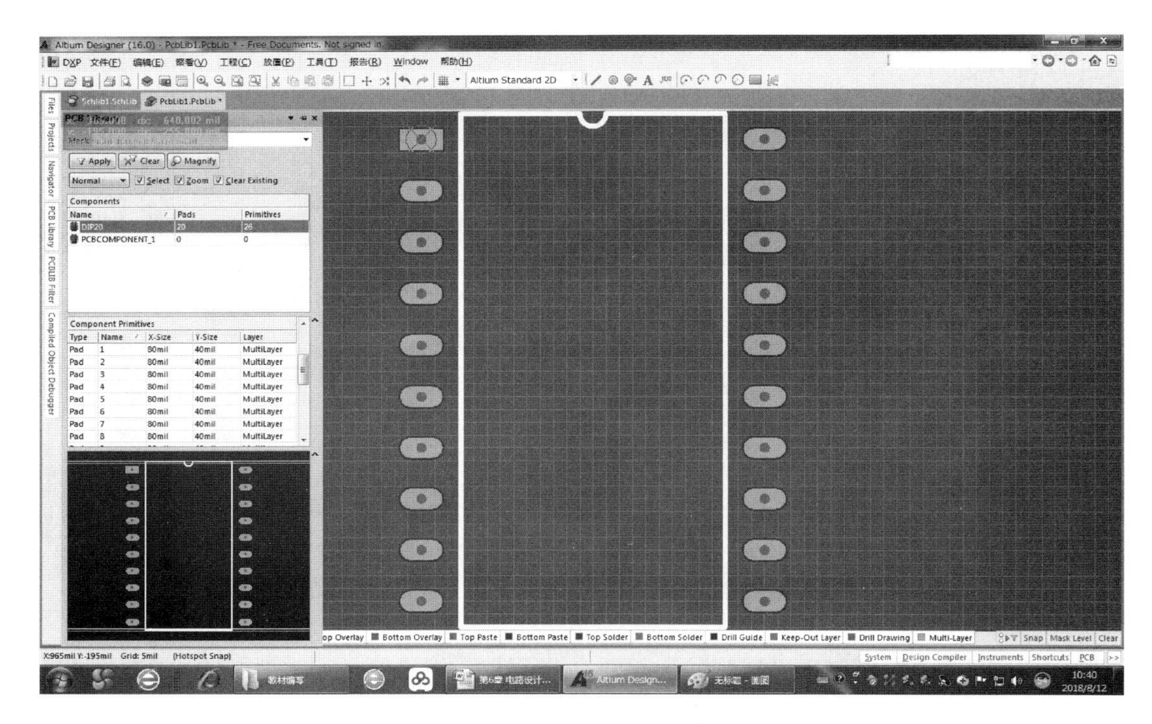


图 6.40 使用 PCB 封装向导制造的 DIP20 封装

（1）创建新的 PCB 空元器件文档。打开 PCB 元器件库 PcbLib1. PcbLib，执行菜单命令“工具”→“新的空元器件”，这时在“PCB Library（PCB 元器件库）”面板的元器件封装列表中会出现一个新的 PCBCOMPONENT _ 1 空文件。双击该文件，系统弹出如图 6.42 所示的对话框，在框中添入新的封装名字“JDQ－1”后，单击 OK 按钮，此时会发现在 PCB 封装库编辑器面板中出现更改后的元器件封装名。

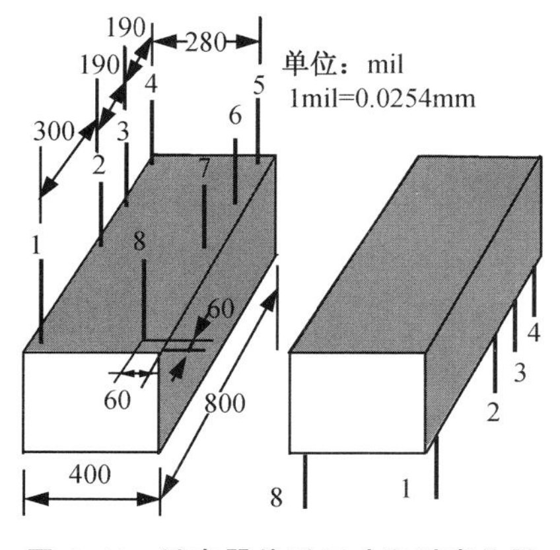


图 6.41 继电器外形尺寸和引脚位置

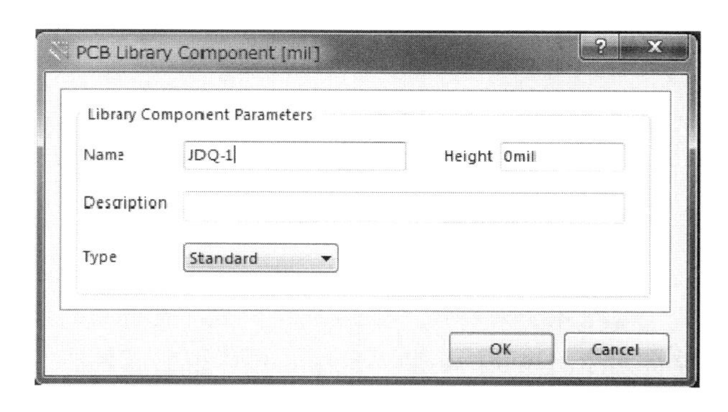


图 6.42 重新命名元件

（2）设置工作环境。执行菜单命令“工具”→“器件库选项”，或者在工作区右键快捷菜单中单击“选项”→“器件库选项”命令，系统弹出“板选项”对话框。按图 6.43

所示设置相关参数，单击 OK 按钮，关闭该对话框，完成“板选项”对话框的设置。

(3) 放置焊盘。在“Bottom Layer (底层)”执行菜单命令“放置”→“焊盘”，光标箭头上悬浮一个十字光标和一个焊盘，单击确定焊盘的位置，在激活状态下按 TAB 键，设置各焊盘的相应参数，如图 6.43 所示，注意焊盘必须有编号 (Designator)。按照同样的方法放置其余焊盘。

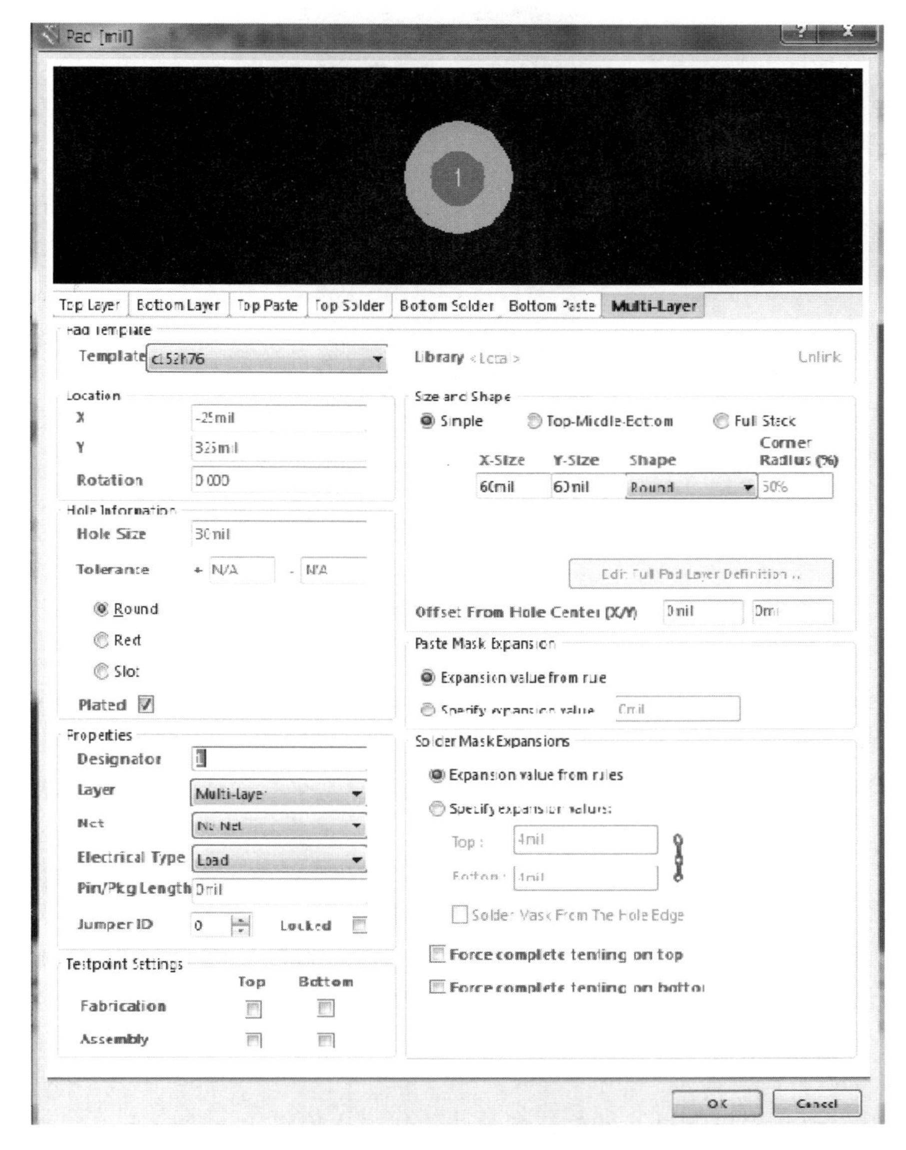


图 6.43　设置焊盘属性

(4) 绘制元件封装的轮廓线。单击工作区窗口下方标签栏中的“Top Overlay (顶层丝印层)”选项，将活动层设置为顶层丝印层，在该层上应用直线或弧线绘制元件的轮廓线。例中的继电器外形轮廓为 400mil×800mil。

(5) 设置元件参考点。在菜单栏命令“编辑”→“设置参考”子菜单中有三个命令,即“引脚1”“中心”和“定位”。设计者可以自己选择合适的元件参考点。

至此,手动创建的PCB元器件封装就制作完成了。继电器封装如图6.44所示。

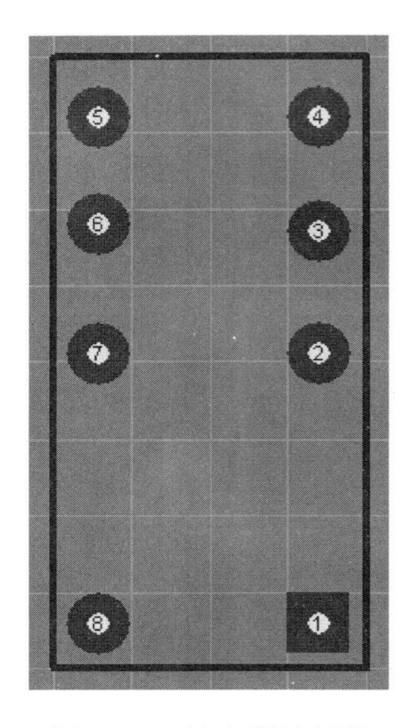


图6.44 继电器的封装

### 6.4.3 在元器件封装设计中常见的问题

1. 机械错误

机械错误在元器件规则检查中是无法检查出来的。这些错误不会导致编辑过程出现任何出错提示,因此设计者更应该小心对待。

(1) 焊盘大小选择不合适,尤其是焊盘内径选得太小,焊接时根本无法将引脚插进焊盘。

(2) 焊盘间的距离及分布和实际元器件引脚的分布不一致,导致元器件无法安装。

(3) 带安装定位脚的元器件忘了在封装中设计定位孔,导致元器件无法固定。

(4) 封装的外形轮廓小于实际元器件的外形尺寸,如果布局时元器件安排比较紧密,有可能导致元器件挤得太紧,甚至无法安装。

2. 电气错误

电气错误通常可以通过元器件规则检查,或者在网络表文件读入过程中由Altium Designer 16检查出来,因此往往可以根据出错信息找到错误并修改。

(1) 元器件的引脚编号和封装的引脚编号不一致,有时候甚至连引脚数都不一致。

(2) 焊盘编号定义过程中重复定义焊盘编号。

(3) 封装库中出现短路现象,通常出现在特殊封装的元器件中。

# 6.5　印制电路板的设计

印制电路板的设计是所有设计步骤的最终环节。原理图设计等工作只是从原理上给出了电气连接关系，其功能最后必须依靠于印制电路板的设计来实现。

## 6.5.1　印制电路板的设计流程

根据设计经验和习惯，在准备好原理图和网络表文件后，应先创建一个空白的印制电路文件，再设计印制电路板的外形、尺寸，然后设置自己习惯的环境参数。在装入元器件库之后，通过原理图编辑器或印制电路板编辑器装入预先准备好的网络表及元器件外形封装，接下来就可以设置工作参数了，通常包括板层堆栈管理器的设定和布线规则的设定。在上述准备工作完成后，就可以布局元器件和自动布线了。对不合理的地方进行相应的手工调整、对电源和接地信号进行覆铜，最后进行设计校验检查。这样，一块印制电路板就算设计好了。在设计工作完成之后，还应当将设计完成的线路图文件进行存盘、打印，导出元器件明细表，并且将导出的印制电路板线路图，送交制版商制作。

总的来说，印制电路板的设计流程可划分为以下几个步骤。

1. 准备原理图和网络表

原理图的绘制是为印制电路板的设计服务的，而网络表是印制电路板自动布线的关键，更是联系原理图和印制电路板图的桥梁和纽带。

2. 规划印制电路板

在印制电路板设计之前必须要规划好。印制电路板的规划包括电路板是选择单面板、双面板还是多层板；电路板的尺寸大小；电路板与外界的接口形式，选择具体连接器的封装形式、连接器的安装位置、电路板的安装方式，以及印制电路板设计环境参数的设定等。

3. 将原理图信息通过网络表载入印制电路板

将原理图信息通过网络表载入印制电路板，使印制电路板的设计由于网络表的存在而变得简单。

4. 元器件布局

元器件布局就是将元器件摆放到印制电路板上。它分为自动布局、半自动布局和手动布局。自动布局速度快，不过很难达到实际电路的设计要求。手动布局得到的结果准确但费时。半自动布局是广泛采用的元件布局方式。元件布局应考虑到电路的机械结构、电磁干扰、热干扰等。

5. 布线

Altium Designer 16 在印制电路板上的自动布线引入了人工智能技术，在布线过程中，Altium Designer 16 的自动布线器会根据用户设置的设计法则和自动布线规则选择最佳的布线策略，使印制电路板的设计尽可能完美。但在特殊情况下，自动布线往往很难满足设计要求，这时就需要进行手工调整，以满足设计要求。

6. 检查、修改和文件存档

对各布线层中的地线进行覆铜，以增强印制电路板的抗干扰能力；对电流过大的印制导线采用覆铜处理来加大其过电流能力。

对布线结束的印制电路板进行 DRC 检验，以确保印制电路板符合设计规则。

检查无误后，存盘保存，并送交制版商制作。

### 6.5.2 创建 PCB 文件

进入 Altium Designer 16 系统，执行菜单命令“文件”→“新建”→“PCB”，即可创建一个新的 PCB 设计文件。但在 Altium Designer 16 中，创建一个新的 PCB 文件最简单的方法是利用 PCB 文件生成向导。在利用 Altium Designer 16 文件生成向导的过程中，可以选择标准的模板，也可以自定义印制电路板的参数。具体步骤如下。

(1) 单击 Altium Designer 16 绘图编辑系统下方标签栏中的“System”→“Files”面板下部的“New from Template”标题栏中的“PCB Board Wizard”，选项如图 6.45 所示，即可进入 PCB 文件生成向导，如图 6.46 所示。

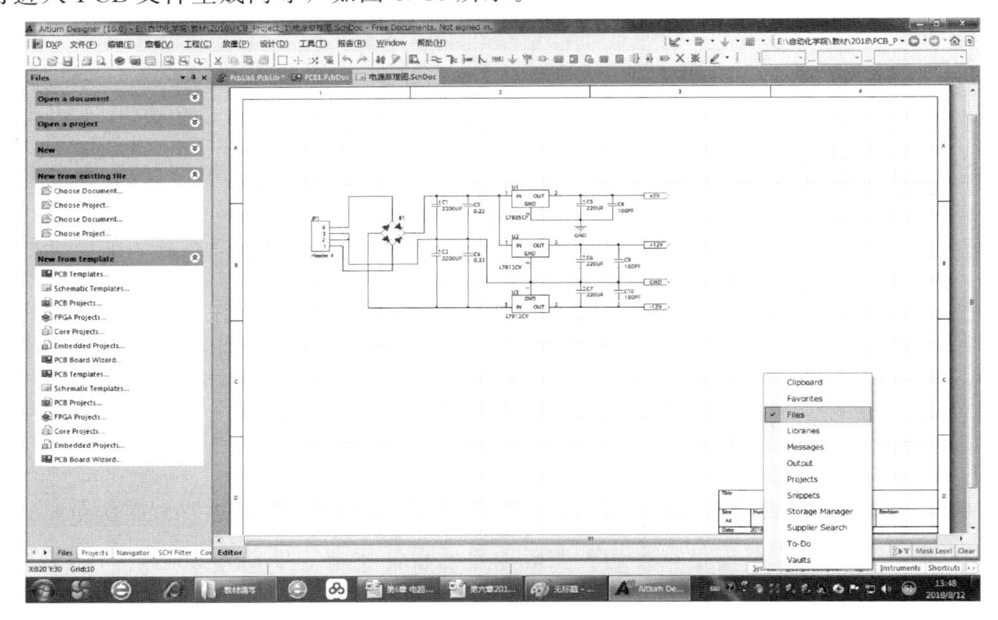


图 6.45 “Files”面板

（2）单击 Next> 按钮，进入设置印制电路板尺寸单位选择对话框，如图 6.47 所示，“Imperial”选择项表示系统尺寸为英制“mil”；“Metric”选择项表示系统尺寸为公制“mm”。通常采用英制单位，因为大多数元器件封装的引脚都采用英制，这样的设置有利于元器件的放置、引脚的测量等操作的进行，后面设定将依此单位为准。

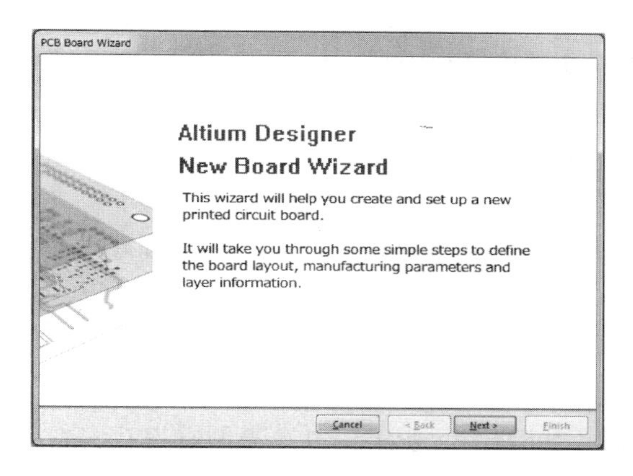


图 6.46　“印制电路板向导”对话框

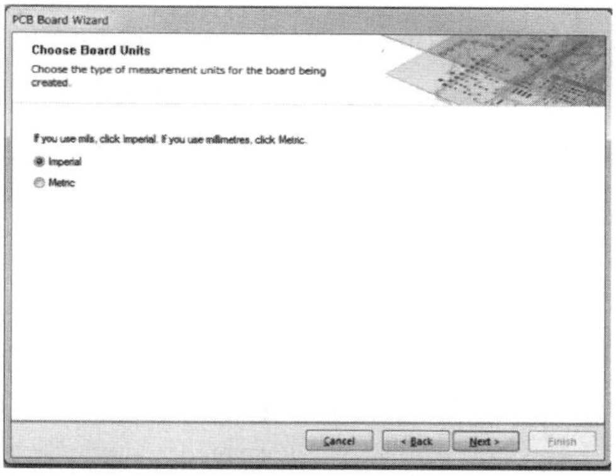

图 6.47　选择电路板单位

（3）单击 Next> 按钮进行下一步，弹出如图 6.48 所示的对话框，可以从 Altium Designer 16 提供的印制电路板模板库中选择一种标准模板，也可以选择“Custom”选项，根据需要输入自定义尺寸。这里选择“Custom”选项。

（4）单击 Next> 按钮进行下一步，弹出如图 6.49 所示的印制电路板的参数对话框。在该对话框中，可以选择设计电路板轮廓形状、电路板尺寸、尺寸标注放置的层面、边界导线宽度、尺寸线宽度、禁止布线区与电路板边沿的距离等。

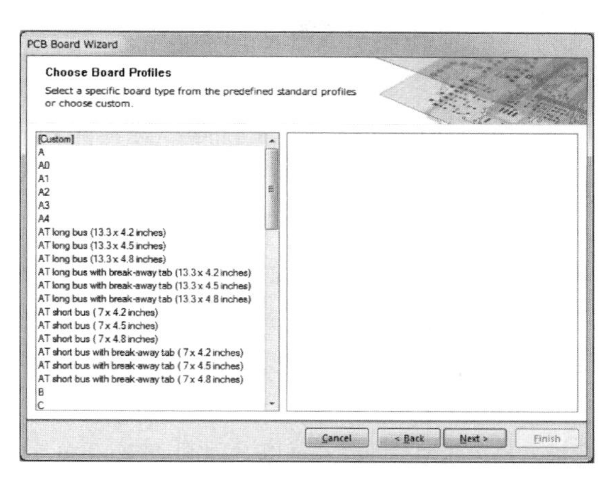


图 6.48　选择自定义电路板类型

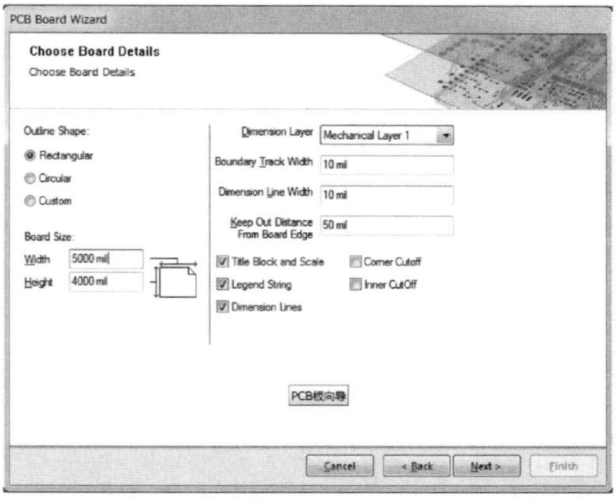

图 6.49　设置电路板参数

● “Outline Shape”：设置印制电路板的外形。在该项中提供了矩形、圆形和自定义三种方式，通常将印制电路板的外形设定为矩形。

● “Board Size”：设置印制电路板的尺寸。

● “Dimension Layer”：设置尺寸标注层面。

● “Boundary Track Width”：设置边界线的宽度。

● “Dimension Line Width”：设置尺寸标注线的宽度。

● “Keep Out Distance From Board Edge”：设置印制电路板的电气边界与物理边界间的距离。

● “Title Block and Scale”：选中该项，将在印制电路板上加入标题栏和图纸比例。

● “Legend String”：选中该项，将在印制电路板上添加图例字符串。

● “Dimension Lines”：选中该项，将在印制电路板上设置尺寸线。

● “Corner Cut Off”：选中该项，用于定义是否截取印制电路板的一个角。

● “Inner Cutoff”：选中该项，用于定义是否截取印制电路板的中心部位。该复选框通常是为了元件的散热而设置的。

(5) 单击 Next> 按钮进入信号层和内电层设置对话框，如图 6.50 所示。在该对话框中，可以根据设计需要设定信号层和内电层的数目。

(6) 单击 Next> 按钮弹出设置过孔对话框，如图 6.51 所示。过孔类型有通孔、盲孔和深埋过孔。

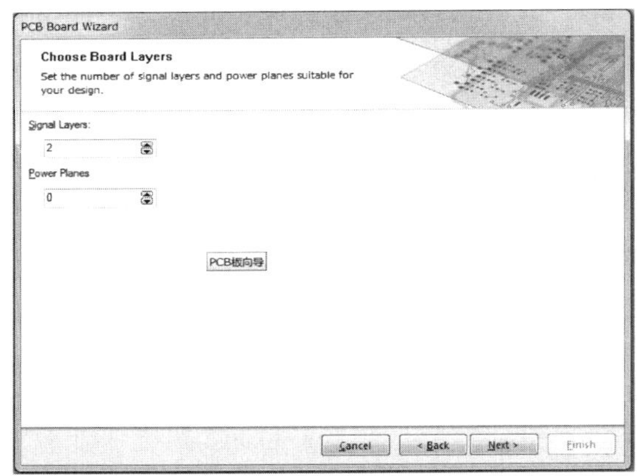


图 6.50 设置电路板工作层

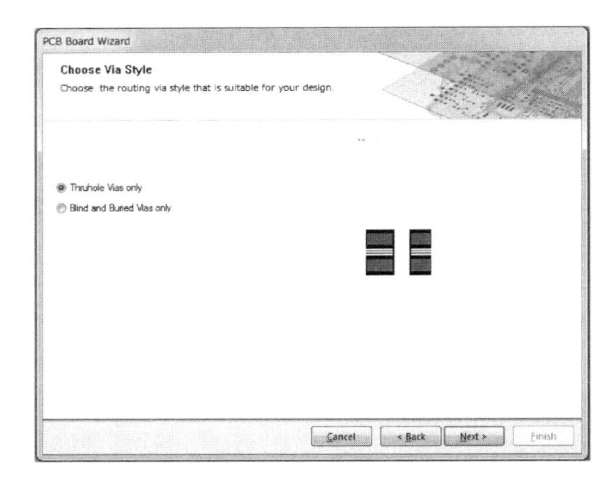


图 6.51 设置通孔类型

(7) 单击 Next> 按钮弹出如图 6.52 所示的对话框，设置元器件类型，是表面贴片元件还是通孔式直插元件。此外，还可以选择元件是单面安装还是双面安装。

(8) 单击 Next> 按钮弹出如图 6.53 所示的对话框，可以设置导线和过孔的尺寸，以及最小线间距等参数。

(9) 单击 Next> 按钮进入完成印制电路板生成向导画面，如图 6.54 所示。单击 Finish 按钮结束新印制电路板的创建，并进入图 6.55 所示的印制电路板编辑器。

(10) 利用 PCB 文件生成向导创建的 PCB 文件，系统自动将文件保存为“PCB1.pcbdoc”，如果想更改 PCB 文件的名称，执行菜单命令“文件”→“另存为”，将文件的保存路径定位到指定的文件夹，命名保存即可。

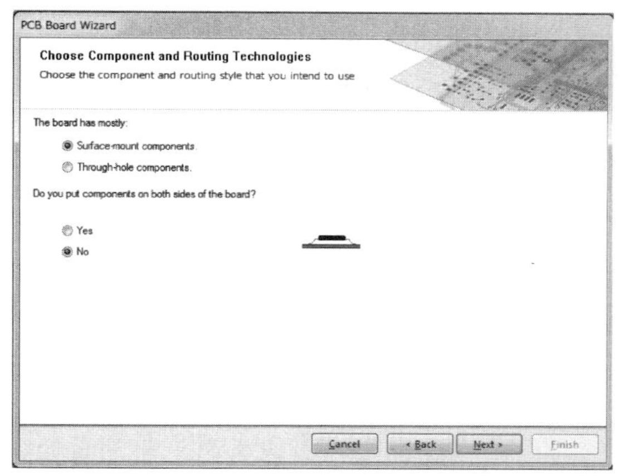


图 6.52　设置元件类型和安装样式

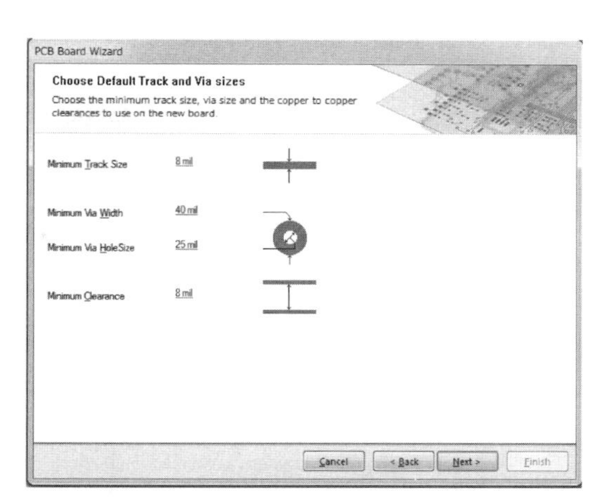


图 6.53　设置导线和过孔的尺寸

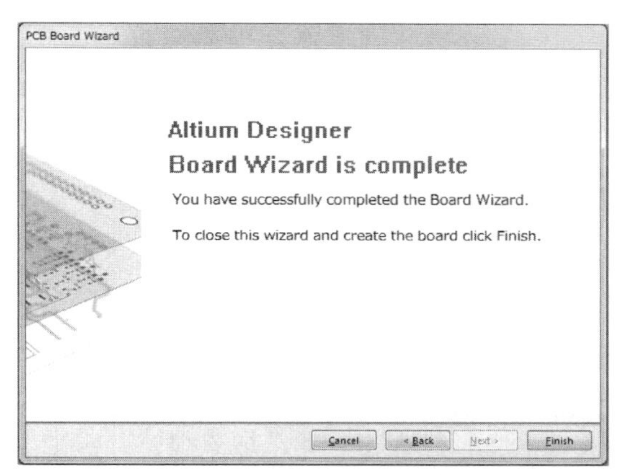


图 6.54　“印制电路板向导”完成

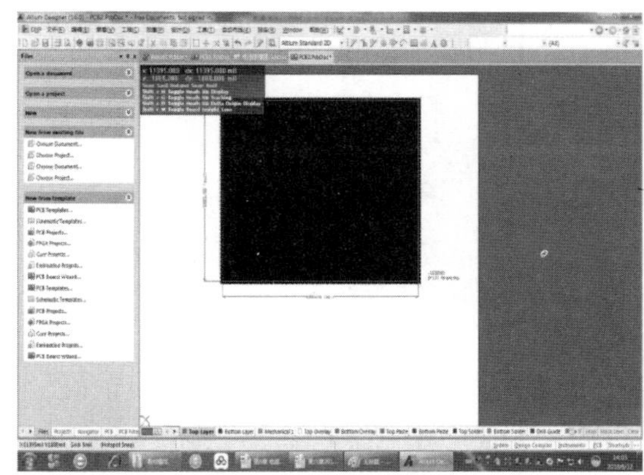

图 6.55　印制电路板编辑器

## 6.5.3　印制电路板编辑器的画面管理

### 1. 印制电路板布线工具栏

印制电路板布线工具栏（图 6.56）中各个按钮的功能都可以通过执行相应的菜单命令来实现。菜单“放置”命令中的各菜单命令分别与印制电路板布线工具栏中各个按钮的功能一一对应，如图 6.57 所示。

图 6.56　印制电路板布线工具栏

2. 放置器件

(1) 单击印制电路板布线工具栏中的 按钮或执行菜单命令为“放置”→“器件”。执行该命令后，会出现如图6.58所示的放置器件对话框。在该对话框中，当“Footprint”被选中时，可以输入器件的封装形式、序号、注释等参数。当“Component”被选中时，还可以输入器件的名称。

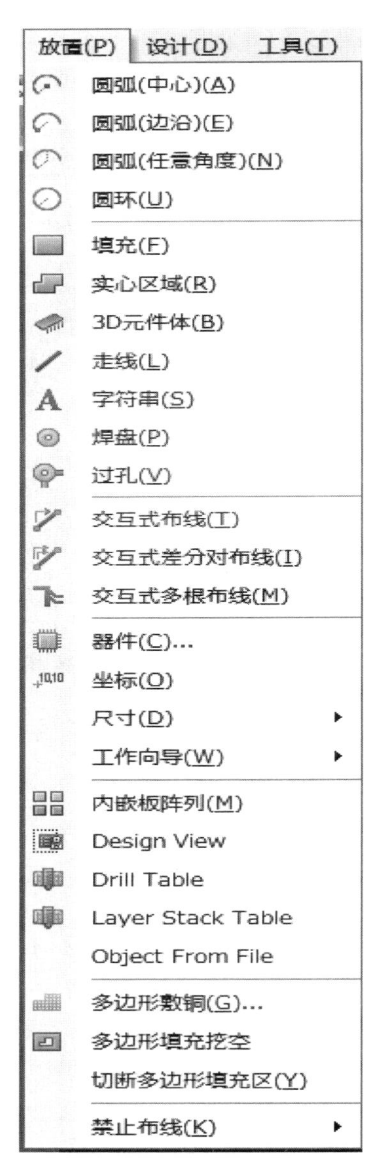


图6.57 “放置”菜单

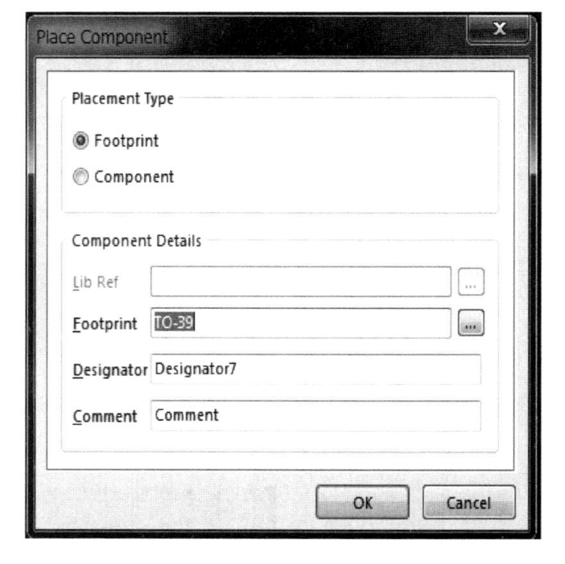


图6.58 放置器件封装对话框

(2) 如果不清楚元器件的封装形式，可以单击图 6.58 中对话框中的 … 按钮，会出现如图 6.59 所示的元器件库浏览对话框。选定好元器件封装形式后，单击 OK 按钮即可退出该对话框。

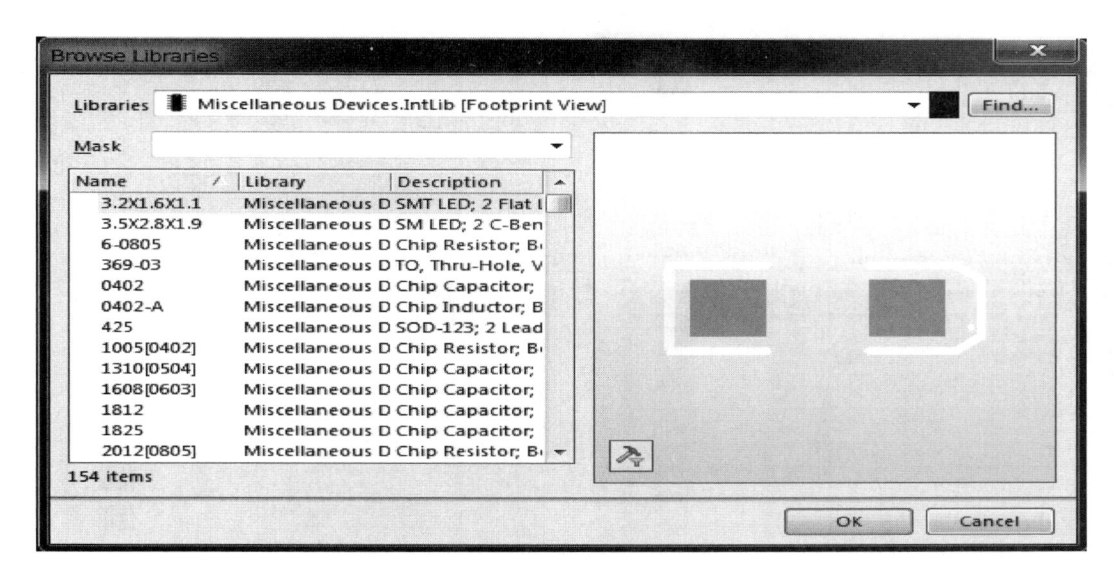


图 6.59 元器件库浏览对话框

(3) 单击 OK 按钮确认后，此时，光标变成十字形状，所放置元器件处于激活状态。按 Tab 键，可以进入元器件属性对话框。在该对话框内可以设定元器件的属性"Component Properties"(包括封装形式、所处的工作层面、坐标位置、旋转方向、锁定等参数)、元器件序号"Designator"、元器件注释"Comment"和元器件库的相关参数。

### 6.5.4 印制电路板的层面设置

1. 电路板的分层与颜色设置

印制电路板一般包括很多层，不同的层包含不同的设计信息。

Altium Designer 16 提供了六种类型的工作层面，包括信号层、内部电源/接地层、机械层、阻焊层、丝印层和其他层等，对于不同层面需要进行不同的操作。

执行菜单命令"设计"→"板层颜色"，弹出如图 6.60 所示的对话框。该对话框包括印制电路板颜色设置和系统默认设置颜色的显示两部分。

(1) 信号层

Altium Designer 16 共有 32 个信号层，包括顶层、底层、MidLayer1、MidLayer2、…、MidLayer30。信号层主要用来放置元器件和布线的工作层，常用的是顶层和底层。

(2) 内部电源/接地层

Altium Designer 16 提供了 16 个内部电源/接地层"Plane1"～"Plane16"。内部电源/接地层用于布置电源线和地线，通常是一块完整的铜箔。单独设置内部电源和接地层可以最大限度减少电源和地之间连线的长度，同时也对电路中高频信号的辐射起到良好的屏蔽作用，因此在高速电子线路设计中应用广泛。内部电源和接地层通常配套使用。

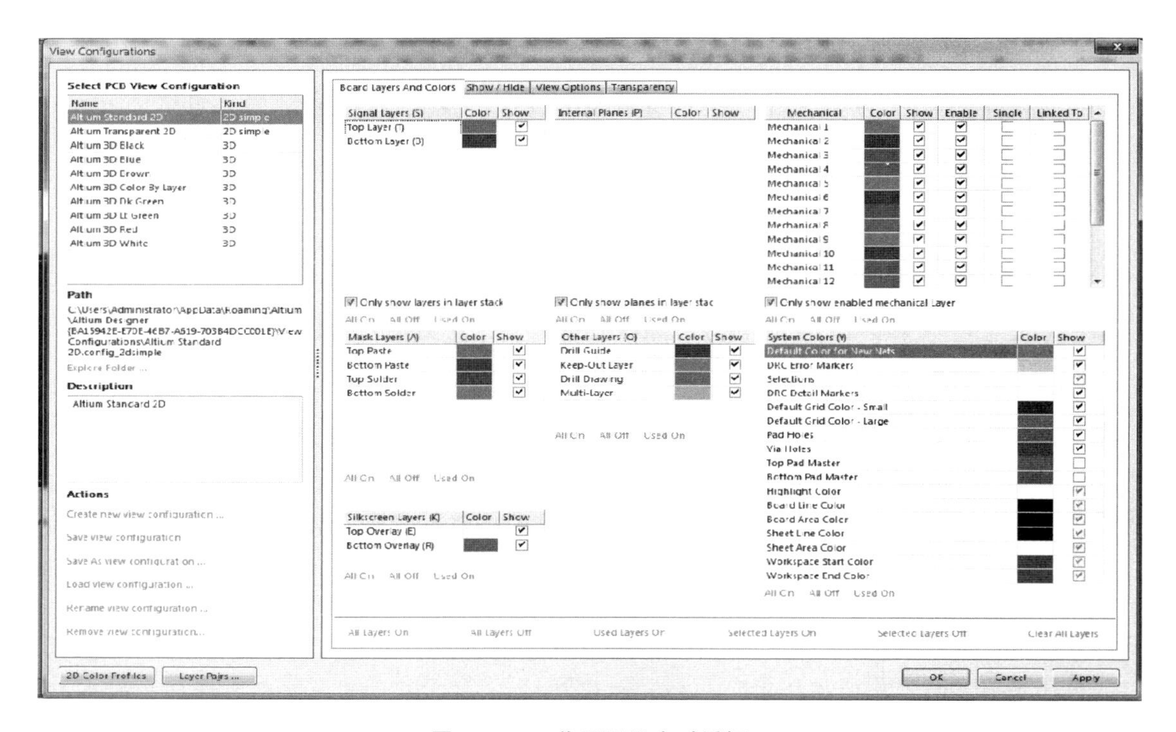


**图 6.60 工作层面设定对话框**

（3）机械层

Altium Designer 16 提供 16 个机械层。机械层用于放置一些与电路板的机械特性有关的标注尺寸信息和定位孔。

（4）阻焊层

阻焊层主要用于保护电路板上不希望镀锡的地方不被镀上锡。

（5）丝印层

Altium Designer 16 提供了顶层和底层两个丝印层。丝印层主要用于绘制元器件的外形轮廓。这里只在元器件面放置元器件，所以只选择元器件面丝印层。

（6）其他工作层面

● Keep Out Layer：禁止布线层，用于绘制印制电路板的边框。用禁止布线层选定一个区域非常重要，自动布局和自动布线都需要预先设定好禁止布线层。

● Multi - Layer：多层，包括焊盘和过孔这些在每一层都可见的电气符号。

● Drill Guide：钻孔定位层。

● Drill Drawing：钻孔层。

2. 电路板层数的设置

在对电路板进行设计前可以对电路板的层数及属性进行详细的设置，这里所说的层主要是指信号层、内部电源/接地层和绝缘层。

执行菜单命令“设计”→“层叠管理”，打开层堆栈管理器属性对话框，如图 6.61 所示。在该对话框中可以增加层、删除层、移动层所处的位置，以及对各层的属性进行编辑。

图 6.61　堆栈管理器属性对话框

(1) 对话框的中心显示了当前印制电路板图的层结构。默认的设计为双面板，即只包括“Top Layer”和“Bottom Layer”两层，用户可以单击“Add Layer”信号层或单击“Add Internal Plane”添加电源层和接地层。选定一层为参考层进行添加时，添加的层将出现在参考层的下方，当选择“Bottom Layer”时，添加层则出现在底层的上面。

(2) 双击某一层的名称可以直接修改该层的属性，对该层的名称及厚度进行设置。

(3) 添加层后，单击“Move Up”按钮或“Move Down”按钮可以改变该层在所有层的位置。在设计过程中的任何时间都可进行添加层的操作。

(4) 选中某一层后单击“Delete Layer”按钮即可删除该层。

(5) 勾选“3D”按钮，对话框中的板层示意图变化如图 6.62 所示。

(6) 在该对话框的任何空白处右击即可弹出一个菜单，此菜单中的大部分选项也可以通过对话框下方的按钮进行操作。

(7) “Presets”下拉菜单项提供了常用不同层数的电路板层数设置，可以直接选择进行快速板层设置。

(8) 印制电路板设计中最多可添加 32 个信号层、26 个电源层和接地层。各层的显示与否可在“试图配置”对话框中进行设置，选中各层中的“显示”复选框即可。

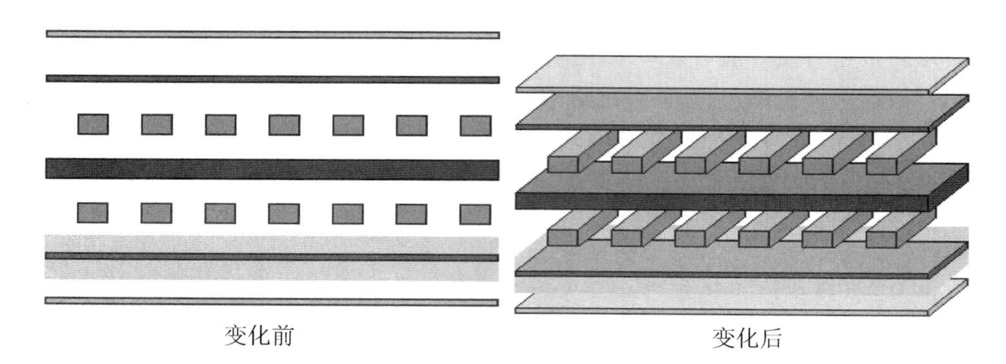


**图 6.62　板层显示**

（9）单击“Advanced”按钮，对话框发生变化，增加了电路板堆叠特性的设置，如图 6.63 所示。

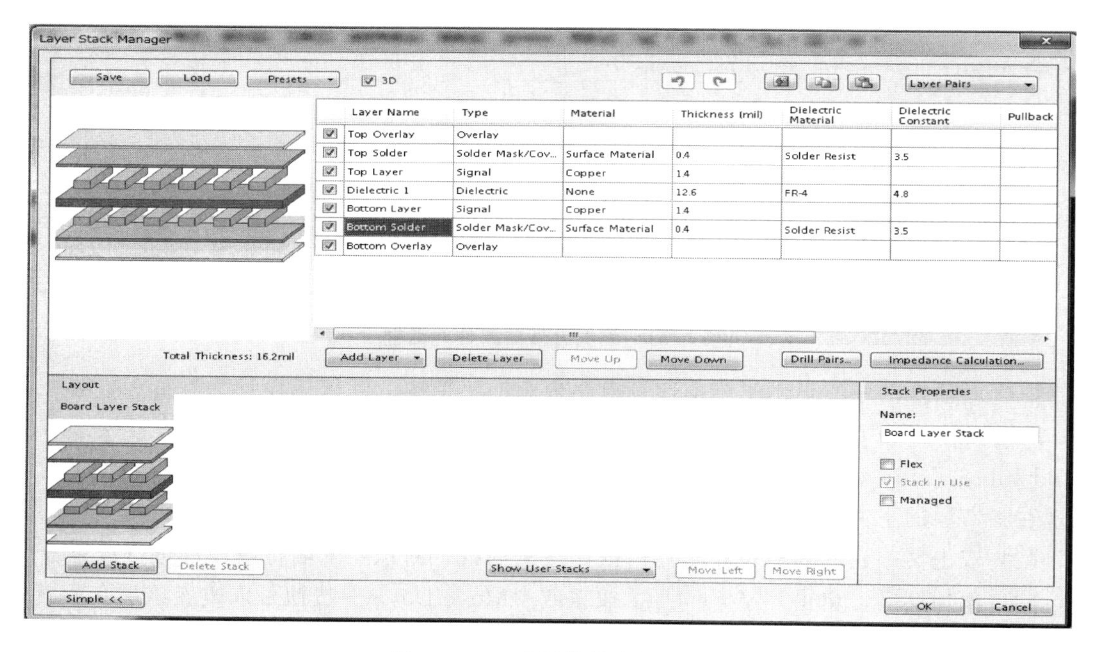


**图 6.63　电路板堆叠特性设置**

电路板的层叠结构中不仅包括拥有电气特性的信号层，还包括无电气特性的绝缘层，两种典型的绝缘层主要是指“Core”（填充层）和“Prepreg”（塑料层）。

层的堆叠类型主要是指绝缘层在电路板中的排列顺序，默认的三种堆叠类型包括 Layer Pairs（Core 层和 Prepreg 层自上而下间隔排列）、Internal Layer Pairs（Prepreg 层和 Core 层自上而下间隔排列）和 Build - up（顶层和底层为 Core 层，中间全部为 Prepreg 层）。改变层的堆叠类型将会改变 Core 和 Prepreg 在层栈中的分布，只有在信号完整性分

析中用到盲孔或深埋过孔时才需要进行层的堆叠类型的设置。

（10）“Drill Pairs”按钮用于钻孔设置。

（11）“Impedance Calculation”按钮用于阻抗计算。

### 6.5.5　绘制印制电路板的实例

以图 6.64 所示电源电路为例，用半自动方式绘制一块双面板印制电路板图，具体设计过程如下。

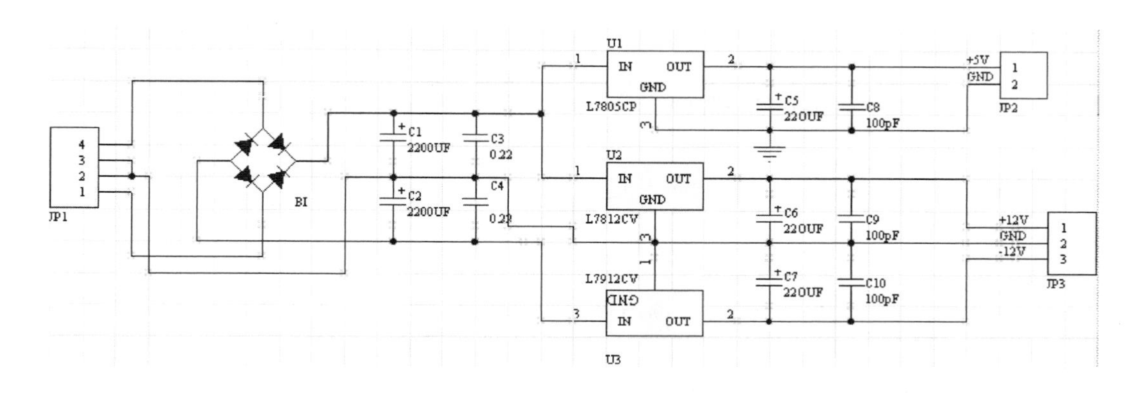


**图 6.64　电源电路**

#### 1. 准备工作

（1）创建一个新 PCB Project 工程项目“Power. PrjPcb”。

（2）将绘制好的原理图添加到“Power. PrjPcb”工程项目中，并检查原理图，确保图中的每个元器件都有封装名称。

（3）利用 Altium Designer 16 绘图编辑系统下方标签栏中的“System”→“Files”面板下部的“New from Template”标题栏中的“PCB Board Wizard”命令，建立一个新的 PCB 文件“Power. PcbDoc”。此印制电路板的尺寸为 2500mil×2000mil。

（4）加载封装库。常用元器件的封装都可以在 Altium Designer 16 自带的元器件封装库中找到。Altium Designer 16 默认加载的两个封装库为“Miscellaneous Device. IntLib”和“Miscellaneous Connectors. IntLib”。

（5）保存新建的 PCB 文件。

#### 2. 将原理图的内容传输到印制电路板

执行原理图编辑环境下的菜单命令“设计”→“Update PCB Document power. Pcb”或执行印制电路板图编辑环境下的菜单命令“设计”→“Import Changes From power. PrjPcb”，将原理图信息传输到印制电路板上。这时弹出如图 6.65 所示的对话框。

Engineering Change Order

| Enable | Action | Affected Object | | Affected Document | Check | Done | Message |
|---|---|---|---|---|---|---|---|
| | Add Components(17) | | | | | | |
| ✔ | Add | B1 | To | power.PcbDoc | | | |
| ✔ | Add | C1 | To | power.PcbDoc | | | |
| ✔ | Add | C2 | To | power.PcbDoc | | | |
| ✔ | Add | C3 | To | power.PcbDoc | | | |
| ✔ | Add | C4 | To | power.PcbDoc | | | |
| ✔ | Add | C5 | To | power.PcbDoc | | | |
| ✔ | Add | C6 | To | power.PcbDoc | | | |
| ✔ | Add | C7 | To | power.PcbDoc | | | |
| ✔ | Add | C8 | To | power.PcbDoc | | | |
| ✔ | Add | C9 | To | power.PcbDoc | | | |
| ✔ | Add | C10 | To | power.PcbDoc | | | |
| ✔ | Add | JP1 | To | power.PcbDoc | | | |
| ✔ | Add | JP2 | To | power.PcbDoc | | | |
| ✔ | Add | JP3 | To | power.PcbDoc | | | |
| ✔ | Add | U1 | To | power.PcbDoc | | | |
| ✔ | Add | U2 | To | power.PcbDoc | | | |
| ✔ | Add | U3 | To | power.PcbDoc | | | |
| | Add Nets(9) | | | | | | |
| ✔ | Add | GND | To | power.PcbDoc | | | |
| ✔ | Add | NetB1_1 | To | power.PcbDoc | | | |
| ✔ | Add | NetB1_2 | To | power.PcbDoc | | | |

Validate Changes　Execute Changes　Report Changes...　Only Show Errors　Close

图 6.65　设计工程变化对话框

单击“Excute Changes”按钮，将网络和元器件封装载入 PCB 文件，单击“Close”按钮关闭该对话框。相应的网络和元器件封装已经载入 PCB 文件中了，如图 6.66 所示，其中斜线框表示的是“Room”，元器件与元器件之间表示连接关系的细线称为飞线。

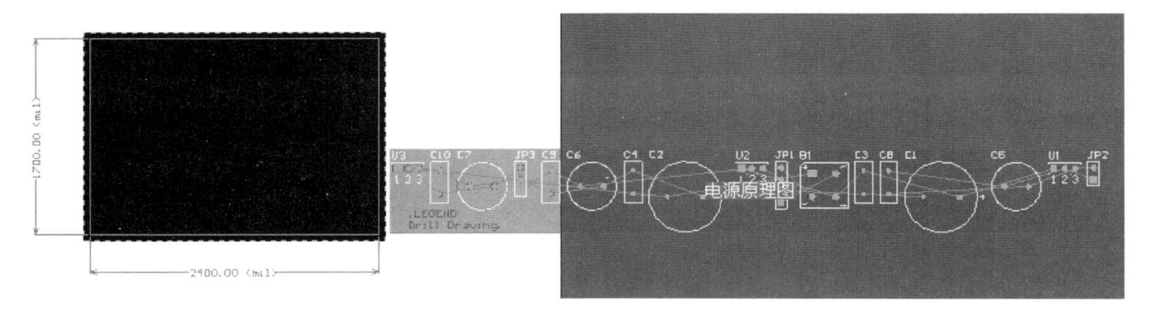


图 6.66　已装入网络和元器件的印制电路板编辑器

3. 元器件布局

Altium Designer 16 提供了强大的印制电路板自动布线功能，印制电路板编辑器根据一套智能的算法可以自动地将元器件分开，然后放置到规划好的布局区域内并进行合理地布局。在印制电路板编辑器中执行菜单命令“工具”→“器件布局”，弹出如图 6.67 所示菜单。

- “按照 Room 排列（空间内排列）”命令：用于在指定的空间内部排列元器件。执行该命令后，光标变成十字形状，在要排列元器件的空间区域内单击，元器件即自动排列到该空间内部。
- “在矩形区域排列”命令：用于将选中的元器件排列到矩形区域内。使用该命令前，需要先将要排列的元器件选中。此时光标变成十字形状，在要放置元器件的区域内单击，

确定矩形区域的一角，拖动光标，至矩形区域的另一角后再次单击。确定该矩形区域后，系统会自动将已选择的元器件排列到矩形区域中来。

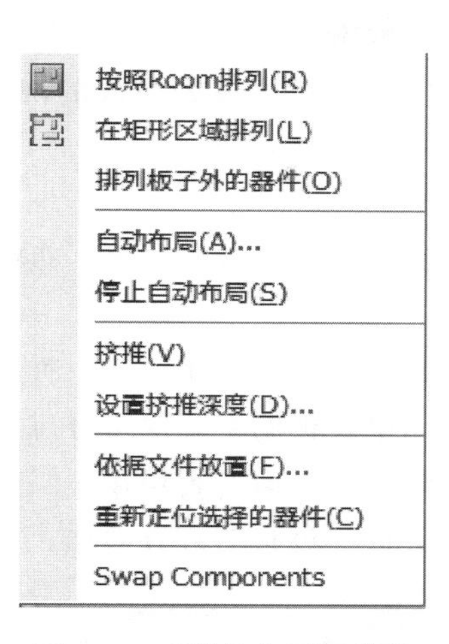


图 6.67　“器件布局”菜单

●“排列板子外的器件”命令：用于将选中的元器件排列在印制电路板的外部。使用该命令前，需要先将要排列的元器件选中，系统自动将选择的元器件排列到印制电路板范围以外的右下角区域内。

●“自动布局”命令：用于执行自动布局操作。

●“停止自动布局”命令：用于停止自动布局操作。

●“推挤”命令：用于推挤布局。推挤布局的作用是将重叠在一起的元件推开，即选择一个基准元件，当周围元件与基准元件存在重叠的情况时，则以基准元件为中心向四周推挤其他的元件；如果不存在重叠则不会执行推挤命令。

●“设置推挤深度”命令：用于设置推挤命令的深度，可以是 1～1000 的任意一个数字。

●“根据文件放置”命令：用于导入自动布局文件进行布局。

执行“在矩形区域排列”命令后，结果如图 6.68 所示。

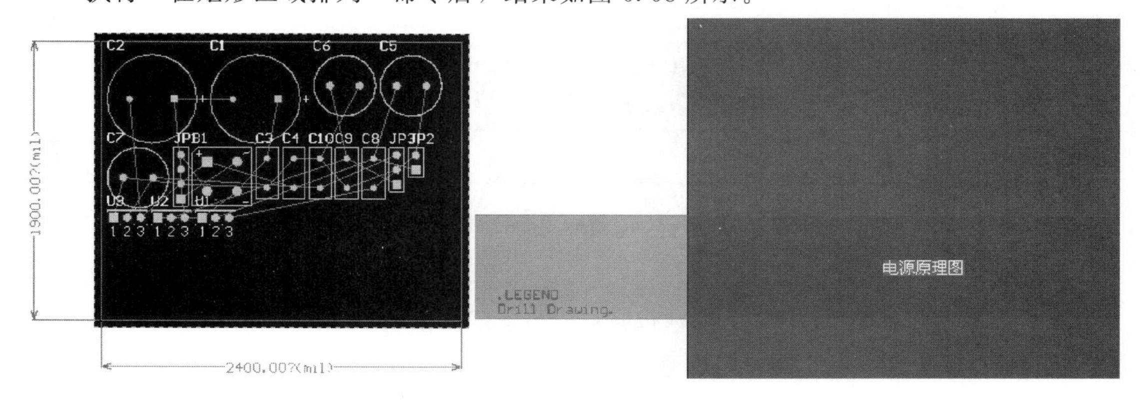


图 6.68　自动布局效果图

4. 自动布线

所谓自动布线就是印制电路板编辑器内的自动布线系统根据使用者设定的有关布线参数和布线规则，依照一定的拓扑算法，按照事先生成的网络自动在各个元器件之间连线，从而完成印制电路的布线工作。

(1) 设定布线参数规则

自动布线的参数规则包括布线层面、布线优先级、布线的宽度、布线的拐角模式、过孔孔径类型和尺寸，等等。

执行菜单命令“设计”→“规则”，出现如图 6.69 所示的设置布线参数对话框。在该对话框中，印制电路编辑器将印制电路板的设计规则分成 10 大类 49 种，覆盖了元器件的电气特性、走线宽度、走线拓扑结构、表面安装焊盘、阻焊层、电源层、测试点、电路板制作、元器件布局、信号完整性等设计过程的方方面面。这里只介绍常用的布线规则。

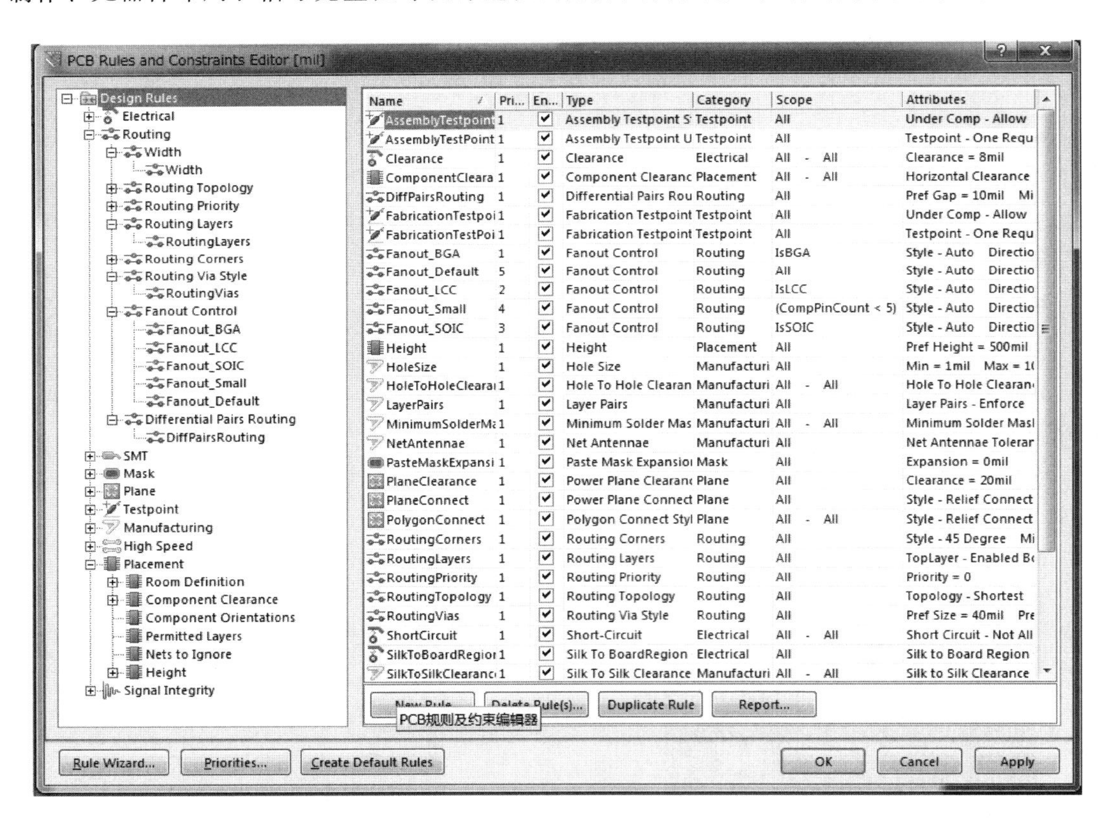

图 6.69 设置布线参数对话框

● 设置电气规则

电气规则设定主要用于 DRC 电气检验，当布线过程中违反电气特性规则时，DRC 设计校验器将会自动报警，提醒设计者注意，其中包括三个规则，分别是短路规则设定 (ShortCircuit)、未布线网络规则设定 (UnRoutedNet) 和安全间距设定 (Clearance)。

● 设置布线规则

布线规则主要用于设定自动布线过程中的布线规则，它是自动布线的依据。在该对话框中，可以布线宽度（Width）、布线层面（RoutingLayers）、布线的拐角模式（Routing-Corners）、布线优先级（RoutingPriority）、布线拓扑结构（RoutingTopology）和布线过孔形式（RoutingVias）等。其中布线的线宽和布线的层面是会经常设置的。

（2）自动布线前应对特殊焊盘及禁止布线区等进行设定

此处不做具体介绍。

（3）自动布线

自动布线的方式灵活多样，既可以进行全局布线，也可以指定区域、指定网络、指定元器件或指定连接等进行布线，因此要根据实际情况确定。如果没有特殊要求，可以直接对电路进行全局布线。执行菜单命令“自动布线”→“全部”，弹出布线策略对话框，如图 6.70 所示。选择正确的布线策略后，单击“Route All”按钮即进入自动布线状态。在自动布线过程中，Altium Designer 16 会提供自动布线信息（Messages）。自动布线后的最终效果如图 6.71 所示。

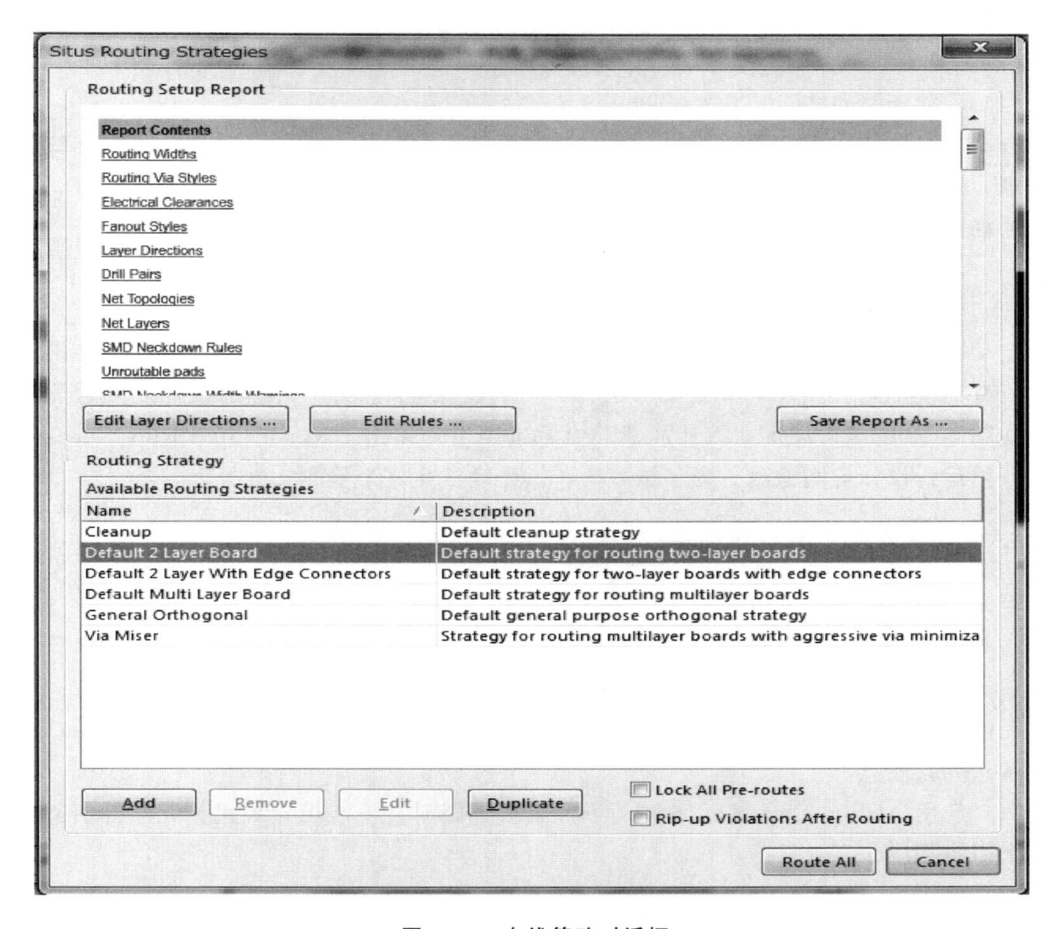


图 6.70　布线策略对话框

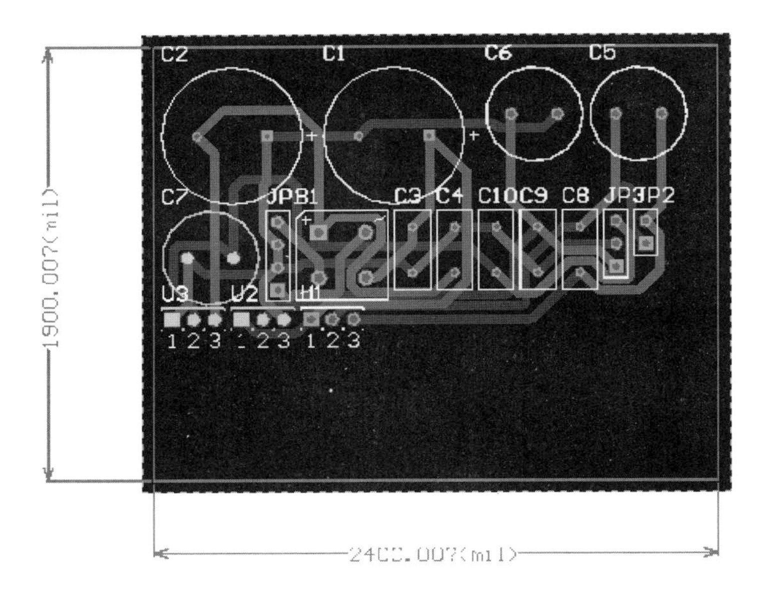


图 6.71　自动布线后的最终效果

（4）手动调整布线

自动布线后如有不满意的地方，可以通过手动调整板面。例如，对地线或电源线的加粗处理、连线拐角的处理、安全间距不足的连线处理、布线严重不合理的连线处理、焊盘连接的泪滴处理，以及高频信号线的屏蔽处理等。

5. 设计规则检测

自动布线完成的印制电路板要进行设计规则检测，确保印制电路板完全符合设计要求，所有连接正确。执行菜单命令“工具”→“设计规则检查”，弹出设计规则检测对话框，如图 6.72 所示，设定“设计规则”检测选项后，单击“Run Design Rule Check”按钮，开始运行设计规则检测。程序结束后，会自动产生一个检测文件报表。

6. 文件保存输出打印处理

至此，自动生成印制电路板图结束。

### 6.5.6　Altium Designer 16 使用注意事项

在电路设计过程中，使用 Altium Designer 16 软件经常会出现一些问题，现总结如下，希望大家注意。

（1）使用 Altium Designer 16 进行新元器件编辑时，不能用导线代替元器件引脚，且每一个引脚都应该有自己的名称。

（2）使用 Altium Designer 16 进行新元器件编辑时，在为元器件添加引脚时，一定注意引脚的方向，电气连接点向外。

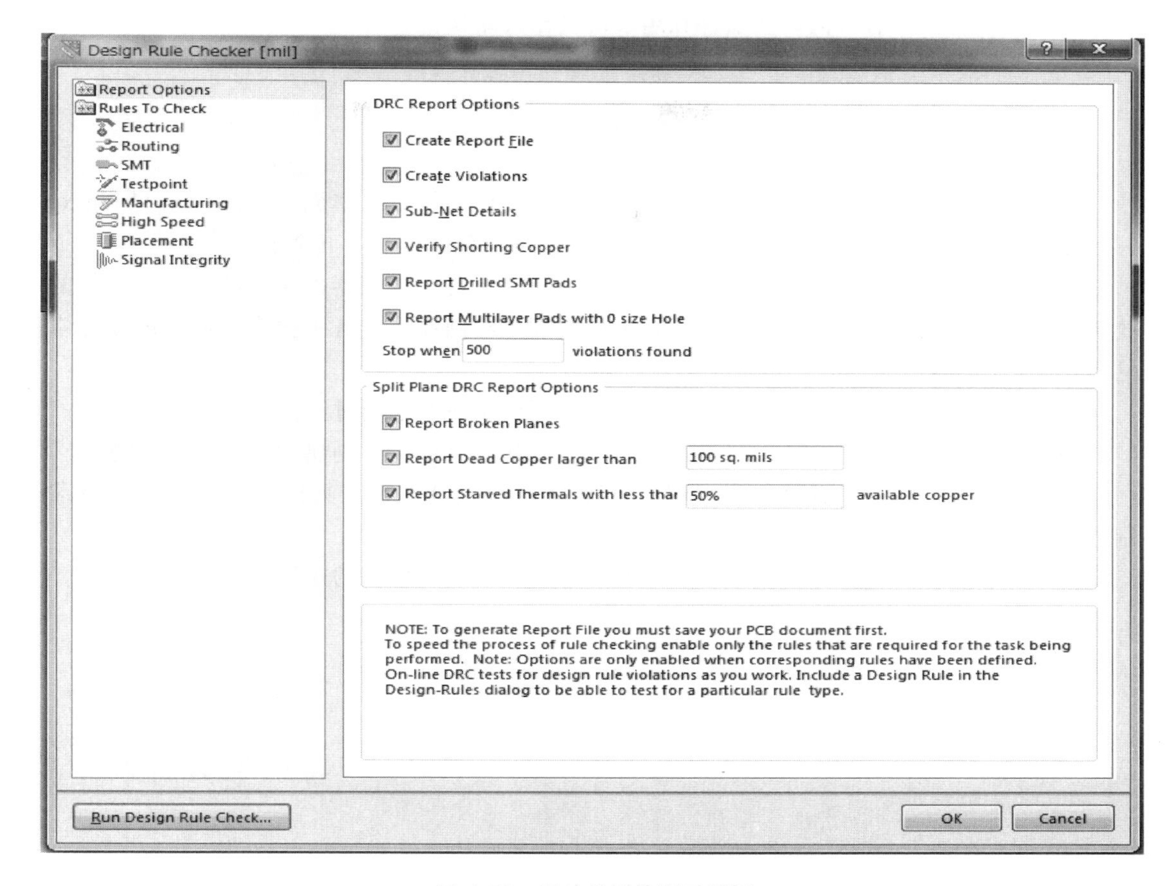


图 6.72 设计规则检测对话框

(3) 使用 Altium Designer 16 进行原理图绘制时，导线的起始点一定要设置在元件的引脚上。

(4) 使用 Altium Designer 16 进行原理图绘制时，绘图工具栏（Drawing）和布线工具栏（Wiring）所画出的线有区别，不能混淆。绘图工具栏（Drawing）中的线（Line）不具备任何电特性，仅供使用者绘制一些与布线无关的图形；而布线工具栏（Wiring）中的线（Wire）是具有电特性的连接导线。

(5) 原理图符号与元器件封装的对应关系是通过原理图符号引脚的序号与元器件封装的焊盘序号之间一一对应建立起来的，二者的序号应相同。

(6) 使用 Altium Designer 16 进行自动生成印制电路板时，必须将原理图文件和印制电路板文件同时链接到同一个工程 Project 文件下，这样才能进行双向同步设计。

(7) 使用 Altium Designer 16 进行自动生成印制电路板时，必须先将印制电路板文件保存，软件才能进行自动布局等操作。

(8) 使用 Altium Designer 16 进行自动布线前，所有的元器件都必须放置到印制电路板的电气边界内，否则影响布线的布通率。

(9) 使用 Altium Designer 16 进行单面板设计时，一定要清楚绘制的是地层图还是顶层图，否则，有极性有方向的元器件在组装时会出现错误。

## 本章小结

（1）利用 Altium Designer 16 进行印制电路板设计工作的总体流程；Altium Designer 16 集成环境主要包括“文件”“视图”“工程”“窗口”和“帮助”五个下拉菜单。

（2）利用 Altium Designer 16 进行原理图设计，主要包括元器件库的载入、元器件的放置、编辑与删除等；结合具体实例进行电路原理图绘制并生成各种报表；原理图设计常见问题和使用技巧。

（3）原理图元器件库的制作，包括原理图元器件组成和绘制过程。

（4）印制电路板元器件库的设计，包括手工制作和利用向导创建元器件 PCB 封装。

（5）印制电路板图的设计流程，创建 PCB 文件、PCB 放置工具栏（Placement）及印制电路板图的设置等。

（6）结合实例讲述从原理图绘制到半自动生成印制电路板图的过程。

# 第7章 电子实习课题

## 7.1 直流稳压/充电电源的制作

直流稳压/充电电源的功能是将220V交流电转换成3～6V直流稳定电压，并可对1～5节镍铬或镍氢电池进行恒流充电。它可作为收音机等小型用电器的外接电源，是一种性能优良的直流电源及电池充电器，具有较高的性价比和可靠性，是用途广泛的实用电器。

本课题的任务是通过给定直流稳压/充电电源的电路原理图和原理图中的每一个元器件，结合给定的外壳，对本产品的印制电路板进行设计，其中印制电路板分为A板和B板，B板已给定为安装电路指示性元器件和调整开关，而A板是实习的自制板。通过对电路A板的设计和对产品的安装调试，使同学们可了解电子产品设计生产试制的全过程，达到增强动手能力，培养工程实践观念的目的。

### 7.1.1 工作原理

直流稳压/充电电源由变压电路、整流滤波电路、稳压电路和电池充电电路四部分组成，电路原理如图7.1所示。

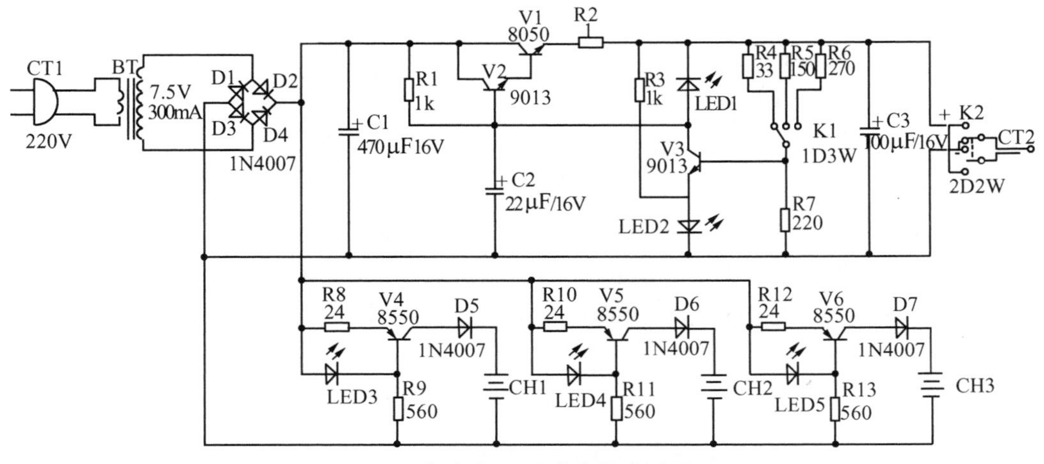


图7.1 直流稳压/充电电源电路原理

1. 变压电路

变压电路将220V交流电变换成所需的电压，变压器初/次级绕组的额定电压分别为220V/7.5V，额定功率为12W。

2. 整流滤波电路

整流滤波电路由二极管D1～D4和电容C1构成，为典型的桥式全波整流电容滤波电路。

3. 稳压电路

稳压电路由V1～V3及外围的阻容元件组成，是典型的串联稳压电路。电路中用V1和V2组成复合管作为调整管，使电压调整更为灵活，稳压效果更好。发光二极管LED2具有电源指示和稳压的双重作用，当流经该发光二极管的电流变化不大时，其正向压降较为稳定（约为1.9V，但也会因发光二极管的规格不同而有所不同），因此可作为低电压稳压管使用。R2和LED1组成简单的过载及短路保护电路，LED1兼作过载指示。当输出过载（输出电流增大）时，R2上压降增大，当增大到一定数值后LED1导通，使调整管V1、V2的基极电流不再增大，限制了输出电流的增加，起到限流保护作用。

K1为输出电压选择开关，K2为输出电压极性变换开关。

4. 电池充电电路

电池充电电路由V4～V6及相应元器件组成三路完全相同的恒流源电路。以V4单元为例，LED3在该单元中兼作稳压和充电指示的双重作用，D5可防止电池极性接错。由图7.1可知，通过电阻R8的电流（即输出电流）可近似地表示为

$$I_o=(U_z-U_{be})/R_8$$

式中，$I_o$——输出电流；

$U_z$——LED3上的正向压降；

$U_{be}$——V4的基极和发射极间的压降，一定条件下是常数。

由上式可见，$I_o$主要取决于$U_z$的稳定性，而与负载无关，实现恒流特性。而改变R8的阻值可调节输出电流的大小，因此本产品也可改为大电流快速充电（但大电流充电影响电池寿命），或减小电流即可对7号电池充电。当增大输出电流时，可在V4的C极和E极之间并接一个电阻（电阻值为数十欧）以减小V4的功耗。

### 7.1.2 产品制作流程

直流稳压/充电电源的制作流程如图7.2所示。

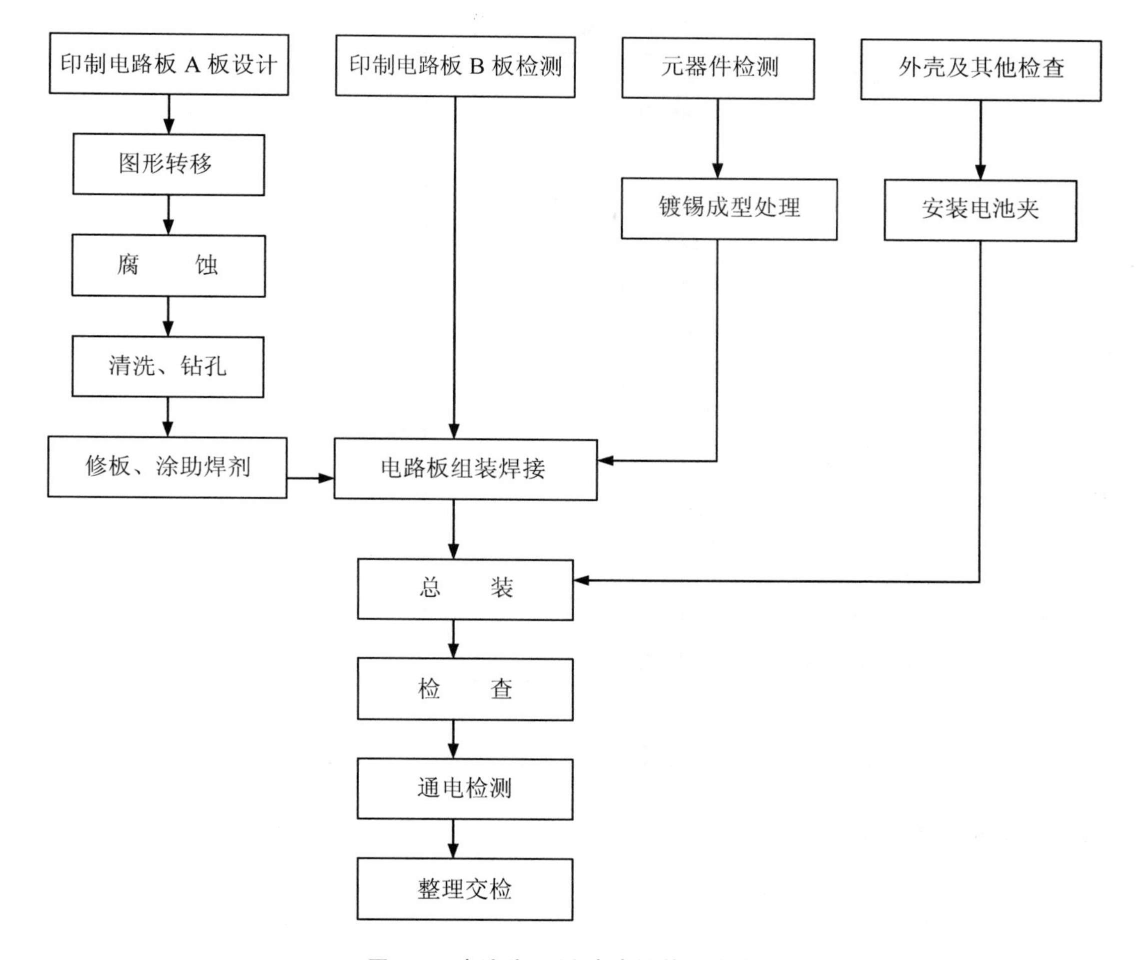


图 7.2　直流稳压/充电电源的制作流程

### 7.1.3　元器件的选用

1. 元器件检测

(1) 外观质量检查

电子元器件应完好无损，各种型号、规格、标识应清楚。

(2) 元器件检测

按电子元器件的检测方法，对电路中的所有元件进行质量检测。

2. 元器件清单

本电路所用元器件和材料清单见表 7－1。

表 7－1　元器件和材料清单

| 符　　号 | 规格型号 | 名　　称 | 符　　号 | 规格型号 | 名　　称 |
|---|---|---|---|---|---|
| V1 | 8050 | 晶体管 | CT1 | | 电源插头线 |
| V2、V3 | 9013 | 晶体管 | BT | 220V/7.5V，12W | 电源变压器 |
| V4、V5、V6 | 8550 | 晶体管 | CT2 | | 十字插头线 |
| D1～D7 | 1N4007 | 二极管 | K1 | 1Q3W | 电压选择开关 |
| LED1～LED5 | $\phi$3 | 发光二极管 | K2 | 2D2W | 电压极性开关 |
| R1、R3 | 1kΩ/0.25W | 电阻 | B | 小板 | 印制电路板 |
| R2 | 1Ω/0.25W | 电阻 | | | 连接排线 |
| R4 | 33Ω/0.25W | 电阻 | | | 塔簧 |
| R5 | 150Ω/0.25W | 电阻 | | | 正极片 |
| R6 | 270Ω/0.25W | 电阻 | J1～J9 | | 跳线 |
| R7 | 220Ω/0.25W | 电阻 | | $\phi$2.5 | 自攻螺钉 |
| R8、R10、R12 | 24Ω/0.25W | 电阻 | | $\phi$3 | 自攻螺钉 |
| R9、R11、R13 | 560Ω/0.25W | 电阻 | | | 产品外壳 |
| C1 | 470μF/16V | 电解电容器 | | | 产品后盖 |
| C2 | 22μF/16V | 电解电容器 | | | 热缩套管 |
| C3 | 100μF/16V | 电解电容器 | | | |

### 7.1.4　印制电路板 A 板的设计

1. 设计要求

(1) 覆铜板为单面板，尺寸大小应与外壳的大小相对应。
(2) 印制电路板 A 板的连接排线的排列顺序应与 B 板的顺序相同。
(3) 印制电路板 A 板上不应有跳线。
(4) 元器件在印制电路板 A 板上要排列均匀、整齐、美观。
(5) 元器件的布局应符合印制电路板设计原则（详见第 3 章）。

2. 制作工艺要求

板面要清洁，印制导线要均匀无断线、无毛刺，符合印制电路板制作工艺要求。

### 7.1.5　印制电路板的组装

1. 焊接工艺要求

焊接时，焊点用锡量应适中，整个印制电路板上的焊点要均匀、光亮、无虚焊假焊；导线焊接时应搪锡后再连接。

2. 安装顺序

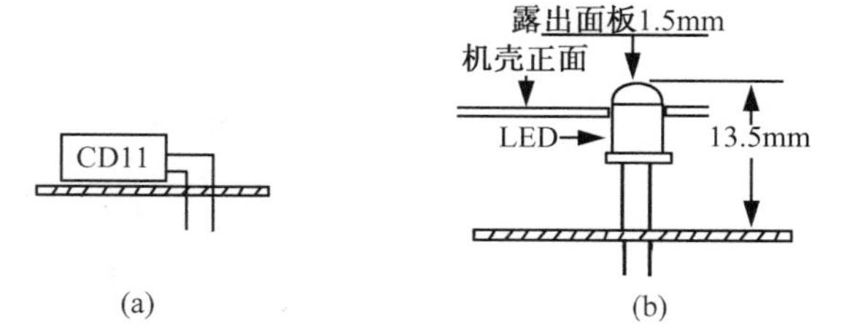

图 7.3　电解电容器和发光二极管的安装

（1）印制电路板 A 板的焊接。印制电路板 A 板上的元器件全部采用卧式焊接，注意二极管、晶体管和电解电容器的极性，且由于产品机壳对印制电路板 A 板上的元器件高度的限制，电解电容器应采用侧倒式的安装方式，如图 7.3(a) 所示。发光二极管的安装如图 7.3 (b) 所示。

（2）印制电路板 B 板的焊接。印制电路板 B 板的安装图如图 7.4 所示。

① 将开关 K1 和 K2 从元器件面插入，且必须插装到底。

② LED1～LED5 的焊接高度应与开关配合，要求发光二极管顶部距离印制电路板高度为 13.5～14mm，这时，五个发光二极管均露出机壳 1.5mm 左右，且排列整齐。

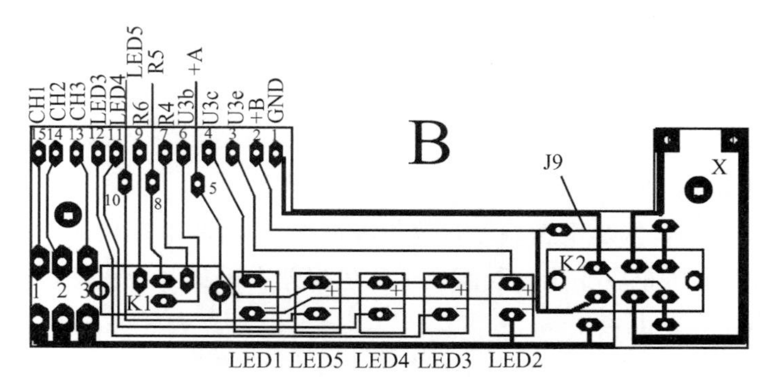

图 7.4　印制电路板 B 板安装图

③ 将 15 根排线依次按顺序焊接到印制电路板 B 板。注意导线剥去线皮的长度并把每个线头的多股线芯绞合后搪锡再焊接。

④ 焊接十字插头线 CT2。注意十字插头线有白色标记的线焊在有×标记的焊盘上。

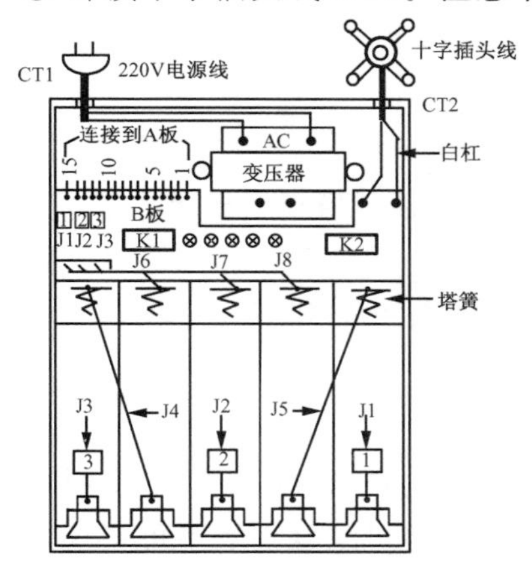

图 7.5　整机装配图（后视图）

⑤ 焊接跳线 J9。

（3）装接电池夹正极片和负极弹簧。

（4）电源线连接。把电源线 CT1 焊接到变压器交流 220V 输入端。连接点用热缩套管绝缘。

（5）焊接印制电路板 A 板与 B 板和变压器的所有连线。

（6）按图 7.5 所示焊接印制电路板 B 板与电池片间的连线。

（7）装入机壳，用自攻螺钉固定印制电路板 B 板和机壳后盖。

### 7.1.6 电路调试

1. 目视检测

总装完毕，按原理图和工艺要求检查整机安装情况，着重检查电源线、变压器连线、输出连线及印制电路板A板和B板的连线是否正确、可靠，连线与印制电路板相邻导线及焊点有无短路及其他缺陷。

2. 产品主要参数指标

(1) 输入电压：交流220V；输出电压（直流稳压）（分三挡）：3V、4.5V、6V，各挡误差为±10%。

(2) 输出电流（直流）：额定值150mA，最大300mA。

(3) 过载、短路保护，故障消除后自动恢复。

(4) 充电稳压电流：60mA（±10%），可对1～5节5号镍铬电池充电，充电时间为10～12h。

3. 通电检测

(1) 输出电压调整

在十字头输出端测量输出电压（注意电压表极性），所测电压值应与面板指示相对应。拨动开关K1，输出电压相应变化（与面板标称值误差在±10%为正常），并记录该值。

(2) 极性转换

按面板所示开关K2位置，检查电源输出电压极性能否转换，应与面板所示位置相吻合。

(3) 负载能力

将一个47Ω/2W以上的电位器作为负载，接到直流电压输出端，串接万用表500mA挡。调电位器使输出电流为额定值150mA；用连接线替下万用表，测此时输出电压（注意换成电压挡）。将所测电压与“(1)”中所测值比较，各挡电压下降均应小于0.3V，并加载10min，观察各零部件应无异常。

(4) 过载保护

将万用表DC 500mA串入电源负载回路，逐渐减小电位器阻值，面板指示灯（即原理图中LED1）应逐渐变亮，电流逐渐增大到一定数（大于500mA）后不再增大（保护电路起作用）。当增大阻值后指示灯熄灭，恢复正常供电。注意过载时间不可过长，以免电位器烧坏。

(5) 充电检测

将万用表DC 100mA挡（或500mA挡）作为充电负载代替电池，LED3～LED5应在面板指示位置相应点亮，电流值应为60mA（误差为±10%）。注意表笔不可接反，也不得接错位置，否则没有电流。

# 7.2 HT-7610B 红外传感器控制灯电路

HT-7610B 红外传感器控制灯电路是 HT-7610B 集成电路的典型应用，它的外围电路简单，工作稳定可靠，目前广泛用于自动门、自动灯光控制和防盗报警器等。

本课题的任务是通过给定 HT-7610B 红外传感器控制灯电路原理图和原理图中的每一个元器件，结合给定的外壳，对本产品的印制电路板进行设计；通过对 HT-7610B 红外传感器控制灯电路印制电路板的设计和产品的安装调试，使同学们了解电子产品设计生产试制的全过程，达到增强动手能力，培养工程实践观念的目的。

## 7.2.1 电路主要元器件

HT-7610B 红外传感器控制灯电路是应用热释电红外传感器来感应人体发出的红外线来控制照明灯的自动开关，并具有自动识别昼夜和白天、点亮时间可控制等功能，其原理如图 7.6 所示。

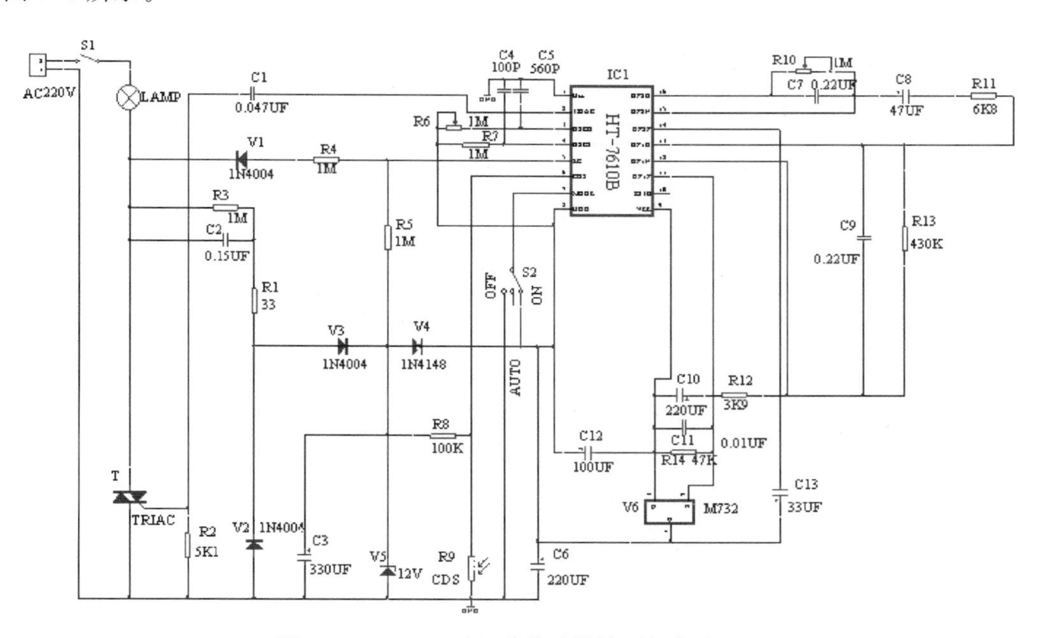


图 7.6 HT-7610B 红外传感器控制灯电路原理

1. HT-7610B 集成电路功能简介

HT-7610B 集成电路是典型的 CMOS 电路，它采用 16 脚双列直插式封装，引脚排列如图 7.7 所示，内电路功能框图如图 7.8 所示。各引脚功能见表 7-2。HT-7610B 系列有 HT-7610A 和 HT-7610B 两种型号，区别仅是输出驱动方式不同。

HT-7610B 系列集成电路的主要参数：工作电压 $U_{DD}$ 在 5～12V；静态工作电流（无负载

状态）小于 350μA；内部运算放大器开路增益为 80 dB；芯片工作温度在－25～＋75℃。

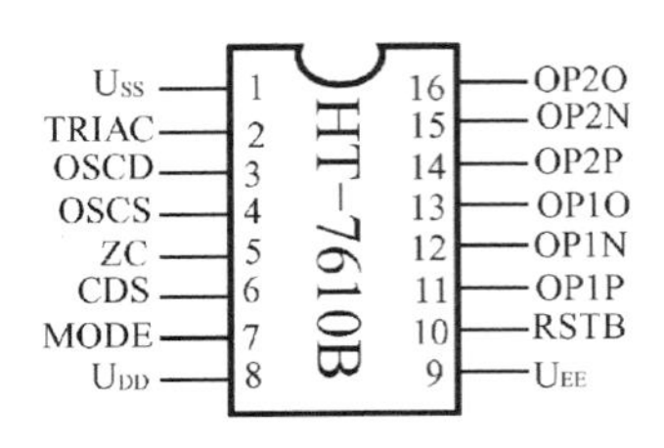


图 7.7　HT-7610B 集成电路引脚排列

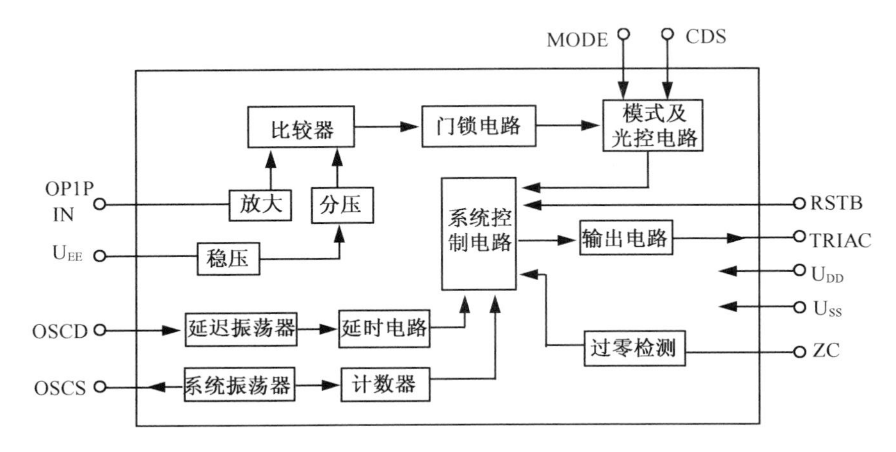


图 7.8　HT-7610B 集成电路内电路功能框图

表 7－2　HT-7610B 集成电路各引脚功能

| 引脚序号 | 符　　号 | 功能说明 |
|---|---|---|
| 1 | Uss | 电源负极 |
| 2 | TRIAC | 信号输出端，A 型输出高电平通过晶体管驱动继电器，B 型输出低电平驱动晶闸管，输出电平长度受延时振荡器控制 |
| 3 | OSCD | 延时振荡器输入端 |
| 4 | OSCS | 系统振荡器输出端 |
| 5 | ZC | 交流信号过零检测端 |
| 6 | CDS | 光控输入端，外接光敏电阻，该脚低电平时，输出关闭 |
| 7 | MODE | 模式选择端，接 $U_{DD}$ 输出始终是开状态，接 Uss 输出始终为关状态，开路为自动状态，此时输出脚保持关状态，直至 PIR 有效脉冲到来 |
| 8 | $U_{DD}$ | 电源正极 |
| 9 | $U_{EE}$ | 内部电源稳压端 |
| 10 | RSTB | 复位端，内部拉为高电平，低电平复位 |

（续）

| 引脚序号 | 符　　号 | 功能说明 |
|---|---|---|
| 11 | OP1P | 内部第一级运算放大器同相输入端 |
| 12 | OP1N | 内部第一级运算放大器反相输入端 |
| 13 | OP1O | 内部第一级运算放大器输出端 |
| 14 | OP2P | 内部第二级运算放大器同相输入端 |
| 15 | OP2N | 内部第二级运算放大器反相输入端 |
| 16 | OP2O | 内部第二级运算放大器输出端 |

2. 热释电红外传感器

热释电红外传感器 M732 的外形和内部结构如图 7.9 所示。热释电红外传感器由外壳、滤光片、敏感元件、场效应晶体管、高阻电阻等组成，并在氮气环境下封接起来。

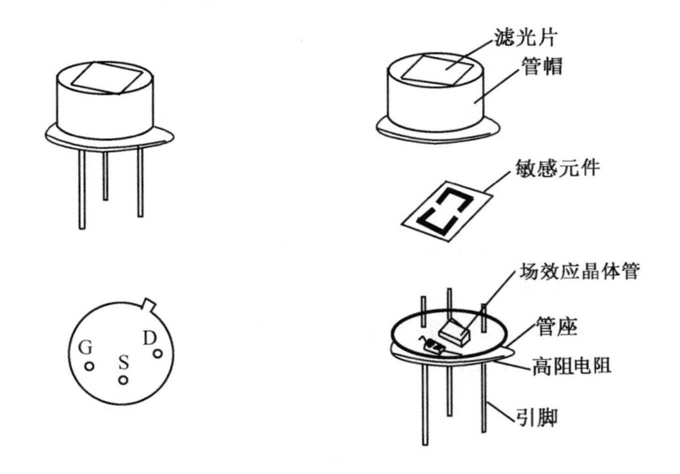


**图 7.9　热释电红外传感器 M732 的外形和内部结构**

（1）滤光片的作用

滤光片设置在窗口处，组成红外线通过窗口。其中，6μm 多层膜干涉滤光片对于太阳光和荧光灯光的短波长（约 5μm 以下）具有高的反射率，而对 6μm 以上的从人体发出来的红外线热源（10μm）有较高的穿透性。

（2）热释电效应

一些晶体受热时，在两端会产生数量相等而符号相反的电荷，这种由于热变化产生的电极化现象，被称为热释电效应。

能产生热释电效应的晶体称为敏感元件。如果我们在敏感元件两端并联上电阻，当元件受热时，电阻上就有电流流过，在电阻两端也能得到电压信号。

3. 双向晶闸管

双向晶闸管是在普通晶闸管的基础上发展起来的，是目前比较理想的交流开关器件。它的外形和电路符号如图 7.10 所示。T1、T2 为主端子，G 为控制端。

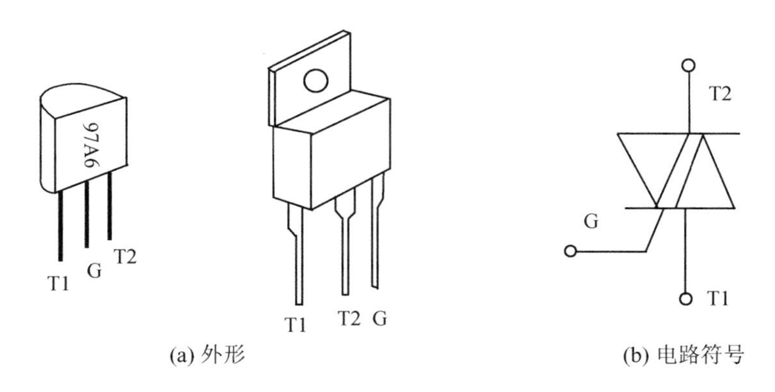


**图 7.10　双向晶闸管的外形和电路符号**

双向晶闸管广泛用于工业、交通、家用电器等领域，实现交流调压、电动机调速、交流开关、路灯自动开启与关闭、温度控制、台灯调光、舞台调光等多种功能。

### 7.2.2　电路原理

在 HT-7610B 红外传感器控制灯电路中，R3 和 C2 起到交流降压作用，V2 和 V3 组成半波整流电路，V5 为输出稳压，C3 和 C6 为滤波电容，R7 和 C4 决定了系统振荡器的振荡频率，为 16kHz，延迟振荡器则通过 R6 与 C5 来调节其振荡频率。S2 为工作模式开关，当 S2 接 $U_{DD}$时，电路始终是开启的；当 S2 接 $U_{ss}$时，电路始终处于关闭状态；当 S2 浮空时为自动方式，此时输出端保持关闭状态，直到热释电红外传感器有效输入触发信号到来。R10 用来调节芯片内运算放大器的增益，可以通过它来调节电路的控制灵敏度。光敏电阻 R9 使电路自动识别昼夜，白天电路封死不工作，天黑后电路自动进入守候状态。当红外探测头检测到人体移动引起的红外线热能变化并将它转变为电信号，当变化达到设定值时，HT-7610B 红外传感器就能将灯点亮，点亮时间由延迟振荡器的振荡周期决定。如果用该电路制作自动水龙头（不需要光控功能），只要取消光敏电阻 R9 就可以了。

### 7.2.3　元器件的选用

1. 元器件检测

依照常用电子元器件的检测方法对电路中的元器件进行检测。

2. 元器件清单

本电路所用元器件清单见表 7－3。

表 7-3 元器件和材料清单

| 符　号 | 规格型号 | 名　称 | 符　号 | 规格型号 | 名　称 |
| --- | --- | --- | --- | --- | --- |
| IC1 | HT-7610B | 红外传感器专用集成电路 | C6、C10 | 220μF/25V | 电解电容器 |
| R1 | 33Ω | 电阻 | C7、C9 | 0.22μF | 电容器 |
| R2 | 5.1kΩ | 电阻 | C8 | 47μF/25V | 电解电容器 |
| R3、R4、R5、R7 | 1MΩ | 电阻 | C11 | 0.01μF | 电容器 |
| R6、R10 | 1MΩ | 电位器 | C12 | 100μF/25V | 电解电容器 |
| R8 | 100kΩ | 电阻 | C13 | 33μF/25V | 电解电容器 |
| R9 | CDS | 光敏电阻 | T1 | 97A6 | 双向晶闸管 |
| R11 | 6.8kΩ | 电阻 | V1、V2、V3 | 1N4004 | 二极管 |
| R12 | 3.9kΩ | 电阻 | V4 | 1N4148 | 二极管 |
| R13 | 430kΩ | 电阻 | V5 | 12V | 稳压二极管 |
| C1 | 0.047μF | 电容器 | V6 | D203 | 热释电红外传感器 |
| C3 | 330μF/25V | 电解电容器 | C5 | 560pF | 电容器 |
| C4 | 100pF | 电容器 | C2 | 0.15μF/630V | 电容器 |

**注：** 原理图中的 S1、S2、LAMP 和 AC220V 插头四个元件是为说明电路功能而画上的，实际设计的电路板中无上述四个元件。

### 7.2.4 印制电路板的设计

1. 设计要求

(1) 覆铜板为单面板，尺寸大小和形状如图 7.11 所示。
(2) 印制电路板设计时注意集成电路 HT-7610B 的引脚方向。
(3) 印制电路板上不应有跳线。
(4) 元器件在印制电路板上要排列均匀、整齐、美观。
(5) 光敏电阻应布置在利于感光的位置。

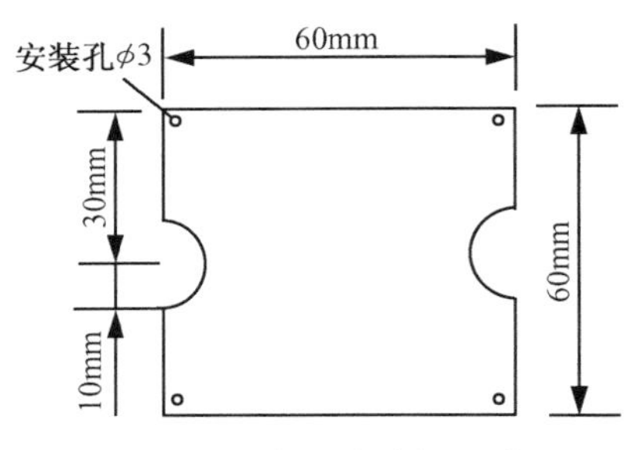


图 7.11　印制电路板尺寸

2. 制作工艺要求

板面要清洁，印制导线要均匀无断线、无毛刺，符合印制电路板制作工艺要求。

### 7.2.5　印制电路板的组装和调试

1. 电路组装

检查设计印制电路板无误后，按照焊接工艺要求将元器件焊接到设计板上。注意元器件的焊接高度和方向。

2. 电路调试

(1) 电路检查。

(2) 首先将光敏电阻感光面遮挡或拆除，然后把电路板连接到照明灯电路中通电调试，注意220V交流电压安全。在接入初始，照明灯亮一段时间，然后熄灭。当有人经过时，照明灯再次点亮，延迟一段时间后熄灭。

(3) 改变电位器R6和电容器C5的值可以调整延迟时间（即照明灯点亮时间）。

(4) 改变电位器R10阻值调节电路的控制灵敏度。

(5) 调试无误后，将光敏电阻重新焊接到电路中，装入机壳上交验收。

## 7.3　S205－2T 调频/调幅集成电路贴片收音机的组装

S205－2T调频调幅收音机是以日本索尼公司生产的CD1691BM单片集成电路为主体，加上少量外围元器件构成的微型低压收音机。该电路的推荐工作电源电压为2～7.5V，当$V_{CC}$＝6V时，$R_L$＝8Ω的音频输出功率是500MW。

### 7.3.1　CD1691BM集成电路引脚功能

CD1691BM集成电路采用28脚双列扁平封装，引脚排列如图7.12所示。

CD1691BM引脚功能见表7－4。

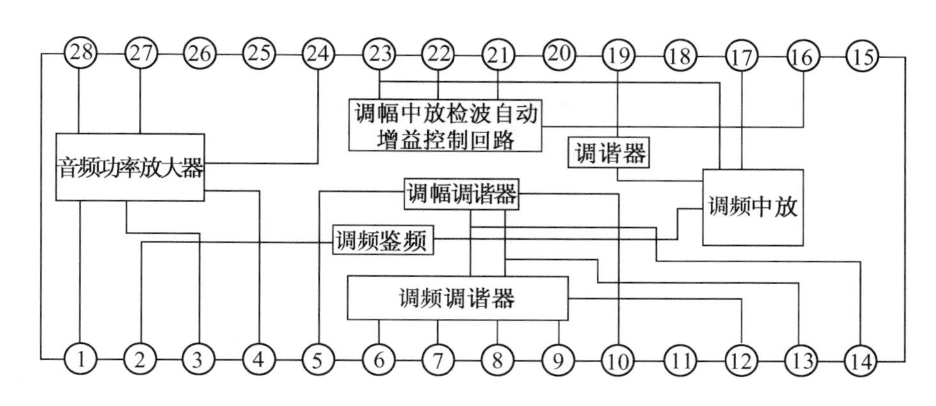


图 7.12　CD1691BM 集成电路引脚排列图

表 7-4　CD1691BM 引脚功能

| 引脚号 | 1 | 2 | 3 | 4 | 5 | 6 | 7 | 8 | 9 | 10 |
|---|---|---|---|---|---|---|---|---|---|---|
| 功　能 | 静噪 | 调频鉴频 | 负反馈 | 电子音量调节 | 调幅本振 | AFC | 调频本振 | 基准电压 | 调频高放谐振回路 | 调幅高频输入 |
| 引脚号 | 11 | 12 | 13 | 14 | 15 | 16 | 17 | 18 | 19 | 20 |
| 功　能 | 空脚 | 调频高放输入 | 高频地 | 调频调幅调谐器输出 | 调频调幅波段选择 | 调幅中放输入 | 调频中放输入 | 地 | 调频指示 | 中放地 |
| 引脚号 | 21 | 22 | 23 | 24 | 25 | 26 | 27 | 28 | | |
| 功　能 | AFC/AGC | AFC/AGC | 检波输出 | 音频输入 | 纹波滤波 | Vcc | 音频功率放大输出 | 地 | | |

## 7.3.2　工作原理

S205-2T 调频/调幅集成电路贴片收音机电路原理如图 7.13 所示。图 7.14 是 S205-2T 调频/调幅集成电路贴片收音机的整机安装图。S205-2T 调频/调幅集成电路贴片收音机对于调频和调幅的转换是通过 CD1691BM 的 15 脚外接的调幅/调频转换开关 S1 实现的，当 15 脚接地为调幅波段，若开路且外接电容 C7 时为调频波段。

1. 调幅电路的基本工作原理

调幅电路由输入回路、本振回路、混频回路、中频放大回路、检波回路、自动增益控制回路和低频功率放大回路构成，如图 7.15 所示。

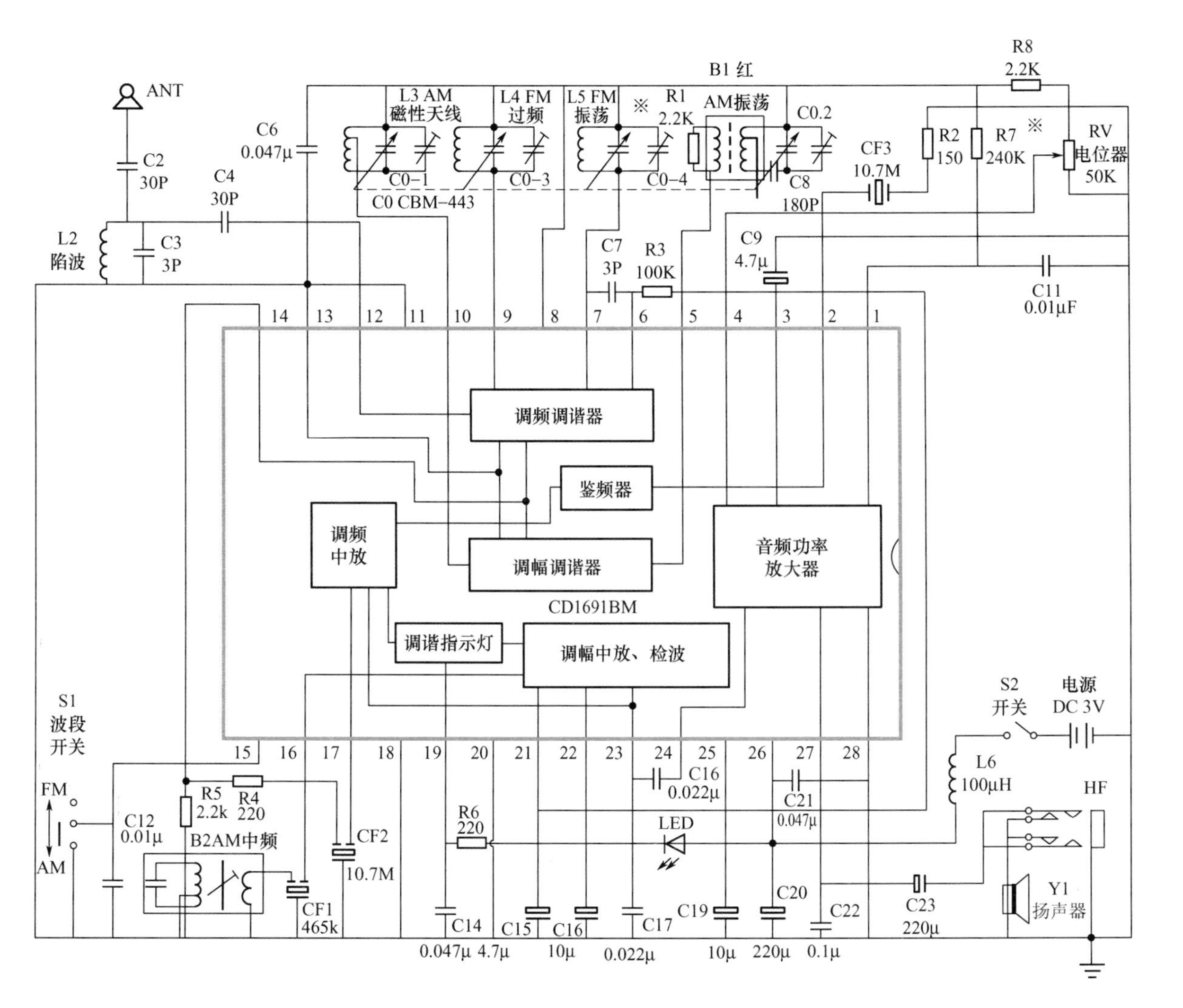


图7.13 S205-2T调频/调幅集成电路贴片收音机电路原理

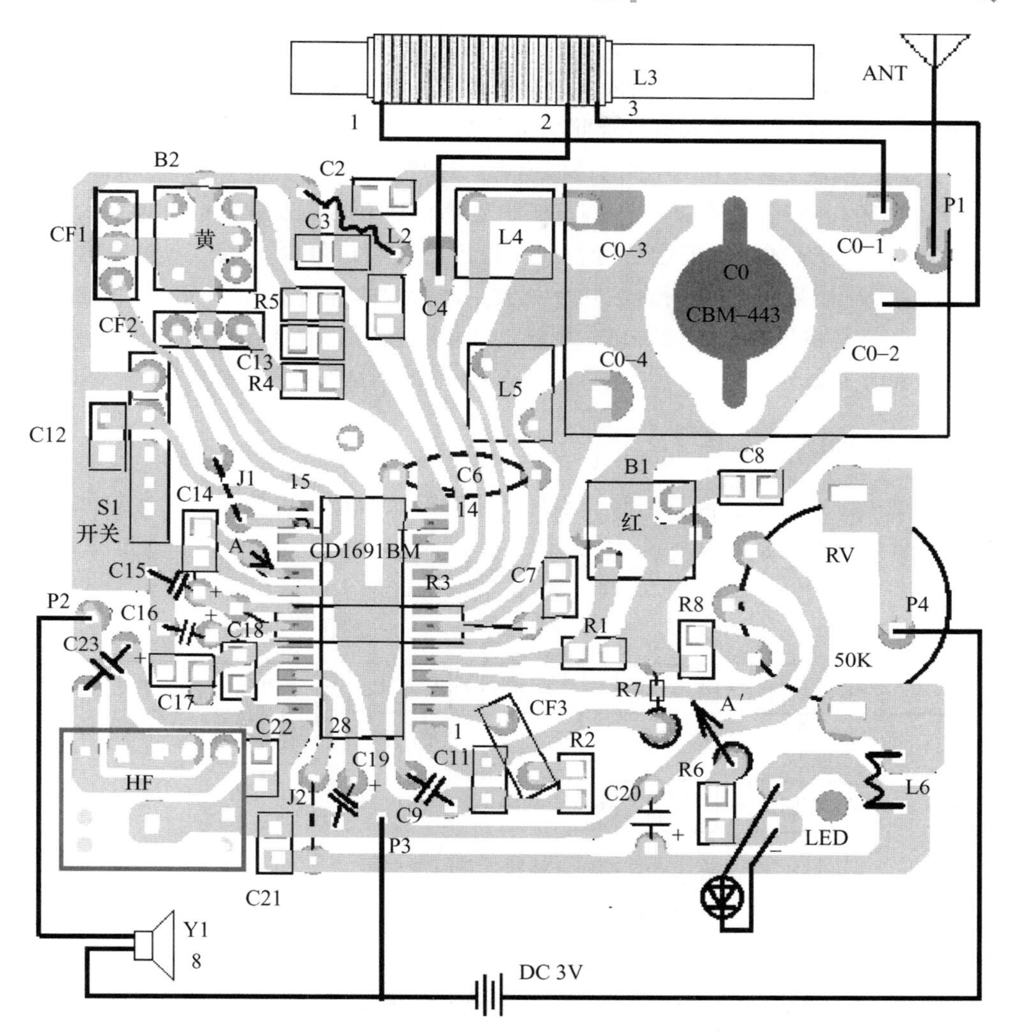


图 7.14　S205-2T 调频/调幅集成电路贴片收音机的整机安装图

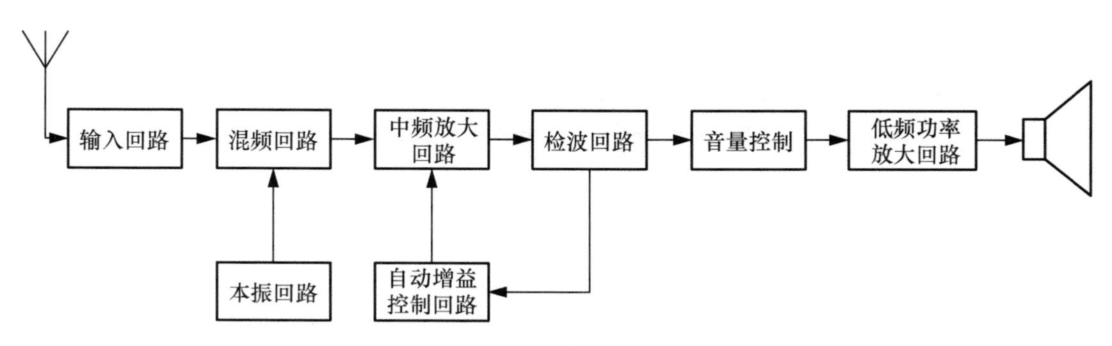


图 7.15　调幅电路原理框图

中波调幅广播信号由调幅天线线圈 L3 和可变电容器 C0、微调电容器 C0-1 组成的调谐回路选择接收，改变电容器的容量可选择接收中波 535～1605kHz 的电台，所选择的调幅波送至CD1691BM第10脚。本振信号由振荡线圈B1和可变电容器C0、C8、C0－2，微调电容器及CD1691BM第5脚的内部电路组成的本机振荡产生，并与由IC第10脚送入的中波调幅广播信号在IC内部进行混频。混频后产生的多种频率的信号由IC第14脚送出，经过中频变压器B2（包含内部的谐振电容）组成的中频选频网络及465kHz陶瓷滤波器CF1双重选频，得到的465kHz中频调幅信号耦合到IC第16脚进行中频放大。放大后的中频信号在IC内部的检波器中进行检波，检出的音频信号由IC第23脚输出，通过耦合电容C18进入IC第24脚进行音频功率放大。放大后的音频信由IC第27脚输出，经耦合电容C23送至耳机插座，未插耳机，则推动扬声器发声。本选频回路经双465kHz滤波后，选择性大大提高。

2. 调频电路的基本工作原理

调频电路由输入回路、高放回路、本振回路、混频回路、中放回路、鉴频回路、自动频率控制及低放回路构成，如图7.16所示。

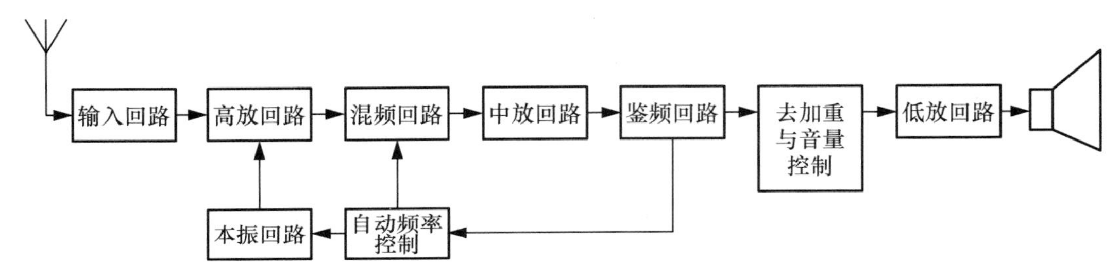


图7.16 调频电路原理框图

由拉杆天线接收到的调频广播信号，经C2耦合，到CD1691BM第12脚进行高频放大，放大后的高频信号被送到IC第9脚，接IC第9脚的电感线圈L4和可变电容器C0、微调电容器C0－3组成调谐回路，对高频信号进行选择，在IC内部进行混频。本振信号由振荡线圈L5和可变电容器C0、微调电容器C0－2与IC第7脚相连的内部电路组成的本机振荡器产生，在IC内部与高频信号混频后得到多种频率的合成信号由IC第14脚输出，经R4耦合至10.7MHz的陶瓷滤波器CF2得到的10.7MHz中频调频信号进入IC第17脚调频中频放大。鉴频后得到的音频信号由IC第23脚输出，进入IC第24脚进行放大，放大后的音频信号由IC第27脚输出，推动扬声器发声。

3. 音量控制电路

收音机的音量大小通过电位器RV50K调节CD1691BM第4脚的直流电位高低来控制。

4. 自动增益控制回路和自动频率微调控制电路

CD1691BM的自动增益控制电路由IC内部电路和接于第21脚、第22脚的电容器C15和C16组成，控制范围可达45dB以上。自动频率微调控制电路由IC第21脚、第22

脚所连内部电路和 C7、C15、R3 及 IC 第 6 脚、第 7 脚所连电路组成，它能使调频波段接收频率稳定。

5. 增益调整电路

IC 第 1 脚可接一可调电阻，可根据需要调整电路的增益以控制灵敏度的高低。

### 7.3.3　产品安装工艺

1. 产品安装流程

图 7.17 所示为 S205 - 2T 调频/调幅集成电路贴片收音机的安装流程。

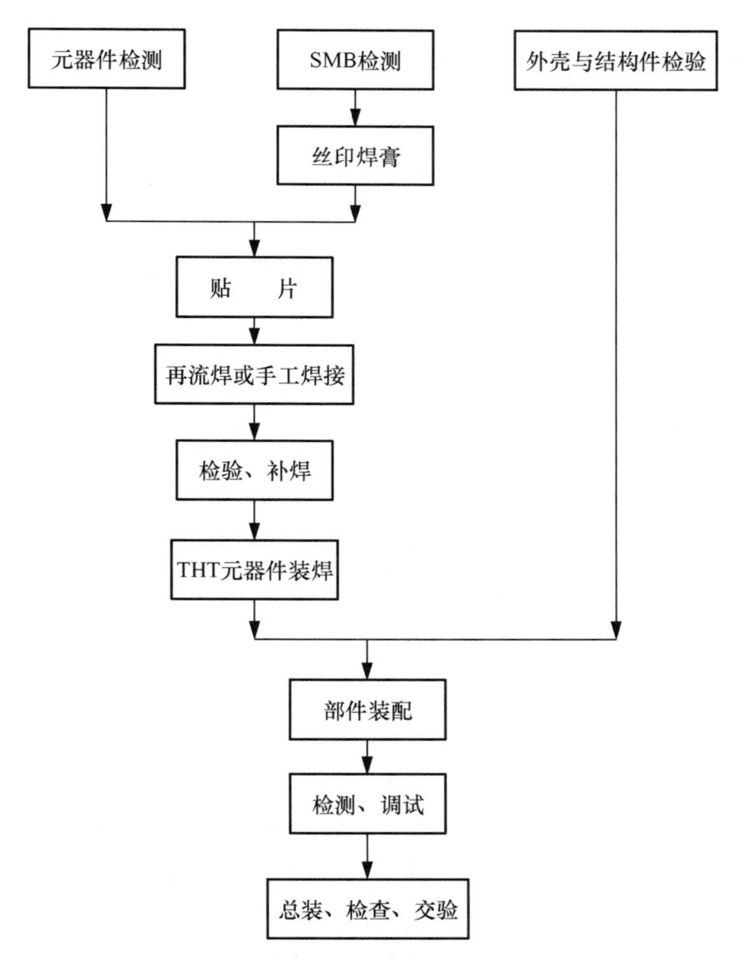


**图 7.17　S205 - 2T 调频/调幅集成电路贴片收音机的安装流程**

2. 元器件清单

S205 - 2T 调频/调幅集成电路贴片收音机元器件材料清单见表 7 - 5。

表 7-5　元器件材料清单

| 序号 | 器件编号 | 规格型号 | 名称及作用 |
|---|---|---|---|
| 1 | R1 | 2.2kΩ/0805 | 贴片电阻，调幅本振回路电阻 |
| 2 | R2 | 150Ω/0805 | 贴片电阻，调频鉴频串联电阻 |
| 3 | R3 | 100kΩ/RT | 碳膜电阻，自动频率微调控制回路反馈回路电阻 |
| 4 | R4 | 220Ω/0805 | 贴片电阻，调频中频输入电阻 |
| 5 | R5 | 2.2kΩ/0805 | 贴片电阻，调幅中频输入电阻 |
| 6 | R6 | 220Ω/0805 | 贴片电阻，调频指示 LED 串联电阻 |
| 7 | R7 | 24kΩ | 碳膜电阻，静噪电位器串联电阻 |
| 8 | R8 | 2.2kΩ/0805 | 贴片电阻，音量电位器串联电阻 |
| 9 | RV | 51kΩ | 音量控制电位器 |
| 10 | C0 |  | CBM-443DF，四联调谐电容 |
| 11 | C2 | 30pF | 贴片电容，调频高放输入电容 |
| 12 | C3 | 3pF | 贴片电容，预选输入回路电容 |
| 13 | C4 | 30pF | 贴片电容，调频高放输入电容 |
| 14 | C6 | 473 (0.047μF) | 瓷片电容，退耦电容 |
| 15 | C7 | 3pF | 贴片电容，自动频率微调控制回路控制电路电容 |
| 16 | C8 | 181 (180pF) | 贴片电容，调幅本振回路电容 |
| 17 | C9 | 4.7μF | 电解电容，音量控制外接电容 |
| 18 | C11 | 103 (0.01μF) | 贴片电容，静噪电容 |
| 19 | C12 | 103 (0.01μF) | 贴片电容，波段控制电容 |
| 20 | C14 | 473 (0.047μF) | 贴片电容，调谐指示电容 |
| 21 | C15 | 4.7μF | 电解电容，自动增益控制回路/自动频率微调控制回路自举电容 |
| 22 | C16 | 10μF | 电解电容，自动增益控制回路/自动频率微调控制回路外接电容 |
| 23 | C17 | 223 (0.022μF) | 贴片电容，去加重电容 |
| 24 | C18 | 223 (0.022μF) | 贴片电容，音频耦合电容 |
| 25 | C19 | 10μF | 电解电容，纹波滤波电容 |
| 26 | C20 | 220μF | 电解电容，电源滤波电容 |
| 27 | C21 | 473 (0.047μF) | 贴片电容，电源滤波电容 |
| 28 | C22 | 104 (0.1μF) | 贴片电容，音频高频滤波电容 |
| 29 | C23 | 220μF | 电解电容，音频输出耦合电容 |

（续）

| 序号 | 器件编号 | 规格型号 | 名称及作用 |
| --- | --- | --- | --- |
| 30 | ANT | | 调频外接拉杆天线 |
| 31 | L2 | | 6 圈电感，预选输入回路电感 |
| 32 | L3 | | 天线线圈 |
| 33 | Y1 | $\phi$57 | 扬声器 |
| 34 | B1 | 红 | 振荡线圈 |
| 35 | B2 | 黄 | 中频变压器 |
| 36 | L4 | 4.5T | 调频高放回路电感 |
| 37 | L5 | 4.5T | 调频本振回路电感 |
| 38 | CF3 | 10.7MHz 两脚 | 10.7MHz 鉴频器 |
| 39 | CF2 | 10.7MHz 三脚 | 10.7MHz 鉴频器 |
| 40 | CF1 | 465kHz 三脚 | 465kHz 调频中频选择回路陶瓷滤波器 |
| 41 | LED | 红 | 发光二极管，调频指示 |
| 42 | S1 | | 调幅/调频波段开关 |
| 43 | IC | CD1691BM | 收音机集成电路 |
| 44 | XS | $\phi$3.5 | 耳机座 |
| 45 | | | 前壳 |
| 46 | | | 后盖 |
| 47 | | | 金属网罩 |
| 48 | | | 周率刻度板 |
| 49 | | | 调谐盘 |
| 50 | | | 音量电位器盘 |
| 51 | | | 磁棒支架 |
| 52 | | | 印制电路板 |
| 53 | | | 焊片 |
| 54 | | | 正极片 |
| 55 | | | 负极簧 |
| 56 | | | 拎带 |
| 57 | | | 螺钉 |
| 58 | | | 导线 |
| 59 | | | 磁棒 |

3. 元器件及材料检查

(1) 根据元器件材料清单对照元器件的参数值。
(2) 使用万用表测试元器件的好坏。
(3) 对照电路原理图检查印制电路板。
(4) 对照安装图检查结构件。

4. S205-2T 调频/调幅集成电路贴片收音机的焊接

(1) 安装注意事项

① 各元器件型号、参数是否正确,每一元器件位置、元器件各引脚位置是否焊接正确。

② 注意每一焊点是否有假焊、漏焊或连焊。

③ 将所有元器件扶直并使排列整齐,注意排除因裸线相碰造成的短路。

(2) 贴片元器件的焊接

① 贴片机焊接。采用大型全自动贴片机进行全自动贴片焊接。

② 采用再流焊机焊接。首先按产品要求制作模板,然后人工将焊膏刮上印制电路板,用真空吸笔或镊子手工将贴片元器件按要求黏到印制电路板上,最后送入再流焊机焊接。

③ 手工烙铁焊接。选用30W尖嘴电烙铁焊接。应选用直径较细(0.5mm或0.8mm)的焊锡丝进行焊接。焊接时一定要注意元器件的引脚与焊盘对齐,快速焊接。

收音机集成电路焊接时要注意元器件的引脚方向。先焊接对角线的四个引脚以固定集成块,再认真核对各引脚与对应的印制焊盘是否对齐。

(3) 其他元器件的焊接

将元器件的引脚处理干净后,进行搪锡(如元器件引脚未氧化可省去此项),根据电子产品组装工艺要求进行元器件引脚的打弯及焊接。

(4) 结构部件焊接

略。

### 7.3.4 整机调试

1. 安装工序检查

(1) 检查各个元器件不能有错焊、漏焊、虚焊和连焊。
(2) 检查排除元器件引脚相碰现象。
(3) 检查焊接连线。

2. 静态调试

用万用表测量整机工作电流和IC各引脚电压来判断电路工作是否基本正常。

（1）整机电流的测试

波段开关位于调频时，其静态电流参考值为 6mA 左右。

波段开关位于调幅时，其静态电流参考值为 4mA 左右。

静态是指收音机未收到任何电台时的状态。

若测量电流过小，则元器件有可能脱焊或虚焊；若测量电流过大，则焊点之间有可能短路或者是元器件装接错误。

注意：如果电流远远超过参考值，说明有严重短路，应立即断开电源，否则可能造成元器件损坏，特别是集成电路损坏。

（2）CD1691BM 各引脚静态阻值的测定

可通过检测集成电路的在线静态电阻检查有无短路、元器件有无装接错误，并找到关联的元器件。

用数字万用表分别黑表笔接地和红表笔接地测量 CD1691BM 各引脚电阻，其参考值见表 7－6。

**表 7－6　CD1691BM 各引脚静态阻值的测定值**

| 引脚号 | 1 | 2 | 3 | 4 | 5 | 6 | 7 | 8 | 9 | 10 |
|---|---|---|---|---|---|---|---|---|---|---|
| 红表笔接地 | 12.82kΩ | 1.555MΩ | 充电 | 16.60kΩ | 15.66 | 362kΩ | 16.10kΩ | 16.10kΩ | 16.10kΩ | 16.10kΩ |
| 黑表笔接地 | | | | | | | | | | |
| 引脚号 | 11 | 12 | 13 | 14 | 15 | 16 | 17 | 18 | 19 | 20 |
| 红表笔接地 | 0 | 0.82kΩ | 0 | 2.19kΩ | | 1.704kΩ | | 0 | 0 | 0 |
| 黑表笔接地 | | | | | | | | | | |
| 引脚号 | 21 | 22 | 23 | 24 | 25 | 26 | 27 | 28 | | |
| 红表笔接地 | 264kΩ | 158kΩ | 132kΩ | 17.80kΩ | | | 充电 | 0 | | |
| 黑表笔接地 | | | | | | | | | | |

**注意：**如果所测阻值与表中参数值偏差太大，则可判定为该引脚外围元器件错误或焊接有问题。

（3）CD1691BM 各引脚直流工作电压

CD1691BM 各引脚直流工作电压见表 7－7。

表 7-7　CD1691BM 各引脚直流工作电压　（单位：V）

| 引脚号 | 1 | 2 | 3 | 4 | 5 | 6 | 7 | 8 | 9 | 10 |
|---|---|---|---|---|---|---|---|---|---|---|
| 调幅 | 0.50 | 2.60 | 1.40 | 0～1.40 | 1.25 | 1.40 | 1.25 | 1.25 | 1.25 | 1.25 |
| 调频 | 0.14 | 2.25 | 1.50 | 0～1.40 | 1.25 | 1.52 | 1.25 | 1.25 | 1.25 | 1.25 |
| 引脚号 | 11 | 12 | 13 | 14 | 15 | 16 | 17 | 18 | 19 | 20 |
| 调幅 | 0 | 0 | 0 | 0.20 | 0 | 0 | 0 | 0 | 1.60 | 0 |
| 调频 | 0 | 0.35 | 0 | 0.55 | 1.30 | 0 | 1.30 | 0 | 1.40 | 0 |
| 引脚号 | 21 | 22 | 23 | 24 | 25 | 26 | 27 | 28 | | |
| 调幅 | 1.35 | 1.20 | 1.10 | 0 | 2.71 | 3.00 | 1.52 | 0 | | |
| 调频 | 1.25 | 1.15 | 1.05 | 0 | 2.70 | 3.00 | 1.52 | 0 | | |

测量电压允许误差为±10%，如果所测电压和上表所列数据相差较大，则应检查有问题的引脚周围的元器件和印制电路板是否有短路或断开的地方。发现问题应及时纠正，直至所有引脚电压正常。

（4）试听

在总电流值正常时，将波段开关 S1 分别拨至调频、调幅处，调大音量电位器，调节四连可变电容的调谐拨轮可收听广播。若能收到不同电台的广播，说明收音机的装配和焊接基本正确，可进行动态调试，若收不到或根本无声，应回到第（1）步整机电流的测试，重新检查并找出故障所在，逐一排除，最终完成静态调试。

3. 动态调试（交流调试）

当静态调试完毕后，就可试收调幅和调频广播了。若集成电路完好无损，各引脚电压正常，所有外围元器件焊接无误，就应该至少能收到一个电台。接下来就是进行交流调试，使收音机达到设计的最佳状态。工厂生产时采用专门的信号发生器进行调试，但一般情况下，利用广播电台做信号发生器进行调试，也能达到满意的效果。具体做法如下。

（1）准备工作

准备一台市售的调频/调幅超外差收音机，用途是根据广播节目准确地判断电台。下面提到的调幅高端台是指 1000kHz 以上的电台信号，调幅低端台是指 800kHz 以下的电台信号；调频高端台是指 105MHz 以上的电台信号，调频低端台是指 100MHz 以下的电台信号。只有准确地判断所收听到的电台，才能顺利地进行覆盖和跟踪（同步）调试工作。

（2）调幅的调试

① 调幅中频调试。

必须在调幅波段收到广播电台的信号，才能用不导磁的无感改刀调节 B2（黄色）中周，使广播电台声最大，噪声最小。

② 调整覆盖。

用标准收音机判断出待调收音机所收电台的频率，或根据已知电台的发射频率进行覆盖调整。

a. 低端调整覆盖。将待调收音机调台拨盘向低端旋动并收到低端台，用标准收音机判断该电台的刻度位置。然后调节本振线圈 B1（红色中周形状），同时拨动调谐拨盘，使指针向预定位置靠近并最终对齐。

b. 高端调整覆盖。根据标准收音机收到的电台其指针所指的频率刻度位置，判断出待调收音机指针的位置，调节四联电容本振回路上附属的微调电容 C0－2，同时移动调谐电台的四联电容的拨盘，使指针向预定位置靠近并最终对齐。

当调节微调电容 C0－2 和本振线圈 T2 时，电台会消失，但拨动调谐盘又会在新位置收到这个电台。也就是说，这两个元件有移动指针的能力，但每次调节不可幅度太大，以免丢失电台。

③ 调整同步。

首先在低端收到电台，移动天线线圈 L3 在磁棒上的位置，使广播声最大，噪声最小。再到高端收到高端台，然后调节天线回路中四联可变电容附属的微调电容 C0－1 使广播声最大，噪声最小。

检查一下调幅波段能收到多少个电台（至少 3 个以上），高端和低端的音量及音质是否良好。视情况可再次重复上述调节的微小调整。至此，调幅波段的交流调试完成。

（3）调频的调试

调频的调试原理和步骤与调幅是一样的，只是每个步骤中涉及的具体元件不同罢了。下面仅给出各个步骤中应当调节的元件，大家可逐一对照调幅的调试法进行调频的调试。首先在调频波段收到一个电台。

① 调频中频调试。

调频中频频率为 10.7kHz，因本机使用了 10.7kHz 陶瓷滤波器和鉴频器使调频中频务须调试。

② 调整覆盖。

a. 低端覆盖调整。调试元件为 L5（用无感起子轻轻将 L5 匝间距离缓缓拨开即可调节其电感量）。

b. 高端覆盖调整。调试元件为四联可变电容附属的微调电容 C0－4。

③ 调整同步。

a. 低端同步。调节元件为 L4（调整其匝间间距）。

b. 高端同步。调节元件为四联可变电容附属的微调电容 C0－3。

四联可变电容附属的微调电容的结构如图 7.18 所示。

进行一次全面检查。在整个装调过程中千万注意保护好收音机的外壳，不要碰裂，更不要被烙铁烫坏。至此，一台音质优美的调幅/调频双波段收音机就诞生。

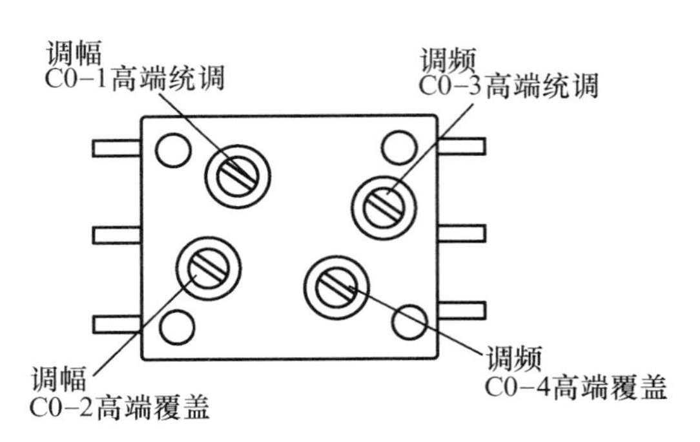


**图 7.18　四联可变电容附属的微调电容的结构**

### 7.3.5　常见故障和排除方法

1. 无声

首先检查电路中有无错焊、漏焊、虚焊和连焊；IC 的方向是否焊错；IC 集成电路和贴片器件的引脚焊接是否可靠；极性元件的极性是否焊反。

2. 自激啸叫声

检查电容有无接牢。

3. 发光管不亮

发光二极管焊反或者损坏。

4. 机振

音量开大时，扬声器中发出“呜呜”声，用耳机试听则没有。原因可能是 L4、L5 磁芯松动，随着扬声器音量开大时而产生共振。用蜡封固磁芯，即可排除。

5. 调幅/调频开关失灵

检查开关是否良好，检查 C12（103）是否完好，检查 IC15 脚与开关及 C12 连接是否可靠。

6. 调幅无声

检查天线线圈的三根引出线是否有断线，与电路相关焊点连接是否正确；振荡线圈 B1（红）是否存在开路。用数字万用表测量其正常值 1～3 脚为 2.8Ω 左右，4～6 脚各 0.4Ω 左右。如偏差太大，则必须更换。也可用示波器（20M）测振荡波形以检查调幅是否振荡。

7. 调频无声

检查线圈 L4、L5 是否焊接可靠；二端鉴频器（CF3）是否焊接不良；电阻是否焊接正确；三端滤波器（CF2）是否存在假焊等。

# 7.4 机器狗的制作

机器狗具有机、电、声、光、磁结合的特点。通过制作机器狗完成 EDA 实践的全程训练：从电路原理仿真验证、印制电路板设计与制作，直到电子元器件监测、焊接、电路安装、电路调试等电子产品设计制造。整个过程由学生独立完成，达到培养学生工程实践能力的目的。

## 7.4.1 机器狗的工作原理

多功能受控机器狗是集机、电、声、光、磁于一身的电子产品，是声控光控磁控机电一体化的电动玩具。机器狗的工作情况如下：①未接收到外来信号时，处于直立静止状态；②当分别接收到声音、红外光和磁性信号时开始行走；③行走一段时间后自动停止，直到下一次控制信号的到来；④在行走过程中发出叫声；同时头部左右转动。

整个装置的基本原理是通过外来信号（声音、红外光、磁力）的触发作用使受控开关闭合，从而使电动机、音乐片与直流电源构成闭合回路。电动机旋转，通过机械曲轴使机器狗行走；音乐片接通使机器狗发出叫声；联动机构使狗的头部左右转动。受控开关闭合一段时间后自动断开，于是机器狗行走一段时间后自动停下来，叫声和闪光也自动停止。机器狗走动的时间取决于定时元件的参数，按照给出的参数，其行走（叫声、发光）的时间为 6s 左右。

外来信号的接收装置即传感器，分别是声敏传感器（麦克风）、光敏传感器（红外接收管）、磁敏传感器（干簧管）。图 7.19 所示为机器狗的电路原理。

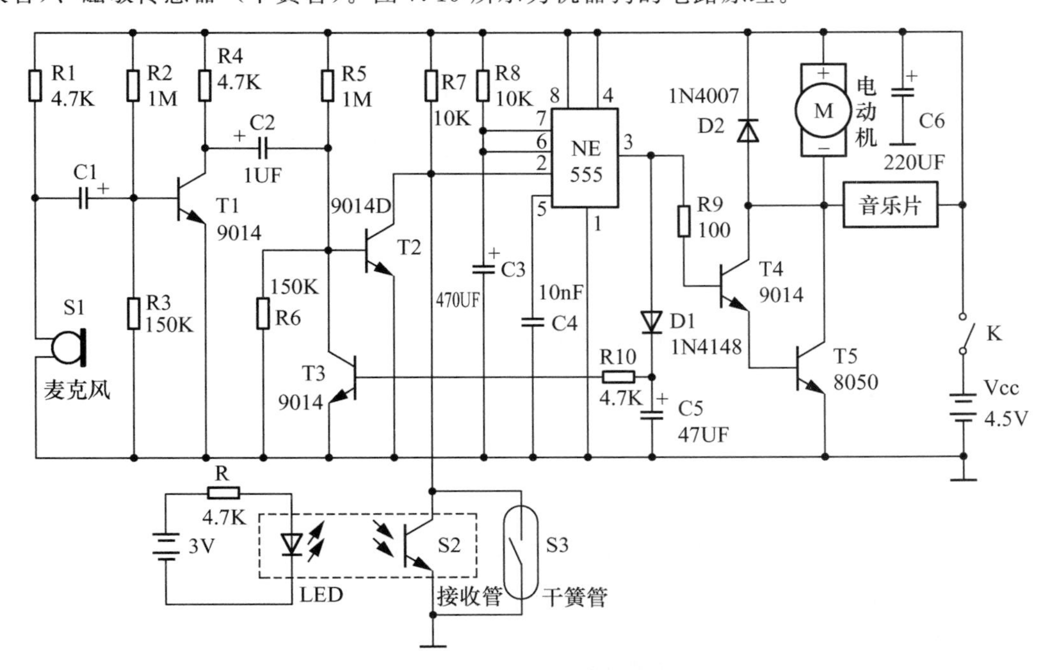


图 7.19 机器狗的电路原理

### 7.4.2 元器件选用

1. 元器件材料清单

机器狗选用的元器件材料清单见表7-8。

表7-8 机器狗选用元器件材料清单

| 序号 | 器件编号 | 规格型号 | 器件名称 | 序号 | 器件编号 | 规格型号 | 器件名称 |
|---|---|---|---|---|---|---|---|
| 1 | R1 | 4.7kΩ/0.25W | 电阻 | 17 | C1 | 1μF/16V | 电解电容 |
| 2 | R2 | 1MΩ/0.25W | 电阻 | 18 | C2 | 1μF/16V | 电解电容 |
| 3 | R3 | 150kΩ/0.25W | 电阻 | 19 | C3 | 470μF/16V | 电解电容 |
| 4 | R4 | 4.7kΩ/0.25W | 电阻 | 20 | C4 | 10nF/16V | 瓷介电容 |
| 5 | R5 | 1MΩ/0.25W | 电阻 | 21 | C5 | 47μF/16V | 电解电容 |
| 6 | R6 | 150kΩ/0.25W | 电阻 | 22 | C6 | 220μF/16V | 电解电容 |
| 7 | R7 | 10kΩ/0.25W | 电阻 | 23 | V1 | 9014 | 晶体管 |
| 8 | R8 | 10kΩ/0.25W | 电阻 | 24 | V2 | 9014D | 晶体管 |
| 9 | R9 | 100Ω/0.25W | 电阻 | 25 | V3 | 9014 | 晶体管 |
| 10 | R10 | 4.7kΩ/0.25W | 电阻 | 26 | V4 | 9014 | 晶体管 |
| 11 | R | 4.7kΩ/0.25W | 电阻 | 27 | V5 | 8050 | 晶体管 |
| 12 | D1 | 1N4148 | 二极管 | 28 | IC | NE555 | 集成电路 |
| 13 | D2 | 1N4007 | 二极管 | 29 | M |  | 电动机 |
| 14 | S1 |  | 麦克风 | 30 | K |  | 开关 |
| 15 | S2 |  | 接收管 | 31 | VCC |  | 电源 |
| 16 | S3 |  | 干簧管 |  |  |  |  |

2. 元器件检测

依照常用电子元器件的检测方法对电路中的元器件进行检测。

### 7.4.3 印制电路板设计

1. 设计要求

(1) 敷铜板为单面板，尺寸大小和形状如图7.20所示。
(2) 印制电路板设计时注意集成电路NE555的引脚方向。
(3) 印制电路板上不应有跳线。
(4) 元器件在印制电路板上要排列均匀、整齐、美观。

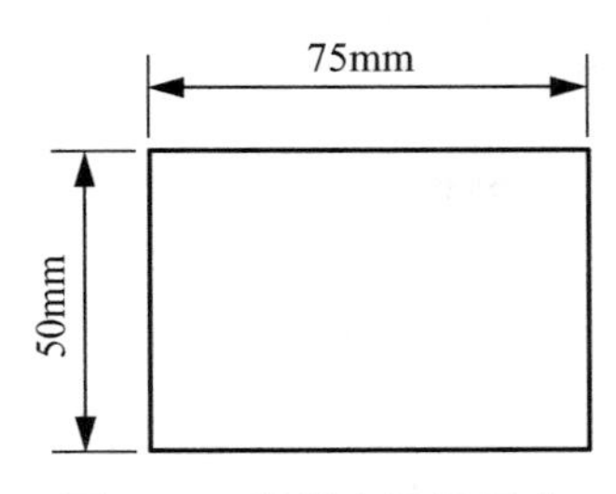


图 7.20　印制电路板尺寸

(5) 对外连接的接插元器件应放在电路板边缘利于连接的位置。

(6) 注意焊盘形状和尺寸。

2. 制作工艺要求

板面要清洁，印制导线要均匀无断线、无毛刺，符合印制电路板制作工艺要求。

### 7.4.4　机器狗电路的组装与调试

1. 电路组装

检查设计印制电路板无误后，依据电路装配图按照焊接工艺要求将元器件焊接到设计板上，具体要求如下。

(1) 光接收管。注意极性，长脚为负，套热缩管以防引脚短路。

(2) 干簧管。没有极性，不要弯折引脚以防玻璃管破裂，然后用胶带纸固定在身体后部，以提高控制灵敏度。

(3) 传声器（俗称麦克风)。区别正负，焊接防止短路。

(4) 音频线的连接问题。

(5) 元器件尽量低焊，引脚剪短，大体积电解电容器横倒放置。

(6) 音乐片所加电压正负极性不能接反，否则必烧，务必小心注意。

2. 电路调试

(1) 电路检查，看是否有错焊、漏焊、虚焊和连焊现象。

(2) 通电前用万用表电阻挡检测电路电源输入端阻值，无短路现象后接通电源，测试电路关键元器件工作电压，参考数值见表 7-9。

(3) 短接干簧管或接收管，观察机器狗是否鸣叫和走动。

(4) 给传声器触发信号，观察机器狗是否鸣叫和走动。

(5) 改变 R8 和 C3 的参数可以调整机器狗行走时间。

(6) 声光磁触发电路工作正常后装入机壳，上交验收。

至此，调试结束。

表 7-9 机器狗关键元件工作参考电压

| 代　　号 | 型　　号 | 静态参考电压 | | |
|---|---|---|---|---|
| | | E | B | C |
| V1 | 9014 | 0V | 0.5V | 4.0V |
| V2 | 9014D | 0V | 0.6V | 3.6V |
| V3 | 9014 | 0V | 0.4V | 0.5V |
| V4 | 9014 | 0V | 0V | 4.5V |
| V5 | 8050D | 0V | 0V | 4.5V |
| IC | 555 | 1：0V | 2：3.8V | 3：0V |
| | | 4：4.5V | 5：3.0V | 6：0V |
| | | 7：0V | 8：4.5V | |

## 本章小结

本章通过具体实例，进一步熟悉和掌握所学的知识和技能，同时体验了电子产品生产制造的全过程。

(1) 直流稳压/充电电源项目是对所学电子实习各项技能的具体检验，在给定的电路原理图和电路中的每一个元器件的前提下，结合机箱的外形，通过对印制电路板的设计，熟悉印制电路板排版布局、布线等设计制造的全过程，并通过对电路的组装焊接、调试测量等进一步体会电子产品生产制作的全过程。

(2) 通过对 HT-7610B 红外传感器控制灯电路和机器狗项目的学习，进一步巩固印制电路板的设计、电路组装、整机测量调试的方法。

(3) 通过对 S205－2T 调频/调幅集成电路贴片收音机的组装，熟悉调频/调幅集成电路收音机的工作原理，掌握检测和组装常用电子元器件和贴片元器件的表面安装方法，以及收音机电路的测量调试的具体方法。

# 第8章 安全用电

电是现代社会物质文明的基础，工业生产和文明生活都离不开电，电对人类的进步和发展起到非常重要的作用。电使用得当，能给人类带来益处，若使用不当，又是危害人类的元凶。因此，掌握安全用电的基本知识非常重要。

安全用电技术是研究如何预防用电事故及保障人身、设备安全的一门技术。人类在生产和生活中，要使用各种工具、电器、仪器等设备，同时还要接触危险的高电压。如果不掌握必要的安全用电知识，操作中就会缺乏足够的警惕，就有可能发生人身安全及设备事故。因此，注意安全用电是非常必要的。

## 8.1 人身安全

触电泛指人体触及带电体。触电时电流会对人体造成不同程度的各种伤害。

### 8.1.1 触电危害

触电危害主要有电击和电伤两种。

1. 电击

电击是指电流通过人体内部，影响呼吸、心脏和神经系统，造成人体内部组织损伤乃至死亡的触电事故。低压系统通电电流不大且时间不长的情况下，电流会引起人的心室颤动，通电电流时间较长时，会造成人窒息而死亡，这是电击致死的主要原因。人体触及带电的导体、漏电设备的外壳，以及雷击或电容器放电等都可能导致电击。大部分触电死亡事故都是由电击造成的。日常所说的触电事故多指电击。

2. 电伤

电伤是指电流的热效应、化学效应或机械效应对人体造成的伤害。电伤分为电弧烧伤、电烙伤、皮肤金属化三种。

（1）电弧烧伤

电弧烧伤，也叫电灼伤。电弧烧伤是最常见也是最严重的一种电伤，多由电流的热效应引起，其具体症状是皮肤发红、起泡，甚至皮肉组织被破坏或烧焦。

（2）电烙伤

电烙伤是由电流的机械效应和化学效应造成人体触电部位的外部伤痕，接触部分的皮肤会变硬并形成圆形或椭圆形的肿块痕迹，如同烙印一般。

（3）皮肤金属化

皮肤金属化由电流或电弧作用（熔化或蒸发）产生的金属微粒渗入人体皮肤表层而引起，使皮肤变得粗糙坚硬并呈青黑色或褐色。

### 8.1.2 触电的形式

人体是一个不确定的电阻。皮肤干燥时人体电阻可呈现 100kΩ 以上，而一旦潮湿电阻可降到 1kΩ 以下。人体的任何一部分触及带电体，电流就会从人体通过，构成回路引起触电。因此，如果缺乏安全用电常识或者对安全用电不够重视，就可能发生触电事故。触电的形式可分为单相触电、两相触电和跨步触电三种。

1. 单相触电

单相触电是指人体在地面上或其他接地体上，人体的某一部位触及一相带电体的触电事故。单相触电加在人体上的电压是电源电压的相电压。设备漏电造成的触电事故属于单相触电。绝大多数的触电事故都属于这种形式。

2. 两相触电

两相触电是指人体两处同时触及两相带电体而发生的触电事故。两相触电加在人体上的电压是电源电压的线电压，电流将从一相经过人体流入另一相。因此，两相触电的危险性大于单相触电。

3. 跨步触电

带电体着地时，电流流过周围土壤产生电压降，人体接近着地点时，两脚之间形成跨步电压而引起的触电事故称为跨步触电。跨步触电的大小取决于离着地点的远近及两脚正对着地点方向的跨步。

### 8.1.3 触电急救

触电事故往往发生在极短的时间内，造成的后果很严重。发生触电事故时，千万不要惊慌失措，必须以最快的速度使触电者脱离电源。触电时间越长，对人体的损伤越严重。触电者在未脱离电源前自身就是带电体，盲目施救会使施救者触电。在移动触电者脱离电源时，要保护自己不要受到第二次电击伤害。脱离电源最有效的措施是关闭电源或拔掉电源插头。在一时找不到或者来不及找电源的情况下，可用干燥的木棒、竹竿或带绝缘柄的工具等绝缘物拨开或切断电源线。触电急救的关键一是要快，二是不要使自己触电，一两秒的迟缓都可能造成无可挽回的后果。

脱离电源后，如果触电者呼吸、心跳尚存，则可先让触电者在通风暖和的地方静卧休息，并派人严密观察，同时请医生前来或者尽快送医院救治。若触电者心跳停止，应立刻采用人工胸外心脏挤压法维持血液循环。若触电者呼吸停止，应立刻对触电者施行口对口或口对鼻人工呼吸。若触电者心跳、呼吸全停，则应立刻使用心肺复苏法就地抢救，并向医院告急求救。

## 8.2　防止触电

防止触电是安全用电的核心。为防止触电事故，应在思想上高度重视，时刻保持安全意识和警惕性。

### 8.2.1　安全制度

在企业工厂、科研院所、实验室、实习场等用电单位，无一例外都制定了各种各样的安全用电制度。这些安全制度都是在实际工作应用中总结出来的经验，并在科学分析的基础上制定出来的。走进上述用电场所时，一定要认真阅读和学习相应的安全制度，心中时刻存有安全用电观念。只有将安全用电观念贯穿于工作操作的全过程，才是安全的根本保障。任何制度、任何措施，都需要人来贯彻执行，忽略安全是最危险的隐患。

### 8.2.2　安全措施和安全规则

1. 保护接地和保护接零

保护接地和保护接零是防止电气设备以外带电造成触电事故的基本技术措施，应用十分广泛。

(1) 保护接地

在没有中性点接地的三相三线制电力系统中，把电气设备的金属外壳与大地连接起来，称为保护接地。这里的“接地”同电子电路中的“接地”（在电子电路中“接地”是指接公共参考电位“零电位”）不是一个概念，是真正的接大地，即将电气设备的某一部分与大地土壤作良好的电气连接，一般通过金属接地体并保证接地阻值小于4Ω。如图8.1所示，在设备外壳不接地的情况下，当一相碰壳时人触及设备外壳，接地电流 $I_d$ 通过人体和电网对地绝缘电阻形成回路，对人就构成了单相触电。

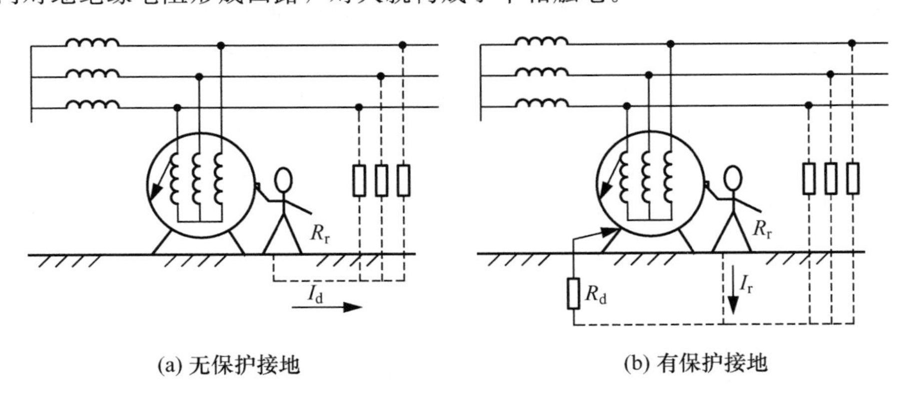


(a) 无保护接地　　(b) 有保护接地

图 8.1　保护接地原理图

当采用保护接地时，漏电设备对地电压主要取决于保护接地电阻 $R_d$ 的大小。如果 $R_d < R_r$，则大部分电流经过接地装置入地，流经人体的电流 $I_r$ 很小，对人比较安全。

（2）保护接零

保护接零是指把电器的金属外壳接到供电线路系统中的专用接零地线上，而不必专门自行埋设接地体。当某种原因造成电器的金属外壳带电时，通过供电线路的火线（某相导线）—金属外壳专门接地线，构成一个单相电源短路的回路，供电线路的熔丝在通过很大的电流时熔断，从而消除了触电的危险，如图 8.2 所示。

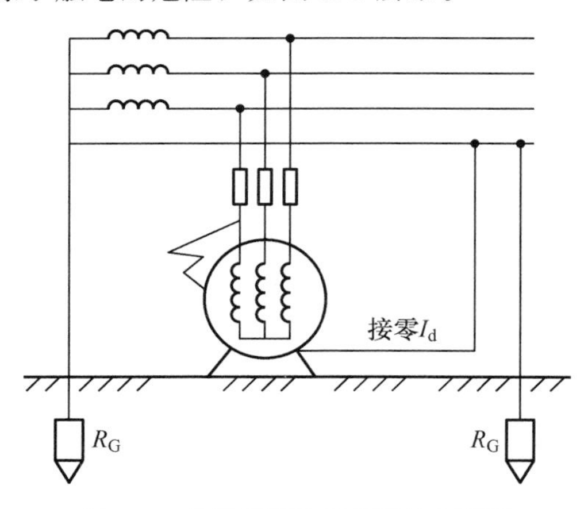


**图 8.2　保护接零和重复接地原理图**

应用保护接零的注意事项：零线不准接熔丝。同时为防止零线断线而使保护接零失去作用，在保护接零的同时还要进行重复接地，即在零线上的一处或多处通过接地装置与大地再次连接起来。

2. 家用电器的保护接地

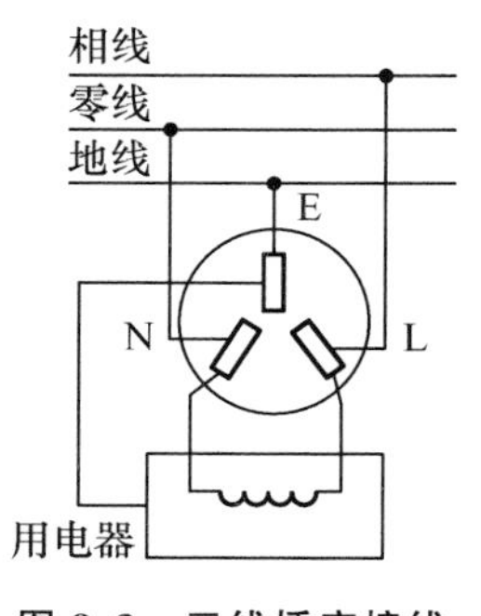


**图 8.3　三线插座接线**

家用电器一般采用单相电源供电，其三根连线分别是相线、零线和地线，相线和零线之间的电压是 220V。多出的一根地线是为了保障安全。使用家用电器时，应有完整可靠的电源线插头。对金属外壳的家用电器都要采用接地保护。家用电器电源连接时，凡要求有保护接地或保护接零的，都应采用三脚插头和三孔插座，禁止用对称双脚插头和双孔插座代替三脚插头和三孔插座，以防止接插错误。接地线正常时虽然不带电，为了安全起见，其导线规格要求不低于相线，而且地线上不得安装开关和熔丝，也禁止随意将地线接到自来水、暖气或者其他管道上。三线插座接线如图 8.3 所示。

3. 安全规则

工作场所的基本安全措施是保证安全的物质基础。各种电子电气操作，如电子实验、电子工艺实习、电子产品研发、电子产品制作及电器维修等都应严格遵守安全制度和操作规程。

（1）不要在车间或实验实习场所内打闹，不要惊吓正在操作的人员。

（2）电烙铁是电子焊接的必备工具，通常烙铁头表面温度可达400℃左右，在没有确认电烙铁脱离电源或烙铁头温度未降到室温时，不能用手触摸电烙铁。

（3）电烙铁初次使用时应检查烙铁的电源线有无破损，要使用万用表电阻挡测试其内阻，防止烙铁芯内部短路或断路。

（4）烙铁头上多余的焊锡不要乱甩，防止焊锡烫伤他人或造成设备内部电路短路。

（5）焊接过程中暂时不使用电烙铁时，应将其置于烙铁架上，避免烫坏导线或其他物体。

（6）易燃品应远离电烙铁。

（7）插拔电烙铁等电器的电源插头时，要用手拿插头，不要抓电源线。

（8）拆焊有弹性的元器件时，不要离焊点太近，并使可能弹出焊锡的方向向外。

（9）用螺钉旋具拧紧螺钉时，另一只手不要握在螺钉旋具刀口方向。

（10）用斜口钳剪断小引脚小导线时，要让线头飞出的方向朝着工作台或空地，不要朝向人或设备。

（11）工作实验实习场所要讲究文明生产、文明工作，各种工具、设备要摆放合理、整齐，不要乱摆乱放，以免发生事故。

（12）操作者离开工作台时，要拔下电烙铁插头并关闭工作台电源。

### 8.2.3 电器设备使用安全

为了确保人身和设备安全，在使用电器设备及仪器仪表前应对其进行检查，发现异常情况应及时处理。

#### 1. 电器设备使用前的“三查”

（1）查设备铭牌

查找设备铭牌或标志，了解该设备的电源电压、频率、电源容量等参数。

（2）查环境电源

查看环境电压和电源容量是否与设备相符。

（3）查设备自身

设备电源线是否完好，电源线插头两极有无短路，外壳是否可能带电。

#### 2. 电器设备常见异常情况及处理

电器设备外壳是否有漏电现象，开机是否有异常或熔断熔丝现象，出现上述情况应立刻断开电源，对设备进行维修。

## 本章小结

（1）触电危害和触电形式。

（2）触电急救方法。

（3）防止触电，保证安全制度的安全措施和安全规则。

（4）电气设备的使用安全。

# 参 考 文 献

高维堃，史先武，王秀山，2001. 现代电子工艺技术指南［M］. 北京：科学技术文献出版社.
倪泽峰，江中华，2003. 电路设计与制板：Protel DXP 典型实例［M］. 北京：人民邮电出版社.
汤元信，亓学广，刘元法，等，1999. 电子工艺及电子工程设计［M］. 北京：北京航空航天大学出版社.
王卫平，1997. 电子工艺基础［M］. 北京：电子工业出版社.
吴兆华，周德俭，2002. 表面组装技术基础［M］. 北京：国防工业出版社.
杨刚，周群，2004. 电子系统设计与实践［M］. 北京：电子工业出版社.
张伟，王力，赵晶，2003. 电路设计与制板：Protel DXP 入门与提高［M］. 北京：人民邮电出版社.
张伟，吴红杰，徐海鹰，2004. 电路设计与制板：Protel DXP 高级应用［M］. 北京：人民邮电出版社.